普通高等教育数据科学与大数据技术系列教材

统计方法与机器学习

郭贵冰　姜琳颖　编著

科学出版社

北　京

内 容 简 介

本书旨在深入浅出地介绍统计方法与机器学习的核心概念和算法应用。它不仅涵盖了传统统计方法的基础知识，还深入探讨了机器学习领域的关键技术。本书首先从机器学习中的数学基础入手，包括数据的描述存储、线性变换和特征分解、概率的基本思想、概率论和统计方法在机器学习中的应用等。其次，根据机器学习的基本概念、各种分类和路径等，较全面地给出机器学习的俯瞰图。最后，本书将视角投放到当前人工智能最火爆的深度学习领域，从神经元模型到神经网络，再到目前人人关注的大语言模型。本书通过丰富的实例和实际数据集，帮助读者深入理解各种机器学习方法的原理和应用场景。

本书可以作为计算机、软件工程、人工智能、数据科学等相关专业的本科生和研究生教材，以及其他希望开启机器学习相关领域学习的爱好者或从事数据分析、机器学习相关工作的工程师等人员的参考书。

图书在版编目(CIP)数据

统计方法与机器学习 / 郭贵冰，姜琳颖编著. — 北京：科学出版社，2025.2.
(普通高等教育数据科学与大数据技术系列教材). — ISBN 978-7-03-080534-8

Ⅰ. TP181

中国国家版本馆 CIP 数据核字第 20245SB090 号

责任编辑：于海云 / 责任校对：王 瑞
责任印制：师艳茹 / 封面设计：马晓敏

科 学 出 版 社 出版

北京东黄城根北街 16 号
邮政编码：100717
http://www.sciencep.com

三河市骏杰印刷有限公司印刷

科学出版社发行 各地新华书店经销

*

2025 年 2 月第 一 版   开本：787×1092 1/16
2025 年 2 月第一次印刷   印张：18
字数：440 000

定价：69.00 元

(如有印装质量问题，我社负责调换)

前　言

在当今这个数据驱动的时代，统计方法与机器学习已经成为了解决各种问题的强大工具。统计方法与机器学习，这两个看似独立的领域，实际上却有着千丝万缕的联系。它们就像是一对默契的舞者，在数据的舞台上翩翩起舞，共同探索着数据的奥秘。统计方法为我们提供了理解和分析数据的框架，而机器学习则赋予了计算机从数据中学习和预测的能力。它们的结合使我们能够从海量的数据中提取有用的信息，做出明智的决策。

在当前深度学习特别是大语言模型发展如火如荼时，学习基于统计方法的机器学习理论看起来好像有些过时，实则不然。统计方法和机器学习基础理论为深度学习的发展提供了坚实的理论支撑，包括监督学习、无监督学习、强化学习等。深度学习是一种强大的工具，但并非万能。在某些情况下，传统的统计机器学习方法可能更加适合。例如，当数据集较小或特征稀疏时，深度学习可能难以训练出有效的模型，而统计机器学习方法也许更为有效。深度学习是多学科的融合，包括计算机科学、数学、统计学等。了解统计机器学习方法有助于更深入地理解深度学习的本质，并促进跨学科的研究和应用。因此，学习基于统计方法的机器学习理论不仅有助于理解深度学习的理论基础，还能帮助我们在实际应用中做出更明智的选择。在当前深度学习发展的背景下，将统计方法与深度学习相结合，可以更好地发挥两者的优势，解决更复杂的问题。

本书最大的特点是具有明显的单本独立性，含有明确且集中的主题、独立而完整的内容；结构体系具有较强的系统性，注重基础，语言通俗易懂；层层深入地通过实例来讲解机器学习的理论与算法，即以算法、代码、应用为主进行讲解，同时辅以详尽的算法理论解释、图解以及代码运行结果，力求让读者高效、全面地掌握机器学习的主流知识点和整体脉络。

本书共三个篇章。第一篇"机器学习数学基础"（第 1、2 章）介绍在研究机器学习时所需要用到的线性代数、概率论、统计方法等方面的一些必要的数学结论，目的是提供给读者在机器学习领域必备的数学背景知识，而不是将视角定位在数学表达式的严格定理证明上。通过阅读或查阅本篇内容，读者可以更轻松和深刻地进行机器学习相关理论研究和实践。如果读者对这些内容比较熟悉，可以略过此篇内容，直接开始后续章节的学习。第二篇"机器学习"（第 3~6 章）是本书的核心内容，从基础概念出发，介绍机器学习的专业术语、算法分类和学习路径，让零基础读者在迅猛发展的人工智能大背景下能够快速踏入机器学习之门。接下来，以实践者的角度从机器学习能解决的三大类任务（分类任务、聚类任务、回归任务）开始，了解各种机器学习算法，如决策树算法、支持向量机、基于密度的聚类算法、线性回归等。每个算法都尽量从通俗易懂的理论原理出发，不纠结数学推导和计算，而重点在于对模型的实践和应用，也就是了解如何利用统计方法进行数据分析和建模，以及如何应用机器学习算法来构建智能系统。第三篇"神经网络与深度学习"（第 7~9 章）介绍神经网络与深度学习技术的基础概念，以及常见神经网络和深度学习的最新发展。本书旨在帮助读者建立起机器学习领域更全面的知识体系，并逐渐丰富个人的思维方式，提高认知能力以及在相关领域的实践能力。

本书将带领读者踏上一段精彩的旅程，探索统计方法与机器学习的世界。在此，感谢为本书出版作出贡献的所有人员；感谢多年来选修 Python 编程与数据分析基础、自然语言处理、推荐系统导论课程的学生；感谢东北大学软件学院数据科学团队的成员，特别是徐娜、马嘉璇、龙娅宇、于瀚翔、李世龙等同学积极热情、不辞辛苦地反馈、补充和改进书稿内容。

机器学习领域范围之广、内容之庞杂、技术更新之迅猛，使编者只能选择其中一些特定的子领域进行深入研究和探讨，而无法涵盖所有相关内容。尽管编者付出了很大努力，但由于视野和水平有限，书中难免会有疏漏之处，故恳请专家、同行不吝赐教，也希望选用本书的老师和同学们提出宝贵意见和建议。

编　者
2024 年 7 月

目　　录

第一篇　机器学习数学基础

第二篇　机　器　学　习

第三篇　神经网络与深度学习

第一篇 机器学习数学基础

随着人工智能的快速发展，机器学习已经成为众多领域的重要工具。为了正确分析和理解机器学习的相关算法或模型，需要有坚实的数学基础。

第1章 线 性 代 数

在机器学习中，线性代数是不可或缺的一部分。例如，很多算法的运算都需要用到矩阵，如 k-Means 聚类算法的距离矩阵、神经网络中的权重矩阵。线性回归、主成分分析和基于矩阵的特征值分解算法都需要进行矩阵运算。此外，向量也是机器学习的重要概念之一，广泛应用于分类、聚类等领域，向量的内积和外积同样也是机器学习中常用的数学工具，所以掌握好线性代数对于理解和从事机器学习算法相关工作是很有必要的。因此，在开始介绍机器学习之前，本书将集中探讨一些必备的线性代数知识。

1.1 基 本 术 语

在介绍面向机器学习的线性代数基本知识初始，先从几个基本定义谈起，如图 1-1 所示。

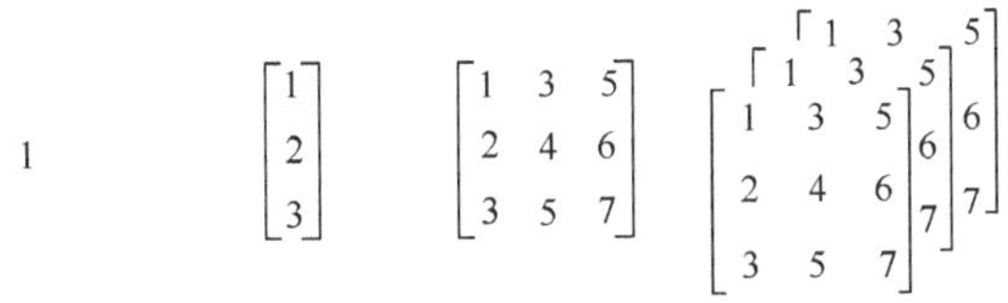

$$1 \qquad \begin{bmatrix} 1 \\ 2 \\ 3 \end{bmatrix} \qquad \begin{bmatrix} 1 & 3 & 5 \\ 2 & 4 & 6 \\ 3 & 5 & 7 \end{bmatrix} \qquad \begin{bmatrix} \begin{bmatrix} 1 & 3 & 5 \\ 1 & 3 & 5 \\ 2 & 4 & 6 \\ 3 & 5 & 7 \end{bmatrix} \begin{matrix} 5 \\ 6 \\ 7 \end{matrix} \end{bmatrix}$$

(a) 标量　　　(b) 向量　　　(c) 矩阵　　　(d) 张量

图 1-1　标量、向量、矩阵和张量

1.1.1 标量与向量

标量(scalar)就是一个单独的数。

通常用斜体小写变量名称来表示标量，如 x。当介绍标量时，往往会明确说明它们是哪种类型的数。例如，当定义一个实数标量以表示某一时刻的温度值时，通常会使用 $t \in \mathbb{R}$ 来表示；当定义一个自然数标量以表示元素的个数时，通常会使用 $n \in \mathbb{N}$ 来表示。

向量(vector)本质上是 n 个有次序的标量 $a_1, a_2, \cdots, a_n$ 所组成的一维数组。

通常用粗斜体小写变量名称来表示向量，如 $\boldsymbol{x}$。向量中的每个元素可以通过带下标的斜体表示。例如，向量 x 的第一个元素表示为 x_1，第二个元素表示为 x_2 等。同时，也会注明存储在向量中的元素是什么类型的。如果每个元素都属于实数集 $\mathbb{R}$，并且该向量有 n 个元素，那么该向量属于实数集 $\mathbb{R}$ 的 n 次笛卡儿积构成的集合，记为 $\mathbb{R}^n$。当需要明确表示向量中的元素时，会将元素排列成一个方括号包围的纵列，即

$$x = \begin{bmatrix} x_1 \\ x_2 \\ \vdots \\ x_n \end{bmatrix} \tag{1-1}$$

为简化书写，有时会以加上转置符号 T 的行向量表示该列向量，即

$$x = \begin{bmatrix} x_1, x_2, \cdots, x_n \end{bmatrix}^{\mathrm{T}} \tag{1-2}$$

可以使用 NumPy(Numerical Python) 的 array() 函数来创建一个向量，就像创建一个一维数组。NumPy 是 Python 的一个开源的数值计算扩展包，支持大量的多维数组与矩阵的运算，也能提供较全面的数学函数库。

例 1-1：使用 Python 的 NumPy 扩展包创建一个向量

```
1   import numpy as np
2   x = np.array([1, 2, 3, 4])
3   x
```

输出结果：

```
array([1, 2, 3, 4])
```

经常有读者对"n 维向量在计算机中以一维数组的形式存储"这种说法产生疑问，这是因为其对不同语境中的"维数"概念产生了混淆。

数组的维数：对于数组中某个元素，当用数组的索引下标表示时，需要用几个数字来表示才能唯一确定这个元素，那么这个数组就是几维。向量由于是一组有次序的数，每个数可以用一个索引下标来访问，所以是一维数组。

向量的维数：向量中含有几个分量，这个向量就是几维。n 维向量可以写成一行，也可以写成一列，分别称为行向量和列向量。机器学习中的向量，往往是列向量。

在机器学习中，向量扮演着极为重要的角色，通常用来存储某个具体实例的数据。例如，在机器学习领域有个经典的鸢尾花数据集，共有 150 个样本数据。每一条数据存储了一个具体的鸢尾花样本特征，如花萼长度、花萼宽度、花瓣长度、花瓣宽度和鸢尾花品种(iris-setosa, iris-versicolour, iris-virginica 三种之一)，可以用一个向量表示，即

$$x^{(1)} = \begin{bmatrix} 5.1 \\ 3.5 \\ 1.4 \\ 0.2 \end{bmatrix}, \qquad y^{(1)} = 0$$

其中，$x^{(1)}$ 表示鸢尾花数据集中的第一个样本数据，这朵鸢尾花的花萼长度是 5.1cm，花萼宽度是 3.5cm，花瓣长度是 1.4cm，花瓣宽度是 0.2cm；$y^{(1)}$ 表示第一个样本数据 $x^{(1)}$ 所对应的鸢尾花属于 iris-setosa 品种。在机器学习算法的语境中，算法的输入输出大多以向量形式表示。

从几何意义的角度来讲，可以把向量看作空间中的一个点，向量中每个元素是不同坐标轴上的坐标。含有 2 个元素的二维向量，可以看成平面空间的某个点，具有 x 和 y 两个坐标轴。同样，含有 3 个元素的三维向量，可以看成三维空间中的一个点，具有 x、y、z 三个坐标轴。人类在宇宙中可以真切获得三维空间的感知，虽然"时间"有时被称作"第四维"，但这并不意味着"时间"真的是一个实实在在的维度。由于人类无法感知更高的维度，因此要理解高于三维的空间是有些困难的，但是在机器学习算法中经常需要用到极高维度的向量空间。现实世界中的"距离"概念也可以在此向量空间得到很好的体现。关于向量间的距离计算和它所代表的现实意义，将在 1.4 节进一步展开讨论。

关于向量在计算机中的操作实践，如增、删、改、查等，可以充分运用 NumPy 扩展包的功能，使用数组的索引、切片等方式访问向量中的任意元素，进而对它们进行修改等。有时，我们需要访问/索引向量中的一些元素，在这种情况下，可以定义一个包含这些元素索引的集合，然后将该集合写在下标处。例如，若想访问向量 x 中的三个元素 x_1、x_3 和 x_6，可以定义集合 $S = \{1, 3, 6\}$，然后使用 x_S 这种表述方式来索引。也可以使用符号"-"表示某集合的补集中的索引。例如，x_{-1} 表示向量 x 中除 x_1 外的所有元素构成的向量，x_{-S} 表示 x 中除 x_1、x_3 和 x_6 外所有元素构成的向量。更详细的操作请查阅 NumPy 的官方网站。

1.1.2 矩阵

在进行机器学习任务求解时，单个数据样本通常会表示成向量；在建模时，往往会考虑多个样本，此时就需要使用多个向量构建成的矩阵。

矩阵(matrix)是由一组向量组成的，可以看作一个二维数组。

通常用粗斜体大写变量名称来表示矩阵，如 A，其中每一个元素被两个索引(行索引和列索引)所确定。矩阵中的每个元素可以是实数、复数或其他数学对象。例如，如果一个实数矩阵有 m 行、n 列，那么它可以表示为 $A \in \mathbb{R}^{m \times n}$。矩阵中的行可以看作行向量，列可以看作列向量。在表示矩阵中的元素时，使用矩阵变量名称和下标索引，此时矩阵变量名称通常以不加粗的斜体形式表示，下标索引用逗号间隔行索引和列索引。例如，$A_{1,1}$ 表示矩阵 A 左上角的元素，$A_{m,n}$ 表示矩阵 A 右下角的元素，$A_{i,:}$ 表示矩阵 A 中第 i 行上的一横排元素，$A_{:,j}$ 表示 A 的第 j 列上的一竖列元素。当需要明确表示矩阵中的元素时，通常将它们写在用方括号括起来的数组中，如式(1-3)所示：

$$A = \begin{bmatrix} A_{1,1} & A_{1,2} \\ A_{2,1} & A_{2,2} \end{bmatrix} \tag{1-3}$$

同样可以使用 NumPy 的 array() 函数来创建一个矩阵，就像创建一个二维的数组；也可以使用 NumPy 丰富的数组操作函数对矩阵进行索引等操作。

例 1-2：使用 Python 的 NumPy 扩展包创建一个矩阵(二维数组)

```
1    import numpy as np
2    A = np.array([[1, 2, 3],[4, 5, 6],[7, 8, 9]])
3    A
```

输出结果：

```
array([[1, 2, 3],
      [4, 5, 6],
      [7, 8, 9]])
```

有时需要对一个结果值为矩阵的矩阵表达式进行索引，而不是单纯地对矩阵中的某个元素进行索引。例如，有一个矩阵表达式 $aA+bA$，其结果也为矩阵，此表达式也可以表示成通用形式 $f(A)$，在这种情况下，如果对这个表达式所表示的矩阵中的某个元素进行索引，就在表达式后面接下标。例如，$f(A)_{ij}$ 表示函数 f 作用在矩阵 A 上，其输出矩阵的第 (i,j) 个元素。

在机器学习领域，矩阵可以代表一组样本数据，如 1.1.1 节提到的鸢尾花数据集，每一朵鸢尾花的数据可以表示成一个列向量 $x^{(i)}$，那么含有 150 个样本的整个数据集可以表示成矩阵：

$$A = [x^{(1)}, x^{(2)}, \cdots, x^{(150)}]$$

如果这样看不太直观，那么更类似于矩阵（二维数组）的表达方式为

$$A = \begin{bmatrix} x_{1,1} & x_{2,1} & \cdots & x_{150,1} \\ x_{1,2} & x_{2,2} & \cdots & x_{150,2} \\ x_{1,3} & x_{2,3} & \cdots & x_{150,3} \\ x_{1,4} & x_{2,4} & \cdots & x_{150,4} \end{bmatrix}$$

既然在机器学习中，数据集可以用矩阵来表示，那么矩阵运算就可以用来进行数据处理和数据转换。通过将数据表示为矩阵形式，可以进行各种线性代数运算，如矩阵乘法、加法和逆运算等。这些运算可用于模型训练和推理过程中对数据的特征转换、参数优化和预测计算等。

如果构成一个矩阵的一组向量彼此线性无关，那么它们就可以成为度量这个线性空间的一组基，从而在事实上成为一个坐标系体系，其中每一个向量都在对应的一条坐标轴上，并且成为那条坐标轴上的基本度量单位。

下面举一个实例，说明数据转换的过程。如果要把二维空间的点 $a = [1, 1]$ 变到点 $b = [2, 3]$ 的位置，可以有两种做法。第一，坐标系不动，点动，把点[1, 1]移动到[2, 3]的位置。第二，点不动，变坐标系，让 x 轴的度量（单位向量）变成原来的 1/2，让 y 轴的度量（单位向量）变成原来的 1/3，这样点还是那个点，但是点的坐标变成了[2, 3]。方式不同，结果相同。

第一种方式可以看成矩阵的运动描述，如式(1-4)所示，矩阵与向量相乘，就是使向量（点）运动的过程，即向量 a 经过矩阵 M 所描述的变换，变成了向量 b：

$$Ma = b \tag{1-4}$$

而第二种方式中，矩阵 M 描述了一个坐标系，式(1-4)变换成式(1-5)：

$$Ma = Ib \tag{1-5}$$

那么式(1-5)表示，对于一个向量 a，它在坐标系 M 的度量下是向量 a，而在坐标系 I（直角单位坐标系）的度量下是向量 b。此种情况下，放在一个向量前面的矩阵，可以认为是对向量的一个环境声明。更多的矩阵运算和矩阵几何意义，将在 1.2 节中介绍。

在线性代数的概念中，行列式和矩阵经常被混淆，它们两个都可以表示为一个由数字组成的矩形阵列，表现形式很像，但它们有本质区别。行列式是指将一些数据建立成计算方阵，经过规定的计算方法最终得到一个数。换句话说，行列式代表的是一个值。而矩阵表示的是一个数据集合，更像是一张 m 行、n 列的数据表格或者 Excel 表格。

1.1.3 张量

张量(tensor)实际上就是一个多维数组(multidimensional array)，是矩阵的扩展与延伸。

在机器学习中，我们经常不只会处理二维矩阵形式的数据集。举个简单的例子，众所周知，图像是由一个一个像素构成的，通常具有 3 个维度：高度、宽度和颜色深度。如果保存一张灰度图像，因为颜色通道只有一个，所以可以保存在矩阵(二维数组)中。每个像素的位置信息体现在其矩阵的行列索引中，灰度信息体现在矩阵元素数值中。而一张彩色 RGB 图像(R 代表 Red，G 代表 Green，B 代表 Blue)，因为需要存储三个颜色通道，所以每一通道具有相同的高度和宽度，每个通道相应位置上的数据代表不同颜色的深度。假设一张图像大小为 256×256，那么这张彩色图像就需要存储在一个三维数组中，该数组形状为(256, 256, 3)；如果要存储 128 张同规格的彩色图像，那就需要保存在一个形状为(128, 256, 256, 3)的四维数组中。

这些多维数组就称为张量，每一维(dimension)也称为"轴"(axis)，维度(轴)个数称为"阶"。张量的大小可以用"形状"(shape)来描述。

再举一个实例，视频可以看作由一系列帧组成，每一帧都是一张彩色图像。由于每一帧都可以保存在三维张量中，因此一系列帧(一个视频)就需要保存在形状为(frame, height, width, color_depth)的四维张量中，而不同视频组成的批量数据集，就需要保存在一个五维张量中。例如，一个以每秒 4 帧采样的 60s 视频片段，视频尺寸是 1280×720，这个视频一共 240 帧。4 个这样的视频片段组成的批量数据集将保存在形状为(4, 240, 1280, 720, 3)的五维张量中。

张量不仅仅可以表示高于二维的数组，也可以表示低于二维的数组。例如，将标量称为零阶(0-dimensional, 0D)张量，向量称为一阶(1D)张量，矩阵称为二阶(2D)张量。多阶张量在机器学习中更常见，前面提到的一张彩色图像就是典型的三阶(3D)张量，多张批量彩色图像就是四阶(4D)张量，多个视频数据就是五阶(5D)张量。下面就以图示的形式，形象表示零到五阶的张量，如图 1-2 所示。

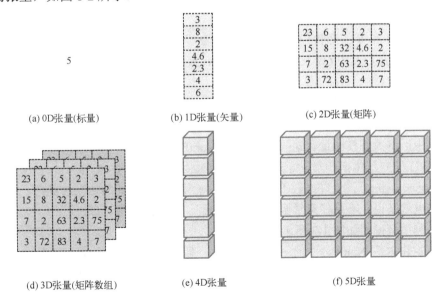

彩图

图 1-2　不同维度的张量

张量可以通过 Python 的 NumPy 扩展包来定义和操作。

例 1-3：使用 Python 的 NumPy 扩展包创建一个张量（三维数组）

```
1    import numpy as np
2    X = np.array([[[1, 21, 38, 26],[2, 35, 49, 22],[3, 46, 52, 65]],
                   [[4, 28, 48, 36],[5, 55, 29, 42],[6, 66, 32, 75]],
                   [[7, 68, 28, 56],[8, 35, 79, 32],[9, 62, 72, 25]]])
3    X
```

输出结果：

```
array([[[ 1, 21, 38, 26],
        [ 2, 35, 49, 22],
        [ 3, 46, 52, 65]],

       [[ 4, 28, 48, 36],
        [ 5, 55, 29, 42],
        [ 6, 66, 32, 75]],

       [[ 7, 68, 28, 56],
        [ 8, 35, 79, 32],
        [ 9, 62, 72, 25]]])
```

1.2　向量与矩阵的计算

1.2.1　向量与矩阵的加法和减法

若两个向量 x 和 y 的维数相同，表示为 $x \in \mathbb{R}^{n \times 1}, y \in \mathbb{R}^{n \times 1}$，则这两个列向量可以相加或相减，会有 $z = x \pm y$，其中 $z \in \mathbb{R}^{n \times 1}$。对于两个相同维数的行向量，其加法操作和减法操作的过程与结果也是显然的。

若两个矩阵 A 和 B 的形状相同，表示为 $A \in \mathbb{R}^{n \times m}, B \in \mathbb{R}^{n \times m}$，则这两个矩阵可以相加或相减，会有 $C = A \pm B$，其中 $C \in \mathbb{R}^{n \times m}$。也就是说，两个矩阵必须有相同的行数和列数才能进行加法或减法运算。

可以看到，在线性代数中，只有相同维数的向量可以进行加减法操作，同样也只有相同维数的矩阵才能进行加减法操作，而没有定义矩阵与标量、向量的加减法操作。在机器学习的实践过程中，将大规模向量、矩阵运算交给 NumPy 扩展包，充分运用它的向量化操作，利用现代 GPU 的向量化指令集，将会显著提高高维数组的计算效率。同时，它也定义了一种广播机制（broadcasting），允许维数不同的矩阵、标量、向量之间的加减法操作，但有一定的约束条件，也就是说，不是任意维数的矩阵、标量、向量之间都可以进行。

广播机制举例说明如图 1-3 所示。

广播机制其实是 NumPy 中的一个重要特性，是指对多维数组执行某些数值计算时，可以确保在数组间形状不完全相同时自动地通过广播机制扩散到相同形状，进而执行相应的计算功能。

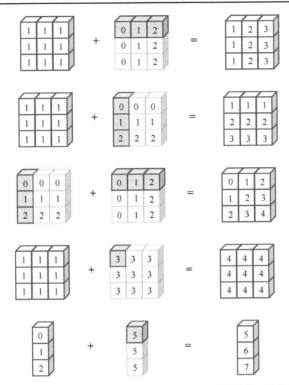

图 1-3　机器学习领域不同维数的数组进行加减法操作的广播机制示例

如果满足以下条件之一，那么数组被认为是可以广播的：

(1) 数组拥有相同维度，且某一个或多个维度上的长度为 1；

(2) 数组拥有极少的维度，可以在其前面追加长度为 1 的维度。

广播机制的原则有以下内容：

(1) 如果两个数组的后缘维度(trailing dimension，即从末尾开始算起的维度)的轴长度相等，或其中一方的长度为 1，则认为它们是广播兼容的；

(2) 广播会在缺失和/或长度为 1 的维度上进行。

也就是说，广播主要发生在两种情况下，一种是两个数组的维数不相等，但是它们的后缘维度的轴长相等，另一种是有一方的长度为 1。

例 1-4：相同维度、形状不同的两个矩阵相加，在长度为 1 的维度上进行广播

```python
1   import numpy as np
2   A = np.ones((3,3))
3   B = np.arange(3).reshape(1,3)
4   C = np.arange(3).reshape(3,1)
5   print(f"A.ndim = {A.ndim}; B.ndim = {B.ndim}; C.ndim = {C.ndim}")
6   print(f"A.shape = {A.shape}; B.shape = {B.shape}; C.shape = {C.shape}")
7   print("A:",A)
8   print("B:",B)
9   print("C:",C)
10  print("形状为(3, 3) (1, 3)的两个矩阵相加，A+B:\n",A+B)
11  print("形状为(3, 3) (3, 1)的两个矩阵相加，A+C:\n",A+C)
12  print("形状为(1, 3) (3, 1)的两个矩阵相加，B+C:\n",B+C)
```

输出结果：

```
A.ndim = 2; B.ndim = 2; C.ndim = 2
A.shape = (3, 3); B.shape = (1, 3); C.shape = (3, 1)
A:[[1. 1. 1.]
 [1. 1. 1.]
 [1. 1. 1.]]
B:[[0 1 2]]
C:[[0]
 [1]
 [2]]
形状为(3, 3)(1, 3)的两个矩阵相加，A+B:
[[1. 2. 3.]
 [1. 2. 3.]
 [1. 2. 3.]]
形状为(3, 3)(3, 1)的两个矩阵相加，A+C:
[[1. 1. 1.]
 [2. 2. 2.]
 [3. 3. 3.]]
形状为(1, 3)(3, 1)的两个矩阵相加，B+C:
[[0 1 2]
 [1 2 3]
 [2 3 4]]
```

例 1-5：不同维度的矩阵和向量相加，缺失维度的进行广播

代码

```
1    d = np.arange(3)
2    print(f"A.ndim = {A.ndim}; d.ndim = {d.ndim}")
3    print(f"A.shape = {A.shape}; d.shape = {d.shape}")
4    print("A:",A)
5    print("d:",d)
6    print("二维矩阵和一维向量相加，A+d:\n",A+d)
```

输出结果：

```
A.ndim = 2; d.ndim = 1
A.shape = (3, 3); d.shape = (3,)
A:[[1. 1. 1.]
 [1. 1. 1.]
 [1. 1. 1.]]
d:[0 1 2]
二维矩阵和一维向量相加，A+d:
[[1. 2. 3.]
 [1. 2. 3.]
 [1. 2. 3.]]
```

例 1-6：矩阵或向量和标量相加，标量会广播至整个数组上

代码

```
1    print(f"A.ndim = {A.ndim}; A.shape = {A.shape}")
2    print(f"d.ndim = {d.ndim}; d.shape = {d.shape}")
```

```
3    print("A:",A)
4    print("d:",d)
5    print("形状为(3,3)的二维矩阵和标量相加，A+3:\n",A+3)
6    print("形状为(3,)的一维向量和标量相加，d+5:\n",d+5)
```

输出结果：

```
A.ndim = 2; A.shape = (3, 3)
d.ndim = 1; d.shape = (3,)
A:[[1. 1. 1.]
  [1. 1. 1.]
  [1. 1. 1.]]
d:[0 1 2]
形状为(3,3)的二维矩阵和标量相加，A+3:
[[4. 4. 4.]
 [4. 4. 4.]
 [4. 4. 4.]]
形状为(3,)的一维向量和标量相加，d+5:
[5 6 7]
```

1.2.2 向量内积

两个相同维数的向量 a 和 b 的内积，也称为点积(dot product)或数量积，即对两个向量对应元素相乘之后求和的操作，其计算公式为

$$a \cdot b = \sum_{i=1}^{n} a_i b_i = a_1 b_1 + a_2 b_2 + \cdots + a_n b_n \tag{1-6}$$

注意：式(1-6)点乘的结果是一个标量，即数量而不是向量。这里 a 和 b 都是 n 维的向量，两个向量能够计算内积的前提是两个向量的维数相同。在机器学习中，如果计算两个高维向量的内积，则不要使用普通的 Python 循环语句，应使用 NumPy 之类的数值计算库，它的 dot() 函数可以并行、高效地进行计算。

例 1-7： 使用 NumPy 的 dot() 函数进行向量内积操作

```
1    import numpy as np
2    a = np.array([1, 2, 3, 4])
3    b = np.array([5, 6, 7, 8])
4    print(a.dot(b))
```

输出结果：

```
70
```

向量内积的性质有以下几点。

(1)正定性：$a \cdot a \geq 0$；当 $a \cdot a = 0$ 时，必有 $a = 0$。

(2)对称性：$a \cdot b = b \cdot a$。

(3)齐次性：$\lambda a \cdot b = \lambda (a \cdot b)$。

(4)分配性：$(a + b) \cdot c = a \cdot c + b \cdot c$。

(5)线性(性质(3)和(4)的合并)：$(\lambda a + \mu b) \cdot c = \lambda a \cdot c + \mu b \cdot c$，对任意实数 λ 和 μ 都成立。

　　范数(norm)是用于度量向量、矩阵等大小和距离的概念，可以简单理解为距离。因为向量既有大小又有方向，所以不适合直接比较大小和多个向量之间的距离。范数提供了一种方法，方便进行度量。

　　向量的范数是指向量的长度。在机器学习中，经常使用 norm 的函数来表示向量的大小。这个函数将向量映射到一个非负值上，更直观的说法就是表达了坐标原点到向量 a 所确定的点的距离。1.4 节较详细地介绍向量间的距离计算方法。由于计算距离的方式有多种，所以向量的范数也有多种，常用的范数分别称为 L^1 范数、L^2 范数、L^p 范数和 L^∞ 范数，记为 $\|a\|_1$、$\|a\|_2$、$\|a\|_p$、$\|a\|_\infty$，也称为向量 a 的模或范数，此时不考虑向量的方向，仅为一个数量(数值)。

　　一般地，若存在一个 n 维向量 $a=[a_1,a_2,\cdots,a_n]$，则这几个常用向量范数的计算公式为

$$\|a\|_1 = |a_1| + |a_2| + \cdots + |a_n|$$

$$\|a\|_2 = \sqrt{a_1^2 + a_2^2 + \cdots + a_n^2}$$

$$\|a\|_p = \left(\sum_i |a_i|^p\right)^{\frac{1}{p}} \tag{1-7}$$

$$\|a\|_\infty = \max\left(|a_1|, |a_2|, \cdots, |a_n|\right)$$

例如，一个二维向量 $a=[3,4]$，它的范数为

$$\|a\|_2 = \sqrt{3^2 + 4^2} = 5$$

　　NumPy 中有与线性代数相关的模块 linalg(linear+algebra)，其中的 norm() 函数可以方便地求解各类范数。

　　例 1-8：使用 NumPy 中 linalg 模块的 norm() 函数进行向量和矩阵范数的求解

```
1   import numpy as np
2   a = np.arange(9) - 4
3   print(a)
4   A = a.reshape((3, 3))
5   print(A)
6   L2a = np.linalg.norm(a)
7   print(f"L2 norm of a = {L2a}")
8   L2A = np.linalg.norm(A)
9   print(f"L2 norm of A = {L2A}")
```

输出结果：

```
[-4 -3 -2 -1 0 1 2 3 4]
[[-4 -3 -2]
 [-1 0 1]
 [2 3 4]]
L2 norm of a = 7.745966692414834
L2 norm of A = 7.745966692414834
```

　　L^2 范数又称为欧几里得范数(Euclidean norm)，它表示从原点出发到向量 a 所确定的点的欧几里得距离(欧氏距离)。L^2 范数十分频繁地出现在机器学习中，经常简化表示为 $\|a\|$，略去了下标 2。L^2 范数的平方也经常用来衡量向量的大小，对比式(1-6)和式(1-7)可以看出，

L^2 范数的平方可以简单地通过点积 $\boldsymbol{a}^T\boldsymbol{a}$ 来计算。

有了向量范数的概念，对于向量的内积又可以表示为

$$\boldsymbol{a}\cdot\boldsymbol{b}=\|\boldsymbol{a}\|\|\boldsymbol{b}\|\cos\theta \tag{1-8}$$

其中，θ 是 $\boldsymbol{a}$ 和 $\boldsymbol{b}$ 之间的夹角。

因此，向量内积的几何意义是可以表征或计算两个向量之间的夹角，以及 $\boldsymbol{b}$ 向量在 $\boldsymbol{a}$ 向量方向上的投影。由式 (1-8) 可知：

$$\cos\theta=\frac{\boldsymbol{a}\cdot\boldsymbol{b}}{\|\boldsymbol{a}\|\|\boldsymbol{b}\|} \tag{1-9}$$

$$\theta=\arccos\left(\frac{\boldsymbol{a}\cdot\boldsymbol{b}}{\|\boldsymbol{a}\|\|\boldsymbol{b}\|}\right) \tag{1-10}$$

如图 1-4 所示，假设在 l 方向上有一个向量 $\boldsymbol{a}$ 和与之有 θ 夹角的向量 $\boldsymbol{b}$，那么 $\boldsymbol{b}$ 向量在 $\boldsymbol{a}$ 向量方向上的投影用 $\boldsymbol{p}$ 表示，则 $\boldsymbol{p}$ 的长度计算为

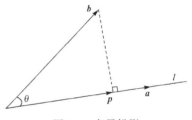

$$\|\boldsymbol{p}\|=\|\boldsymbol{b}\|\cos\theta=\|\boldsymbol{b}\|\frac{\boldsymbol{a}\cdot\boldsymbol{b}}{\|\boldsymbol{a}\|\|\boldsymbol{b}\|}=\frac{\boldsymbol{a}\cdot\boldsymbol{b}}{\|\boldsymbol{a}\|} \tag{1-11}$$

由于投影 $\boldsymbol{p}$ 的方向与 x 方向相同，所以投影向量 $\boldsymbol{p}$ 为

$$\boldsymbol{p}=\|\boldsymbol{p}\|\frac{\boldsymbol{a}}{\|\boldsymbol{a}\|}=\frac{\boldsymbol{a}\cdot\boldsymbol{b}}{\|\boldsymbol{a}\|}\cdot\frac{\boldsymbol{a}}{\|\boldsymbol{a}\|}=\frac{\boldsymbol{a}\cdot\boldsymbol{b}\cdot\boldsymbol{a}}{\|\boldsymbol{a}\|^2} \tag{1-12}$$

图 1-4　向量投影

1.2.3　向量外积

两个向量的外积，又称为向量积、叉乘、叉积等。外积的运算结果是一个向量而不是一个标量，并且两个向量的外积与这两个向量组成的坐标平面垂直。

假设向量 $\boldsymbol{a}$ 与 $\boldsymbol{b}$ 都是 n 维向量，它们之间的夹角是 θ，则 $\boldsymbol{a}$ 与 $\boldsymbol{b}$ 的外积 $\boldsymbol{a}\times\boldsymbol{b}$ 的长度是 $\|\boldsymbol{a}\times\boldsymbol{b}\|=\|\boldsymbol{a}\|\|\boldsymbol{b}\|\sin\theta$，其方向正交于 $\boldsymbol{a}$ 与 $\boldsymbol{b}$，即 $\boldsymbol{a},\boldsymbol{b},\boldsymbol{a}\times\boldsymbol{b}$ 构成一个三维直角坐标系。在三维直角坐标系中，根据 z 轴的不同方向，分为"左手系"和"右手系"两种坐标系，如图 1-5(a) 和 (b) 所示。而 $\boldsymbol{a},\boldsymbol{b},\boldsymbol{a}\times\boldsymbol{b}$ 构成的是右手坐标系，如图 1-5(b) 所示。特别地，$\boldsymbol{0}\times\boldsymbol{a}=\boldsymbol{a}\times\boldsymbol{0}$。此外，对于任意向量 $\boldsymbol{a}$，$\boldsymbol{a}\times\boldsymbol{a}=\boldsymbol{0}$。

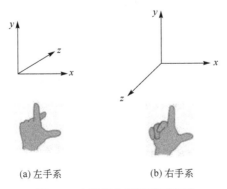

(a) 左手系　　　　　　　(b) 右手系

图 1-5　空间直角坐标系示意图

假设在空间中有两个三维向量：$a = [x_1, y_1, z_1]^T, b = [x_2, y_2, z_2]^T$，对于向量 a 和 b 的外积计算，从代数角度来看，其计算公式为

$$a \times b = \begin{bmatrix} y_1 z_2 - y_2 z_1 \\ x_2 z_1 - x_1 z_2 \\ x_1 y_2 - x_2 y_1 \end{bmatrix} \tag{1-13}$$

也可以表示为

$$a \times b = [y_1 z_2 - y_2 z_1, x_2 z_1 - x_1 z_2, x_1 y_2 - x_2 y_1]^T \tag{1-14}$$

从几何角度计算向量 a 和 b 的外积公式为

$$a \times b = \|a\| \|b\| \sin\theta \cdot n \tag{1-15}$$

其中，n 是 a 与 b 所构成平面的单位向量。

向量外积的性质有如下两点。

(1) 反称性：$a \times b = -b \times a$。

(2) 线性：$(\lambda a + \mu b) \times c = \lambda(a \times c) + \mu(b \times c)$。

向量外积的几何意义：在三维空间中，向量 a 和 b 的外积结果是一个向量，其更通俗易懂的名称是法向量，该向量垂直于向量 a 和 b 构成的平面；在 3D 图像学中，外积的概念十分重要，可以通过两个向量的外积，生成第三个垂直于 a、b 的法向量，从而构建 x、y、z 坐标系，如图 1-6 所示。

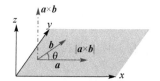

图 1-6　向量外积的几何意义

至于更高维空间的更多向量的外积，这里不再详细阐述，有兴趣的读者可以参考相关文献。

1.2.4　矩阵乘法

矩阵乘法是矩阵运算中最重要的操作之一，两个矩阵进行乘法操作有三种运算：标准乘积、哈达玛积、克罗内克积。

标准乘积(matrix product)：两个矩阵 A 和 B 的标准乘积，其结果也是一个矩阵，假设命名为 C。该标准乘积操作定义为

$$C_{i,j} = (AB)_{i,j} = \sum_{k=1}^{n} A_{i,k} B_{k,j} \tag{1-16}$$

并非任意两个矩阵都能进行标准乘积操作，当且仅当矩阵 A 的列数与矩阵 B 的行数相等时，即存在正整数 m、n 和 p，如果矩阵 A 的形状是 $m \times n$，矩阵 B 的形状是 $n \times p$，那么矩阵标准乘积 AB 才存在(也就是良定义的)，乘积结果矩阵 C 的形状是 $m \times p$。

已知两个相同维数的向量 x 和 y 的点积可以记为

$$x \cdot y = x^T y \tag{1-17}$$

因此，可以把矩阵乘积 $C = AB$ 中计算 $C_{i,j}$ 的步骤看作矩阵 A 的第 i 行(当成向量 x^T)和矩阵 B 的第 j 列(当成向量 y)之间的点积。

由于在机器学习中，需要大量的高维矩阵乘法运算，同样要使用 NumPy 这样的数值计

算库，其中 linalg 模块的 multi_dot()函数可以并行、高效地进行高维矩阵乘法计算。

例 1-9：使用 NumPy 或其中 linalg 模块的 multi_dot()函数进行矩阵乘法运算

代码

```
1    import numpy as np
2    A=np.array([[1, 2],[3, 4],[5, 6]])
3    B=np.array([[1, 2],[3, 4]])
4    print('A',A)
5    print('B',B)
6    #计算矩阵的普通乘法
7    C1=np.linalg.multi_dot([A,B])
8    print('C1',C1)
9    C2=A.dot(B)
10   print('C2',C2)
11   #还可以计算多个矩阵的乘积
12   C=np.array([[2, 3, 4],[5, 6, 7]])
13   print('C',C)
14   D1=np.linalg.multi_dot([A,B,C])
15   D2=A.dot(B).dot(C)
16   print('D1',D1)
17   print('D2',D2)
```

输出结果：

```
A[[1 2]
 [3 4]
 [5 6]]
B[[1 2]
 [3 4]]
C1[[ 7 10]
 [15 22]
 [23 34]]
C2[[ 7 10]
 [15 22]
 [23 34]]
C[[2 3 4]
 [5 6 7]]
D1[[ 64  81  98]
 [140 177 214]
 [216 273 330]]
D2[[ 64  81  98]
 [140 177 214]
 [216 273 330]]
```

矩阵的标准乘积运算有许多有用的性质，从而使矩阵的数学分析更加方便。

（1）分配律：$A(B+C) = AB + AC$。

（2）结合律：$A(BC) = (AB)C$。

（3）数乘结合性：$k(AB) = (kA)B = A(kB)$。

（4）转置：$(AB)^{\mathrm{T}} = B^{\mathrm{T}}A^{\mathrm{T}}$。

不同于标量乘积，标准乘积并不满足交换律（$AB = BA$ 的情况并非总是满足）。

哈达玛积（Hadamard product）：两个矩阵的对应元素的乘积，称为哈达玛积，也称为逐元素乘积（element-wise product），表示为 $A \odot B$。能进行哈达玛积操作的两个矩阵必须形状相同，并产生相同形状的第三个矩阵结果。例如，对于两个同样形状的 $m \times n$ 矩阵 A 和矩阵 B，其哈达玛积结果 C 的计算公式为

$$C_{i,j} = (A \odot B)_{i,j} = A_{i,j} \cdot B_{i,j} \tag{1-18}$$

矩阵的哈达玛积具有如下性质。

(1) 交换律：$A \odot B = B \odot A$。

(2) 分配律：$(A \pm B) \odot C = A \odot B \pm B \odot C$。

(3) 结合律：$A \odot (B \odot C) = (A \odot B) \odot C = A \odot B \odot C$。

(4) 数乘结合性：$c(A \odot B) = (cA) \odot B = A \odot (cB)$。

(5) 转置：$(A \odot B)^{\mathrm{T}} = A^{\mathrm{T}} \odot B^{\mathrm{T}}$。

(6) 共轭：$(A \odot B)^{\mathrm{H}} = A^{\mathrm{H}} \odot B^{\mathrm{H}}$。

(7) 伴随：$(A \odot B)^{*} = A^{*} \odot B^{*}$。

(8) 零元：$A \odot O_{m \times n} = O_{m \times n} \odot A = O_{m \times n}$。

克罗内克积（Kronecker product）：两个任意大小矩阵间的运算，表示为 $A \otimes B$。如果矩阵 A 的形状是 $m \times n$，矩阵 B 的形状是 $p \times q$，克罗内克积则是一个 $mp \times nq$ 的分块矩阵。因此，克罗内克积也被称为直积或张量积。具体的计算公式如下：

$$A \otimes B = \begin{bmatrix} a_{11}B & a_{12}B & \dots & a_{1n}B \\ a_{21}B & a_{22}B & \dots & a_{2n}B \\ \vdots & \vdots & & \vdots \\ a_{m1}B & a_{m2}B & \dots & a_{mn}B \end{bmatrix} \tag{1-19}$$

也可以更直观地表示为

$$A \otimes B = \begin{bmatrix} a_{11}b_{11} & a_{11}b_{12} & \dots & a_{11}b_{1q} & \dots & \dots & a_{1n}b_{11} & a_{1n}b_{12} & \dots & a_{1n}b_{1q} \\ a_{11}b_{21} & a_{11}b_{22} & \dots & a_{11}b_{2q} & & & a_{1n}b_{21} & a_{1n}b_{22} & \dots & a_{1n}b_{2q} \\ \vdots & \vdots & & \vdots & & & \vdots & \vdots & & \vdots \\ a_{11}b_{p1} & a_{11}b_{p2} & \dots & a_{11}b_{pq} & \dots & \dots & a_{1n}b_{p1} & a_{1n}b_{p2} & \dots & a_{1n}b_{pq} \\ \vdots & \vdots & & \vdots & & & \vdots & \vdots & & \vdots \\ \vdots & \vdots & & \vdots & & & \vdots & \vdots & & \vdots \\ a_{m1}b_{11} & a_{m1}b_{12} & \dots & a_{m1}b_{1q} & \dots & \dots & a_{mn}b_{11} & a_{mn}b_{12} & \dots & a_{mn}b_{1q} \\ a_{m1}b_{21} & a_{m1}b_{22} & \dots & a_{m1}b_{2q} & & & a_{mn}b_{21} & a_{mn}b_{22} & \dots & a_{mn}b_{2q} \\ \vdots & \vdots & & \vdots & & & \vdots & \vdots & & \vdots \\ a_{m1}b_{p1} & a_{m1}b_{p2} & \dots & a_{m1}b_{pq} & \dots & \dots & a_{mn}b_{p1} & a_{mn}b_{p2} & \dots & a_{mn}b_{pq} \end{bmatrix} \tag{1-20}$$

矩阵的克罗内克积具有如下性质。

(1) 非交换律：对于矩阵 $A^{m \times n}$ 和 $B^{p \times q}$，一般有 $A \otimes B \neq B \otimes A$。

(2) 分配律：对于矩阵 $A^{m \times n}, B^{p \times q}, C^{p \times q}$，有 $A \otimes (B \pm C) = A \otimes B \pm A \otimes C$，$(B \pm C) \otimes A = B \otimes A \pm C \otimes A$。

(3) 结合律：对于矩阵 $A^{m \times n}, B^{p \times q}, C^{k \times i}$，有 $A \otimes (B \otimes C) = (A \otimes B) \otimes C$。

(4) 展开：$(A + B) \otimes (C + D) = A \otimes C + A \otimes D + B \otimes C + B \otimes D$。

(5) 数乘结合性：$\alpha A \otimes \beta B = \alpha \beta (A \otimes B)$。

(6) 转置：$(A \otimes B)^{\mathrm{T}} = A^{\mathrm{T}} \otimes B^{\mathrm{T}}$。

(7) 共轭：$(A \otimes B)^{\mathrm{H}} = A^{\mathrm{H}} \otimes B^{\mathrm{H}}$。

(8) 零元：$A \otimes O_{m \times n} = O_{m \times n} \otimes A = O_{m \times n}$。

例 1-10：使用 NumPy 中的函数进行矩阵哈达玛积运算和克罗内克积运算

```
1   import numpy as np
2   A=np.array([[1, 2, 3],[4, 5, 6]])
3   B=np.array([[7, 8, 9],[10,11,12]])
4   print('A',A)
5   print('B',B)
6   #矩阵的哈达玛积运算
7   C1=np.multiply(A,B)
8   print('C1',C1)
9   #矩阵的克罗内克积运算
10  C2=np.kron(A,B)
11  print('C2',C2)
```

输出结果：

```
A[[1 2 3]
  [4 5 6]]
B[[ 7  8  9]
  [10 11 12]]
C1[[ 7 16 27]
   [40 55 72]]
C2[[ 7  8  9 14 16 18 21 24 27]
   [10 11 12 20 22 24 30 33 36]
   [28 32 36 35 40 45 42 48 54]
   [40 44 48 50 55 60 60 66 72]]
```

1.2.5　矩阵转置

设矩阵 $A^{m \times n}$ 为 $m \times n$ 阶矩阵(即 m 行 n 列)，将矩阵的行列互换得到的 $n \times m$ 阶新矩阵 B，称为 A 的转置矩阵，记作 A^{T} 或 A'。

具体的如式(1-21)所示：

$$B_{i,j} = A_{j,i} \tag{1-21}$$

举例如下：

$$\begin{bmatrix} 2 & 3 & 1 & 7 \\ 4 & 6 & 9 & 5 \end{bmatrix}^{\mathrm{T}} = \begin{bmatrix} 2 & 4 \\ 3 & 6 \\ 1 & 9 \\ 7 & 5 \end{bmatrix}$$

矩阵的转置和矩阵其他操作一样，也是一种运算，且满足下列运算规律(假设运算都是可行的)：

$$(A^{\mathrm{T}})^{\mathrm{T}} = A \tag{1-22}$$

$$(A + B)^{\mathrm{T}} = A^{\mathrm{T}} + B^{\mathrm{T}} \tag{1-23}$$

$$(kA)^{\mathrm{T}} = kA^{\mathrm{T}} \tag{1-24}$$

$$(AB)^{\mathrm{T}} = B^{\mathrm{T}} A^{\mathrm{T}} \tag{1-25}$$

由于本书的重点不是线性代数，我们并不试图详细推导矩阵操作的每个运算规律，也不会展示矩阵运算的所有重要性质，但读者应该知道矩阵运算还有很多有用的规律和性质。

1.3　特殊类型的向量和矩阵

特殊向量(special vector)通常是指在某种特定条件下具有特殊性质的向量，如特征向量、单位向量等。特殊矩阵(special matrix)是指具有一定规律和特殊性质的矩阵，如对称矩阵、正交矩阵、对角矩阵等。在机器学习中，它们为机器学习算法提供基础的数据表示和处理工具，也为高级算法提供重要的数学基础。一些常见的应用包括特征矩阵、核矩阵、相似矩阵、协方差矩阵、稀疏矩阵等。

1.3.1　单位向量

单位向量(unit vector)是指长度(模)为 1 的向量，记为 $\hat{a}$。对任意一个非零向量而言，都会存在一个方向相同、模为 1 的单位向量。

单位向量可以通过将一个向量除以其模(范数)来得到，如式(1-26)所示，常常用来将一个向量归一化。

$$\hat{a} = \frac{1}{\|a\|} \times a \tag{1-26}$$

例如，有一个二维向量 $a = [8, 6]$，它的单位向量计算过程为

$$\hat{a} = \frac{1}{\|a\|} \times a = \frac{1}{\sqrt{8^2 + 6^2}} \times [8, 6] = \frac{1}{10} \times [8, 6] = \left[\frac{8}{10}, \frac{6}{10}\right]$$

在机器学习中，单位向量是一种重要的数学工具。例如，在机器学习的特征工程中，常常需要对各个特征数据进行标准化，使其具有相似的尺度和范围。在标准化过程中，可以将表示特征数据的向量除以其范数，从而使得每个标准化之后的表示特征数据的向量长度都为 1，达到标准化的效果。

1.3.2　单位矩阵和逆矩阵

单位矩阵(identity matrix)是指主对角线值为 1，其他位置数值为 0 的矩阵，记为 I_n。

例如，3×3 的单位矩阵表示为

$$\begin{bmatrix} 1 & 0 & 0 \\ 0 & 1 & 0 \\ 0 & 0 & 1 \end{bmatrix}$$

例 1-11：使用 Python 的 NumPy 扩展包创建单位矩阵

```
1    import numpy as np
2    np.eye(3)
```

输出结果：

```
array([[1., 0., 0.],
       [0., 1., 0.],
       [0., 0., 1.]])
```

当将单位矩阵作用在向量上时，结果是原向量，即 $I_n x = x$ ，也就是说单位矩阵不改变向量空间。举例如下：

$$\begin{bmatrix} 1 & 0 & 0 \\ 0 & 1 & 0 \\ 0 & 0 & 1 \end{bmatrix} \times \begin{bmatrix} x_1 \\ x_2 \\ x_3 \end{bmatrix} = \begin{bmatrix} x_1 \\ x_2 \\ x_3 \end{bmatrix}$$

逆矩阵(inverse matrix)：对于一个矩阵 A，若存在一个矩阵记作 A^{-1}，具有性质 $A^{-1}A = I_n$ ，则称 A^{-1} 为矩阵 A 的逆矩阵。

逆矩阵可用于求解线性方程组。例如，求解方程组：

$$\begin{cases} 2x_1 - x_2 = 0 \\ x_1 + x_2 = 3 \end{cases}$$

设

$$A = \begin{bmatrix} 2 & -1 \\ 1 & 1 \end{bmatrix}, \quad x = \begin{bmatrix} x_1 \\ x_2 \end{bmatrix}, \quad b = \begin{bmatrix} 0 \\ 3 \end{bmatrix}$$

此时可以将方程组表达为

$$\begin{bmatrix} 2 & -1 \\ 1 & 1 \end{bmatrix} \begin{bmatrix} x_1 \\ x_2 \end{bmatrix} = \begin{bmatrix} 0 \\ 3 \end{bmatrix}$$

求解 $Ax = b$ 的过程，就是求解方程组的过程，如式(1-27)所示：

$$\begin{aligned} Ax &= b \\ A^{-1}Ax &= A^{-1}b \\ I_n x &= A^{-1}b \\ x &= A^{-1}b \end{aligned} \tag{1-27}$$

所以求出 A 的逆矩阵，即可求出 x，线性方程得以求解，当然求解的前提是 A 具有逆矩阵。上述求解过程完全可以使用 NumPy 的 linalg 模块的函数方便快捷地解决。

例 1-12：使用 Python 求解该线性方程组

```
1    import numpy as np
2    A = np.array([[2, -1],[1, 1]])
3    b = np.array([[0],[3]])
4    print('A',A,'\nb',b)
5    A_inv = np.linalg.inv(A)
6    x = A_inv.dot(b)
7    print('x',x)
```

输出结果：

```
A[[ 2 -1]
 [ 1  1]]
b[[0]
 [3]]
x[[1.]
 [2.]]
```

1.3.3　对角矩阵

对角矩阵(diagonal matrix)是指除了对角线外，其他元素都为零的矩阵，形如：

$$\begin{bmatrix} 1 & 0 & 0 \\ 0 & 3 & 0 \\ 0 & 0 & 2 \end{bmatrix} \quad 或 \quad \begin{bmatrix} 2 & 0 & 0 \\ 0 & 0 & 0 \\ 0 & 0 & 3 \end{bmatrix}$$

对角线上的元素可以为 0 或其他值。对角矩阵不一定是方阵，但一般讨论对角矩阵都是考虑方阵的情况。主对角元素从左上角到右下角按序常常记为一个列向量：

$$v = \begin{bmatrix} v_1 \\ v_2 \\ \vdots \\ v_n \end{bmatrix} = \begin{bmatrix} v_1, v_2, \cdots, v_n \end{bmatrix}^{\mathrm{T}}$$

因此以 v 为主对角元素的对角方阵就可以用 $\mathrm{diag}(v)$ 表示，它形如式(1-28)表示：

$$\mathrm{diag}(v) = \begin{bmatrix} v_1 & 0 & \cdots & 0 \\ 0 & v_2 & \cdots & 0 \\ 0 & 0 & \cdots & 0 \\ 0 & 0 & \cdots & v_n \end{bmatrix} \tag{1-28}$$

1.3.2 节中已经提到过一个对角矩阵，即单位矩阵，对角元素全部是 1。

对角矩阵在机器学习中有多种作用，它和向量的乘法计算很高效。计算乘法 $\mathrm{diag}(v) \cdot x$，只需要将主对角元素依次乘到向量 x 的分量上即可。计算对角矩阵的逆矩阵也很高效。当且仅当对角矩阵的对角元素都是非零值，其逆矩阵就存在，在这种情况下，计算其逆矩阵可用式(1-29)快速计算：

$$\text{diag}(\boldsymbol{v})^{-1} = \text{diag}\left(\left[\frac{1}{v_1}, \frac{1}{v_2}, \cdots, \frac{1}{v_n}\right]^{\text{T}}\right) \tag{1-29}$$

在很多情况下，可以根据某一矩阵推导出一些通用的机器学习算法，因为矩阵代表了数据的结构化形式，而机器学习算法的目标就是从数据中学习并产生模型。矩阵可以表示输入特征和输出标签，通过对矩阵进行数学运算和优化，可以推导出通用的机器学习算法，如线性回归、逻辑回归、支持向量机(support vector machine，SVM)等。这些算法可以适用于不同类型的数据和问题。但如果通过将一些矩阵限制为对角矩阵，可以得到计算代价较低的(并且描述语言较少的)算法。

除此之外，在机器学习领域，对角矩阵还广泛应用于如下问题。

特征选择和降维：对角矩阵可以用于特征选择和降维，通过将原始特征空间转换为对角特征空间，可以减小特征之间的相关性，从而提高模型的性能。

协方差矩阵：在机器学习中，对角矩阵通常用于计算协方差矩阵的逆矩阵，以及估计多元正态分布的参数。

正则化：对角矩阵可以用于正则化模型参数，通过对模型参数的对角矩阵进行正则化，可以限制模型的复杂度，防止过拟合。

矩阵分解：对角矩阵可以用于矩阵分解，如奇异值分解(singular value decomposition，SVD)和特征值分解(eigen value decomposition，EVD)，这些分解方法在机器学习中广泛应用于降维和特征提取。

总之，对角矩阵在机器学习中扮演着重要的角色，可以用于数据预处理、模型参数估计、特征选择和降维等多个方面。

1.3.4　对称矩阵

对称矩阵(symmetric matrix)是指元素以主对角线为对称轴对应相等的矩阵。由此可见，首先对称矩阵是一个 n 阶矩阵(即方阵)，其次矩阵关于主对角线对称，也就是 $a_{ij} = a_{ji}$，形如：

$$\begin{bmatrix} 2 & 5 \\ 5 & 1 \end{bmatrix} \quad \text{或} \quad \begin{bmatrix} 2 & 5 & 6 \\ 5 & 0 & 4 \\ 6 & 4 & 3 \end{bmatrix}$$

可以看出，一个对称矩阵通过转置操作，得到的仍然是它自身，即满足 $\boldsymbol{A}^{\text{T}} = \boldsymbol{A}$。当某些不依赖参数顺序的双参数函数生成元素时，对称矩阵经常会出现。例如，如果 $\boldsymbol{A}$ 是一个表示距离的矩阵，$A_{i,j}$ 表示点 i 到 j 的距离，那么 $A_{i,j} = A_{j,i}$，因为距离函数是对称的。因此，对称矩阵常用于表示对称关系的数据，如图形渲染中的坐标变换矩阵。

对称矩阵在机器学习中也扮演着重要的角色，具体作用包括以下内容。

特征值分解：对称矩阵可以进行特征值分解，这在机器学习中可用于降维和特征提取，例如，主成分分析(principal component analysis，PCA)就是通过对称矩阵的特征值分解来实现的。

协方差矩阵：在机器学习中，对称矩阵还通常用于计算协方差矩阵，协方差矩阵用来衡量不同特征之间的相关性，对称矩阵的性质使得协方差矩阵更容易处理和分析。

正定性：对称矩阵如果是正定的，可以用于定义正定核函数，这在支持向量机等机器学习模型中有重要作用。

矩阵优化：对称矩阵在矩阵优化问题中经常出现，例如，在凸优化问题中，对称矩阵的性质可以简化问题的求解。

以上应用都会在后续章节中进一步阐述说明。

1.3.5　正交向量与正交矩阵

在理解正交矩阵(orthogonal matrix)之前，先介绍一下正交向量(orthogonal vector)。正交向量是指两个向量之间的内积为 0。从式(1-8)可以看出，用向量的长度以及向量之间的夹角可以表示向量的内积，即

$$x \cdot y = \|x\|\|y\|\cos\theta$$

其中，θ 是向量 x 和向量 y 之间的夹角。对非零向量而言，它们的长度都应该是大于 0 的，所以两个向量内积是否为 0，就完全取决于两个向量之间的夹角 θ。已知 $\cos 90° = 0$，如果两个向量在二维平面中的夹角是 90°，那么显然这两个向量垂直。在高维空间中也是一样，不过一般不称之为垂直，而是正交。也就是说，两个非零向量的内积为 0，说明两个向量正交。

如果扩展到更多的向量，那么一组两两正交且非零的向量组，就称为正交向量组。如果 n 维的向量组：$a_1, a_2, \cdots, a_r$ 两两正交，那么它们一定线性无关。即不存在一组不为零的系数 λ，使得

$$\lambda_1 a_1 + \lambda_2 a_2 + \cdots + \lambda_r a_r = 0 \tag{1-30}$$

这点很容易证明：由于向量组内向量均不为 0，如果在式(1-30)两边乘以任意一个向量组内的向量，假设相乘的是 a_1^{T}，则式(1-30)变为

$$\lambda_1 a_1^{\mathrm{T}} a_1 + \lambda_2 a_1^{\mathrm{T}} a_2 + \cdots + \lambda_r a_1^{\mathrm{T}} a_r = 0 \tag{1-31}$$

由于 a_1 与其他向量均两两正交，所以式(1-31)左侧的 $\lambda_i a_1^{\mathrm{T}} a_i$（其中 $i \neq 1$）乘积项全为 0。如果要使式(1-31)成立，那么必须使 $\lambda_1 a_1^{\mathrm{T}} a_1$ 项为 0，而对于长度不为 0 的向量有 $a_1^{\mathrm{T}} a_1 \neq 0$，所以只能是 λ_1 为 0。因此，不存在一组不为零的系数 λ，使得 $\lambda_1 a_1 + \lambda_2 a_2 + \cdots + \lambda_r a_r = 0$。

由于正交向量组内的向量线性无关，这意味着它们可以用来构建线性无关的基，它们又称为规范正交基。

正交矩阵是指行向量和列向量都是标准正交的方阵，也可以把一个规范正交基向量组看成是一个矩阵，那么这个矩阵就称为正交矩阵。它拥有如下性质：

$$A^{\mathrm{T}} A = I_n \tag{1-32}$$

$$A^{-1} = A^{\mathrm{T}} \tag{1-33}$$

$$|A| = \pm 1 \tag{1-34}$$

其中，I_n 是单位矩阵，它的充分必要条件是矩阵 A 当中的每一列都是单位列向量，并且两两正交。

正交矩阵在机器学习领域中具有重要的作用，可以用于数据处理、特征提取、参数初始化、矩阵分解等多个方面，有助于提高模型的性能和效率，具体包括以下内容。

正交矩阵可以用于特征提取和降维，通过正交变换可以将原始数据映射到一个正交的特征空间，从而减少数据的维度并保留数据的主要特征。在数据预处理过程中，正交矩阵可以用于去除数据中的相关性，从而减少数据中的噪声和冗余信息，提高数据的质量和可解释性。正交矩阵还可以用于奇异值分解和特征值分解等矩阵分解操作，被广泛地应用于推荐系统、图像处理和自然语言处理等领域。在神经网络中，正交矩阵可以用于参数初始化和权重矩阵的正交化，从而提高网络的收敛速度和泛化能力。在压缩感知中，正交矩阵可以用于构造稀疏变换矩阵，从而实现信号的稀疏表示和高效的压缩编码。正交矩阵在机器学习领域的各种应用将在后续章节中进行阐述。

1.4　向量间的距离

距离是度量相似性的重要依据，而相似性又是机器学习中分类或聚类的重要依据。这里有必要说明一下距离的含义。距离从广义上讲，是指两物体在空间或时间上相隔或间隔的长度，甚至是认识、感情等方面的差距。在文学作品中经常有这样的描述："虽然他和我的看法有距离，但我还是希望通过努力来说服他。"

对于距离的含义，人类可以通过语境、上下文等诸多信息进行理解，但对计算机来说就比较抽象。为了在机器学习中正确理解距离的含义，可以通过量化来定义距离这个概念。举个简单例子，假如有两个人，用他们的身高、体重这两个特征数据来表示他们的体型信息：一个人身高 178cm，体重 76kg；另一个人身高 170cm，体重 70kg，那么如何度量这两个人的体型相似程度（或者称为体型距离）呢？假如分别计算身高上的距离和体重上的距离，前者比后者高 8cm，重 6kg。这样就产生了两个维度的距离，但是我们更希望事物能够以简洁的方式呈现出来，最好是能变成一个维度的距离，类似一个标量。这时候就会遇到一个问题，身高、体重因为是描述人的不同特征，如果直接加减（8cm + 6kg），从语义层面来看，这种算法的逻辑不通，所以需要提升抽象程度，抽象到将这两个特征变为一个特征的程度，即用体型差距来统一。那么每个人的体型就表示成一个向量[身高, 体重]，度量这两个人的体型相似度，就是计算这两个向量[178, 76]和[170, 70]之间的距离。

至于如何计算向量之间的距离，古往今来数学家们提出了几个经典算法，本书将在后续加以介绍。在机器学习领域，向量通常用来存储某个具体实例多个维度的数据，也可以把表示成向量的这个具体实例看作 n 维空间的一个点，那么计算这两个向量之间的距离也就是计算 n 维空间中两个点的距离，从而度量这两个 n 维数据的相似度。

1.4.1　欧氏距离

欧氏距离可以简单理解为两点之间的直线距离。

例如，在二维空间两个向量之间的欧氏距离，就是在一个平面上用直尺测量出来的两点间的距离，其理论基础是毕达哥拉斯定理（即勾股定理）。假设前面实例中两个人的身高、体重，可以看作二维空间的两点 $a = (178, 76)$ 和 $b = (170, 70)$，那么这两个人体型上的差异（距离），可以如下计算：

$$\sqrt{(170-178)^2+(70-76)^2}=10$$

这种欧氏距离的计算方法，并没有考虑身高、体重这两个维度数据对于体型的贡献度。

扩展到一般情况，存在两点 $x=(x_1,x_2)$ 和 $y=(y_1,y_2)$，则两点间欧氏距离可以按如下公式计算：

$$D(x,y)=\sqrt{(y_1-x_1)^2+(y_2-x_2)^2} \tag{1-35}$$

图 1-7 所示的就是二维空间两点间的欧氏距离。

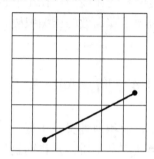

图 1-7　二维空间两点间的欧氏距离

再将数据扩展到更高维度，对于两个 n 维空间的点 $x=(x_1,x_2,\cdots,x_n)$ 和 $y=(y_1,y_2,\cdots,y_n)$，它们之间的欧氏距离定义如下：

$$D(x,y)=\sqrt{\sum_{i=1}^{n}(x_i-y_i)^2} \tag{1-36}$$

例 1-13：使用 NumPy 计算两个向量之间的欧氏距离

```
1    import numpy as np
2    #自动生成含有 30 个随机均匀分布数字的向量 a
3    a = np.random.randint(-20,160,size=(1,30))
4    a = a/1000
5    #自动生成含有 30 个正态分布的数字的向量 b
6    b = np.random.randn(30)
7    print('a',a)
8    print('b',b)
9    #计算 a，b 之间的欧氏距离
10   ou = np.sqrt(np.sum(np.square(a-b)))
11   print('a，b 之间的欧氏距离=', ou)
```

输出结果：

```
a[[0.156      0.12        0.089       0.107       0.082       0.049       0.101       0.116       0.157       -0.011
   0.007     -0.016       0.087       0.106       0.131       0.075       0.104       0.072       0.034       0.097
   0.054      0.074      -0.009       0.037       0.134       0.035      -0.019       0.143       0.131       -0.001]]
b[-0.13277118   0.12689929   0.13924924  -1.41882437   1.35939912  -0.20868212
   1.85482688  -1.43253128  -0.1544435   -0.74694423   0.7860868   -1.75150899
  -0.55648803   0.56520328   0.61564971   0.53727044   1.00742998  -1.7855332
  -1.10640987   0.46737073   0.38123276  -0.60085704  -1.14531499   0.50472187
  -0.53778733  -0.32000883   1.60092752   0.12198714   0.11258285  -0.02833352]
a，b 之间的欧氏距离= 5.088914033252477
```

1.4.2 曼哈顿距离

曼哈顿距离最初指的是区块建设的城市(如曼哈顿)中,两个路口间的最短行车距离,因此也被称为城市街区距离。

例如,二维空间的两个点 $x = (2,1)$ 和 $y = (6,3)$,那么两个向量之间的曼哈顿距离可以表示为 $|2-6|+|1-3| = 6$。图 1-8 表示了二维空间中两点间的曼哈顿距离。

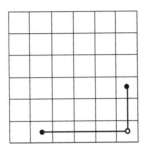

图 1-8 二维空间两点间的曼哈顿距离

进一步扩展,对于两个 n 维空间的点 $x = (x_1, x_2, \cdots, x_n)$ 和 $y = (y_1, y_2, \cdots, y_n)$,它们之间的曼哈顿距离定义如下:

$$D(x,y) = \sum_{i=1}^{n} |x_i - y_i| \tag{1-37}$$

例 1-14:使用 NumPy 计算两个向量之间的曼哈顿距离

```
1    #继续沿用上一个例题中的 a, b 向量,计算两者之间的曼哈顿距离
2    manhadun = np.sum(abs(a-b))
3    print('a, b 之间的曼哈顿距离=', manhadun)
```

输出结果:

a, b 之间的曼哈顿距离= 21.912136085341274

1.4.3 切比雪夫距离

切比雪夫距离定义为两个向量在任意坐标维度上的最大差值。换句话说,它就是沿着一个轴的最大距离。

二维平面上的切比雪夫距离通常也称为"棋盘距离",即国王移动问题,可以把两点间的距离看成是"王"从一点走到另一点所需要的步数。图 1-9(a) 展示了一种国际象棋的某时刻棋盘盘面情况,"王"所在位置是 $(f, 3)$,图 1-9(b) 所示为棋盘上所有位置与王位置的切比雪夫距离。

假如"王"从 $(f, 3)$ 移动到 $(c, 5)$,最短的距离一定是斜着走最多 2 步,而剩余的 1 步,则用"横"或者"竖"补齐。将图 1-9(c) 上两点表示为 $x = (6,3), y = (3,5)$,则这两点的切比雪夫距离 $D(x,y) = \max(|x_1 - x_2|, |y_1 - y_2|) = 3$。

因此,计算切比雪夫距离,实际上就是取各维度距离中的最大值,对于两个 n 维空间的点 $x = (x_1, x_2, \cdots, x_n)$ 和 $y = (y_1, y_2, \cdots, y_n)$,它们之间的切比雪夫距离定义如式 (1-38) 所示:

$$D(x,y) = \max(|x_i - y_i|) \tag{1-38}$$

彩图

(a) 当前棋盘盘面

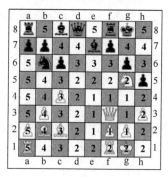

(b) 与"王"的切比雪夫距离

(c) 两点间的切比雪夫距离

图 1-9　二维空间两点间的切比雪夫距离

当需要重点研究距离最大的维度时，切比雪夫距离是个不错的选择。在所有维度均被归一化或者近似到同一个区间之后，距离最远的维度就决定着两个向量间的相似度，此时切比雪夫距离就是最佳选择。

例 1-15：使用 NumPy 计算两个向量之间的切比雪夫距离

```
1    #继续沿用上一个例题中的 a，b 向量，计算两者之间的切比雪夫距离
2    chebyshev = np.max(np.abs(a–b))
3    print('a，b 之间的切比雪夫距离=', chebyshev)
```

输出结果：

a，b 之间的切比雪夫距离= 1.857533198667454

1.4.4　夹角余弦距离

夹角余弦距离是指两个向量夹角的余弦值，如式(1-9)所示。

在机器学习中，有时我们对高维数据向量本身的大小并不关注，却需要判断向量数据之间的相似度(距离)，此时可以使用夹角余弦距离来判断。相较于欧氏距离、曼哈顿距离和切比雪夫距离，夹角余弦距离更加注重两个向量在方向上的差异，而非距离或长度上的差异。两个向量的夹角余弦值接近于 1，说明夹角趋于 0°，表明它们相似；夹角余弦值接近于 0，说明夹角趋于 90°，表明两个向量不相似；夹角余弦值接近于–1，则夹角趋于 180°，表明两个向量彼此相对。

下面举例一个夹角余弦距离在文本分析领域的应用。假设采取一种简单的方式来分析两句话是否相似：如果两句话的用词越相似，就认为它们的内容越相似。一般认为，一个词在文档中出现的次数越多，其对文档的表达能力就越强，因此可以使用词频向量来表示文本。

如表 1-1 所示，假设有两句话 A 和 B，分别对它们进行分词，然后找出文本中全部的词，共 9 个，并设定次序。此时，将句子 A 和 B 分别用九维向量表示，向量中每个分量表示句子中含有该编号次序的词的频率。这种对文本的表示称为词频向量。

表 1-1　文本分析两个句子的相似度

句子	文本	分词	全部的词	词频向量
A	这双皮鞋号码大了，那双号码合适。	这双/皮鞋/号码/大了/那双/号码/合适	①这双；②皮鞋；③号码；④大了；⑤那双；⑥合适；⑦不；⑧小；⑨更	[1, 1, 2, 1, 1, 1, 0, 0, 0]
B	这双皮鞋号码不小，那双更合适。	这双/皮鞋/号码/不/小/那双/更/合适		[1, 1, 1, 0, 1, 1, 1, 1, 1]

另外，可以使用表示文本的词频向量间的夹角余弦距离来度量这两句话是否相似。回忆一下 1.2.2 节向量内积公式的转换公式：

$$\cos\theta = \frac{\boldsymbol{a}\cdot\boldsymbol{b}}{\|\boldsymbol{a}\|\|\boldsymbol{b}\|}$$

对于两个 n 维空间的点 $x=(x_1,x_2,\cdots,x_n)$ 和 $y=(y_1,y_2,\cdots,y_n)$，它们之间的夹角余弦距离定义如式(1-39)所示：

$$D(x,y)=\cos\theta=\frac{\boldsymbol{x}\cdot\boldsymbol{y}}{\|\boldsymbol{x}\|\|\boldsymbol{y}\|}=\frac{\sum_{i=1}^{n}x_iy_i}{\sqrt{\sum_{i=1}^{n}x_i^2}\sqrt{\sum_{i=1}^{n}y_i^2}} \tag{1-39}$$

使用夹角余弦距离公式(1-39)计算句子 A 和句子 B 的向量间的距离：

$$\cos\theta=\frac{1\times1+1\times1+2\times1+1\times0+1\times1+1\times1+0\times1+0\times1+0\times1}{\sqrt{1^2+1^2+2^2+1^2+1^2+1^2+0^2+0^2+0^2}\times\sqrt{1^2+1^2+1^2+0^2+1^2+1^2+1^2+1^2+1^2}}$$
$$=\frac{6}{\sqrt{9}\times\sqrt{8}}$$
$$=0.71$$

通过计算结果可以看出句子 A 和句子 B 的夹角余弦距离为 0.71，比较接近于 1，所以可以初步认为这两句话基本是相似的。当然，一个词在一个文档中比另一个词更频繁出现时，不一定意味着文档与该词更相关，可能是文件长度不均匀或者计数的重要性较小等的原因，此时可以使用调整的余弦相似度等。

例 1-16：使用 NumPy 计算两个向量之间的夹角余弦距离

```
1   #继续沿用上一个例题中的 a，b 向量，计算两者之间的夹角余弦距离
2   cosine = np.dot(a,b)/(np.linalg.norm(a)*np.linalg.norm(b))
3   print('a，b 之间的夹角余弦距离=', cosine)
```

输出结果：

```
a，b 之间的夹角余弦距离=[0.01378026]
```

1.5 线性变换和特征分解

1.5.1 线性映射

线性映射是指将一个向量空间 V 中的多个向量按照某种权重相加得到另一个向量空间 W 中的新向量。

由于已知足够多的线性代数符号，可以表达如下线性方程：

$$Ax = b \tag{1-40}$$

其中，$A\in\mathbb{R}^{m\times n}$，是一个矩阵，可以看作由多个向量组成的一个向量空间；$x\in\mathbb{R}^{n}$，是一个

向量，可以看作一个权重向量；$b \in \mathbb{R}^m$，是一个向量，可以看作一个新向量空间的向量，那么式(1-40)就表达了一种线性映射。

在机器学习领域，如果 A 是一个已知矩阵，b 是一个已知向量，x 就是一个需要求解的未知权重向量。向量 x 的每一个元素 x_i 都是未知的。可以把式(1-40)重写为

$$
\begin{aligned}
A_{1,:}x &= b_1 \\
A_{2,:}x &= b_2 \\
&\vdots \\
A_{m,:}x &= b_m
\end{aligned}
\tag{1-41}
$$

或者可以更明确地写为

$$
\begin{aligned}
A_{1,1}x_1 + A_{1,2}x_2 + \cdots + A_{1,n}x_n &= b_1 \\
A_{2,1}x_1 + A_{2,2}x_2 + \cdots + A_{2,n}x_n &= b_2 \\
&\vdots \\
A_{m,1}x_1 + A_{m,2}x_2 + \cdots + A_{m,n}x_n &= b_m
\end{aligned}
\tag{1-42}
$$

矩阵向量乘积符号，如式(1-40)为式(1-42)这种形式的等式提供了更紧凑的表示形式。如果逆矩阵 A^{-1} 存在，那么式(1-42)对于每一个向量 b 恰好存在一个解。对系统方程而言，对于某些 b 的值，有可能不存在解，或者存在无限多个解，但不可能存在多于一个但是少于无限多个解的情况。分析该方程有多少个解，可以想象将 A 的列向量看作从原点(origin)出发的不同方向，确定有多少种方法可以到达向量 b。此时，向量 x 中的每个元素 x_i 就表示应该沿着第 i 个向量的方向走多远，如式(1-43)所示：

$$
A \cdot x = \sum_{i=1}^{n} x_i A_{:,i}
\tag{1-43}
$$

这种操作就是线性组合。原始向量线性组合后所能抵达的点的集合，称为这一组向量的生成子空间(generating subspace)。确定 $Ax = b$ 是否有解相当于确定向量 b 是否在 A 的列向量的生成子空间中。这个特殊的生成子空间被称为 A 的列空间(column space)或者 A 的值域(range)。

为了让方程 $Ax = b$ 对于任意的向量 $b \in \mathbb{R}^m$ 都有解，要求 A 的列空间构成整个 $\mathbb{R}^m$。如果 $\mathbb{R}^m$ 中的某个点不在 A 的列空间中，那么该点对应的 b 会使得该方程没有解。矩阵 A 的列空间是整个 $\mathbb{R}^m$ 的要求，意味着 A 至少有 m 列，即 $n \geqslant m$。否则，A 列空间的维数会小于 m。例如，假设 A 是一个 3×2 的矩阵，目标 b 是三维的，但是 x 只有二维，所以无论如何修改 x 的值，也只能描绘出 $\mathbb{R}^3$ 空间中的二维平面。当且仅当向量 b 在该二维平面中时，该方程有解。

不等式 $n \geqslant m$ 仅是方程对每一点都有解的必要条件，不是充分条件，因为有些列向量可能是冗余的。假设有一个 $\mathbb{R}^{2 \times 2}$ 中的矩阵，它的两个列向量是相同的，那么它的列空间和它的一个列向量作为矩阵的列空间是相同的。换言之，虽然该矩阵有 2 列，但是它的列空间仍然只是一条线，不能涵盖整个 $\mathbb{R}^2$ 空间。

这种冗余称为线性相关(linear dependence)。如果一组向量中的任意一个向量都不能表示成其他向量的线性组合，那么这组向量称为线性无关(linearly independence)。如果某个向量是一组向量中某些向量的线性组合，那么将这个向量加入到这组向量后不会增加这组向量的生成子空间。这意味着，如果一个矩阵的列空间涵盖整个 $\mathbb{R}^m$，那么该矩阵必须包含至少一组 m 个线性无关的向量，这是式(1-42)对于每一个向量 b 的取值都有解的充分必要条件。值

得注意的是，这个条件是说该向量集恰好有 m 个线性无关的列向量，而不是至少 m 个。一个列向量数量大于 m 的矩阵，可能含有多组 m 个线性无关的向量。

要想使矩阵可逆，还需要保证式(1-42)对于每一个 b 值至多有一个解。为此，需要确保该矩阵至多有 m 个列向量。否则，该方程会有不止一个解。

综上所述，这意味着该矩阵必须是一个方阵，即 $m = n$，并且所有列向量都是线性无关的。一个列向量线性相关的方阵被称为奇异的(singular)方阵。

如果矩阵 A 不是一个方阵或者一个奇异的方阵，该方程仍然可能有解，但是不能使用逆矩阵去求解。

1.5.2　特征值与特征向量

对于一个方阵 A，如果存在一个非零向量 x 与一个标量 λ 使得

$$Ax = \lambda x \tag{1-44}$$

则称 λ 是 A 的特征值(eigenvalue)，x 是 A(对应于该特征值 λ)的特征向量(eigenvector)。

从概念定义的表述上来理解比较抽象，那么特征值和特征向量的具体含义是什么呢？我们仅凭式(1-44)很难理解，但是结合矩阵变换的几何意义，就会明朗很多。由特征值与特征向量的定义以及 1.1.2 节对矩阵变换的理解可知，对于一个 n 维的向量 x，如果给它左乘一个 n 阶的方阵 A(即 Ax)，这个操作从几何角度来说，是对向量 x 进行了一次线性变换。变换之后得到了向量 Ax，我们暂且称之为 I 坐标系下的向量 y。一般而言，向量 y 和原向量 x 是不共线的，也就是说，原向量 x 在经过 A 的变换之后，在方向和长度上都发生了改变，即方向旋转并且长度伸缩。但对于有些矩阵 A，总存在一些特定方向的向量 x，经过 A 的变换之后，Ax 和 x 的方向没有发生变化，只是长度发生了改变，如同式(1-44)。因为这种情况很少见，所以这些方向(即向量)就比较特别，这种情况下，称这些特定方向的向量为矩阵 A 的特征向量，称长度发生变化的系数 λ 为矩阵 A 对应于某特征向量的特征值。或者也可以说，这些特殊的向量 x 是以 A 为坐标系的坐标向量，将其变换到以 I 为坐标系后得到的坐标向量与它原来的坐标向量永远存在一个 λ 倍的伸缩关系。

可以证明，如果 x 是 A 的特征向量，那么与 x 同方向上的任何向量也是 A 的特征向量，并且这些特征向量具有相同的特征值。因此，特征向量实际上并不是单独一个向量，而是一个向量空间。基于这个原因，通常只考虑单位特征向量。

在机器学习中，原始数据通常被表示为高维向量组。这些原始数据可以是数字、文本、图像等形式，表示的高维向量组包含了关于数据的各种特征。然而，由于数据的量大和高维性，这些向量可能包含许多冗余和无关的信息，使用这样的高维数据进行建模会影响模型的性能。因此，我们需要对这些向量进行降维处理，减小数据的复杂性，同时保留有意义的特征。

主成分分析(PCA)是一种线性降维方法，在机器学习领域被广泛使用，它通过计算协方差矩阵的特征值和特征向量来找到数据的主要方向以及数据在这些主要方向上的重要程度，通过将数据投影到这些主要方向上，然后选取重要程度高的投影数据，即特征值高的那些特征向量，这些选取的变换后的投影数据比原始数据具有更少的维度，从而实现数据的降维。这样做的优点是可以去除数据中的噪声和冗余信息，同时保留数据中最重要的特征，从而简化数据的分析和处理过程。

例 1-17：使用 NumPy 中的 linalg 模块计算一个矩阵的特征值和特征向量

```
1    import numpy as np
2    mat = np.array([[-1, 1, 0],
3      [-4, 3, 0],
4      [1, 0, 2]])
5    eigenvalue, eigenvector = np.linalg.eig(mat)
6
7    print("特征值: ", eigenvalue)
8    print("特征向量: ", eigenvector)
```

输出结果：

```
特征值: [2. 1. 1.]
特征向量: [[ 0.     0.40824829    0.40824829]
           [ 0.     0.81649658    0.81649658]
           [ 1.    -0.40824829   -0.40824829]]
```

特征值与特征向量更多的应用场景，在后续章节中会有介绍。

1.5.3　特征分解与对角化

对于许多数学对象，可以通过将它们分解成多个组成部分或者找到它们的一些共通的属性而更好地理解它们的性质。

例如，整数可以分解为质数乘积形式。虽然可以用十进制或二进制等不同方式表示整数 12，但其质因数分解永远是 12 = 2×2×3。从这种表示方法中可以获得一些有用的信息，例如，12 不能被 5 整除，以及 12 的倍数可以被 3 整除等。

正如通过分解质因数发现整数的一些内在性质，也可以通过分解矩阵来发现矩阵表示成数组形式时不明显的函数性质。

特征分解（eigende composition）是使用最广的矩阵分解方法之一，正如 1.5.2 节介绍的特征值与特征向量的概念，可以将矩阵分解成一组特征向量和特征值。假设矩阵 A 有 n 个线性无关的特征向量 $v_1, v_2, \cdots, v_n$，对应的特征值为 $\lambda_1, \lambda_2, \cdots, \lambda_n$，将特征向量连接成一个矩阵 $V(V = [v_1, v_2, \cdots, v_n])$，使得每一列是一个特征向量。类似地，将特征值连接成一个向量 $\lambda = [\lambda_1, \lambda_2, \cdots, \lambda_n]^{\mathrm{T}}$，此时 A 的特征分解可以记作

$$A = V\mathrm{diag}(\lambda)V^{-1} \tag{1-45}$$

接下来，从对角化的角度来阐述对式（1-45）的进一步说明。

本书在 1.3.3 节介绍过对角矩阵，形如式（1-28）。它们能被用以快速地计算行列式、幂和逆矩阵。其行列式是其对角线项的乘积，矩阵的幂 D^k 由每个对角线元素的 k 次幂表示，如果所有对角线元素都不为零，则其逆矩阵 D^{-1} 是对角线元素的倒数，如式（1-29）所示。

也可以证明，对角矩阵的特征值就是其对角线元素。1.5.2 节介绍到，特征值和特征向量是满足 $Ax = \lambda x$ 的值 λ 和对应的向量 x，对此方程进行化简：

$$
\begin{aligned}
Ax &= \lambda x \\
Ax - \lambda x &= 0 \\
(A - \lambda E)x &= 0 \\
|A - \lambda E| &= 0
\end{aligned}
\tag{1-46}
$$

如果矩阵 A 是对角矩阵，λ 若取值为任何一个 A 的对角线元素，那么 $A-\lambda E$ 就是一个对角线含 0 的对角矩阵，显然它的行列式为 0，也就满足了 $|A-\lambda E|=0$，所以对角矩阵的对角线元素就是其特征值。同理，如果 λ 不是对角线元素的值，那么行列式 $|A-\lambda E|\neq 0$，即此时 λ 一定不是特征值。

综上所述，对角矩阵有很多计算和存储方面的优势，那么如何将一个普通矩阵 A 转换为对角形式呢？是否任意一个矩阵都能进行对角化呢？

先回顾相似矩阵的定义，在线性代数中，相似矩阵是指存在相似关系的矩阵。设 A、B 为 n 阶矩阵，如果有 n 阶可逆矩阵 P 存在，使得 $P^{-1}AP=B$，则称矩阵 A 与 B 相似，记为 $A\sim B$。

可对角化矩阵的定义是：如果 n 阶矩阵 A 相似于 n 阶对角矩阵，则称矩阵 A 是可对角化的，即如果存在 n 阶可逆矩阵 P，使得

$$P^{-1}AP=D \tag{1-47}$$

则称矩阵 A 是可对角化的。其中，D 为 n 阶对角矩阵。

对式(1-47)进行变换，则有

$$PP^{-1}AP=PD$$
$$AP=PD$$
$$APP^{-1}=PDP^{-1} \tag{1-48}$$
$$A=PDP^{-1}$$

由此可见，对于 n 阶矩阵 A，若 A 有 n 个独立的特征向量 $v_1,v_2,\cdots,v_n$，对应的特征值为 $\lambda_1,\lambda_2,\cdots,\lambda_n$，则 A 可对角化，且 P 的列向量 p_i 就是 A 的对应于 λ_i 的特征向量。求得矩阵 A 的 n 个线性无关的特征向量和特征值之后，使用式(1-47)即可对其进行对角化。

例 1-18：使用 NumPy 中的 linalg 模块对矩阵进行对角化

```
1  import numpy as np
2  mat = np.array([[-1, 1, 0],
3      [-4, 3, 0],
4      [1, 0, 2]])
5  eigenvalue, eigenvector = np.linalg.eig(mat)
6  invV = np.linalg.inv(eigenvector)
7  D = np.dot(np.dot(invV, mat),eigenvector)
8  print('矩阵对角化之后的原始矩阵\n',D)
9  print('降低显示精度的对角化矩阵\n',np.around(D,decimals=2,out=None))
```

输出结果：

```
矩阵对角化之后的原始矩阵
[[ 2.00000000e+00    9.59656421e-09    9.59656421e-09]
 [ 0.00000000e+00    9.99999881e-01   -1.19209290e-07]
 [ 0.00000000e+00   -1.19209290e-07    9.99999881e-01]]
降低显示精度的对角化矩阵
[[ 2.  0.  0.]
 [ 0.  1. -0.]
 [ 0. -0.  1.]]
```

1.5.4　奇异值分解

1.5.3 节中将矩阵对角化，其实也可以理解为将矩阵分解成特征向量和特征值表示。这有个前提条件，就是该矩阵必须是方阵。当矩阵的行和列不相同，即不是方阵时，无法进行特征值分解，但可以采用另一种分解矩阵的方法——奇异值分解（SVD），它将矩阵分解为奇异向量（singular vector）和奇异值（singular value）。通过奇异值分解，可得到一些类似特征分解的信息。奇异值分解有更广泛的应用。每个实数矩阵都有一个奇异值分解，但不一定都有特征分解。例如，非方阵的矩阵就没有特征分解，这时只能使用奇异值分解。

假设 A 是一个 $m \times n$ 的矩阵，奇异值分解是将矩阵 A 分解成 3 个矩阵的乘积：

$$A = UDV^T \tag{1-49}$$

其中，U 是一个 m 阶方阵；D 是一个 $m \times n$ 的对角矩阵；V 是一个 n 阶方阵。矩阵 U 和 V 都是正交矩阵，即满足 $U^TU = I, V^TV = I$。对角矩阵 D 对角线上的元素称为矩阵 A 的奇异值，矩阵 U 的列向量称为左奇异向量（left singular vector），矩阵 V 的列向量称为右奇异向量（right singular vector），如图 1-10 所示。

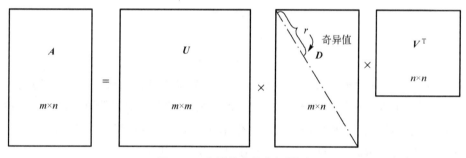

图 1-10　奇异值完整分解图示

事实上，可以用与 A 相关的特征分解去解释 A 的奇异值分解。A 的左奇异向量是 AA^T 的特征向量；A 的右奇异向量是 A^TA 的特征向量；A 的非零奇异值是 A^TA 特征值的平方根，同时也是 AA^T 特征值的平方根。

对于奇异值，其与特征分解的特征值类似，在奇异值矩阵中按照从大到小排列，而且奇异值下降得特别快，在很多情况下，前 10%甚至更少比例的奇异值的和就占了全部的奇异值之和的 99%以上的比例。由于排在后面的很多奇异值都接近 0，所以可以仅保留比较大的奇异值，此时奇异值的分解如图 1-11 所示。

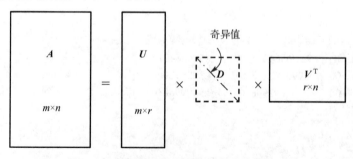

图 1-11　仅保留 r 个较大奇异值的分解图示

也就是说，可以用 Top-k（前 k 个较大的）的奇异值和对应的左右奇异向量来近似描述矩阵，达到特征降维的目的。

例 1-19：使用 NumPy 中的 linalg 模块对矩阵进行奇异值分解

```
1    import numpy as np
2    a = np.random.randint(0,9,1200)
3    mat = a.reshape(30,40)
4    U, D, VT = np.linalg.svd(mat,full_matrices=True)
5    print('U.shape=',U.shape,' D.shape=',D.shape,' VT.shape=',VT.shape)
6    print(D)
7    U, D, VT = np.linalg.svd(mat,full_matrices=False)
8    print('U.shape=',U.shape,' D.shape=',D.shape,' VT.shape=',VT.shape)
9    print(D)
```

输出结果：

U.shape= (30, 30)	D.shape= (30,)	VT.shape= (40, 40)		
[142.43371115	28.61872148	27.06321636	26.41818521	24.38556139
23.32565469	22.12338219	20.44947953	19.88113353	19.0069983
17.43236711	17.27282208	15.50703916	15.05198967	13.55534166
13.2800062	12.7042143	11.52750324	11.21833986	10.10711397
9.66702806	9.29993278	8.12468386	7.25003657	6.72807428
6.21236547	5.66785574	3.98676009	3.34141097	3.18722321]
U.shape= (30, 30)	D.shape= (30,)	VT.shape= (30, 40)		
[142.43371115	28.61872148	27.06321636	26.41818521	24.38556139
23.32565469	22.12338219	20.44947953	19.88113353	19.0069983
17.43236711	17.27282208	15.50703916	15.05198967	13.55534166
13.2800062	12.7042143	11.52750324	11.21833986	10.10711397
9.66702806	9.29993278	8.12468386	7.25003657	6.72807428
6.21236547	5.66785574	3.98676009	3.34141097	3.18722321]

　　既然奇异值分解是将任意较复杂的矩阵，以更小、更简单的 3 个子矩阵的乘积表示，用这 3 个小矩阵来描述大矩阵重要的特性，节省了后续计算和存储的时间、空间。因此，奇异值分解不仅仅应用在 PCA、图像压缩、数字水印、推荐系统和文章分类、隐性语义分析（latent semantic analysis，LSA）、特征压缩（或数据降维）中，在信号分解、信号重构、信号降噪、数据融合、同标识别、目标跟踪、故障检测和神经网络等方面也有广泛的应用，是很多机器学习算法的基石。

第 2 章　概率与统计基础

概率论是数学的一个分支，主要研究随机现象规律，即个别实验中呈现不确定性，但在大量重复实验中，其结果又具有一定的规律性。因此，概率论在机器学习中起着至关重要的作用，机器学习通常需要根据已有的观测数据来推断未知的参数或变量，利用数据和统计技术来构建模型和进行预测。例如，机器学习中的很多算法都是基于概率模型构建的，如朴素贝叶斯分类器、隐马尔可夫模型等。这些模型利用概率论的知识来描述数据的分布和关系，从而实现对数据的建模和预测。

概率论在机器学习中扮演着处理不确定性的核心角色。在机器学习任务中，我们通常面临着许多不确定性，包括数据的噪声、模型的参数估计误差、未知的环境变化等。概率论提供了一种形式化的框架，用于描述和量化这种不确定性，并帮助我们做出合理的决策。具体来说，概率论可以用来建立概率模型，描述数据的生成过程和模型的不确定性。通过概率模型，可以计算不同事件发生的概率，评估模型的置信度，进行推断和预测。例如，在监督学习中，可以使用概率模型来估计标签的概率分布，而不仅仅是预测一个确定的标签。

此外，概率论还提供了许多强大的推断方法，如贝叶斯推断、最大似然估计等。贝叶斯推断是一种基于观测数据进行推断的方法。通过计算观测数据和先验知识的联合概率分布，得到后验概率分布，从而对未知参数或变量进行推断。最大似然估计通过寻找使观测数据出现的概率最大的参数值来进行推断。也就是在给定观测数据的情况下，选择能够最大化似然函数的参数值。贝叶斯推断和最大似然估计可以用于机器学习中的参数估计、模型选择和不确定性建模等任务。这些推断方法可以帮助我们处理不确定性，并在决策时考虑到不确定性的影响。

在机器学习中，我们经常面对的是由随机现象引起的数据或者随时间变化的随机变量，这些随机现象会对我们的模型训练、推断和预测产生影响。概率论是研究随机现象的规律性和概率性质的数学理论。其中，随机过程是描述随机变量随时间变化的数学模型，在机器学习的时间序列分析、概率图模型和强化学习等领域有着重要的作用，常用于建模时间序列数据和动态系统。典型的，马尔可夫链和隐马尔可夫模型等随机过程被广泛应用于自然语言处理和信号处理领域。

总之，概率论为机器学习提供了重要的理论基础和丰富的数学工具，可以让我们更准确地建立模型、处理数据，提高机器学习算法的效果和应用范围。

2.1　概率的基本思想

2.1.1　试验结果与概率

前面提到，机器学习领域中一个关键的概念是不确定的概念，而概率论提供了一个合理的框架，用来对不确定性进行量化和计算。我们举个简单的试验示例来介绍概率论的基本概念。假设有两个盒子，一个红色、一个蓝色，红盒子中有 2 个苹果和 6 个橘子，蓝盒子中有 3 个苹果和 1 个橘子，如图 2-1 所示。

彩图

图 2-1　概率论简单试验示例

现在假定随机选择一个盒子，从这个盒子中随机选择一个水果，观察一下选择了哪种水果，然后放回盒子中，假设重复很多次这个过程。另外，假设有 40%的选择结果是红盒子，60%的选择结果是蓝盒子，并且选择盒子中的水果是等可能的。

在这个例子中，可以定义一个随机变量，记作 X，表示选择的盒子颜色。这个随机变量可以取两个值中的一个，即 r(对应红盒子)或 b(对应蓝盒子)。类似地，再定义一个随机变量，记作 T，表示选择的水果种类，它可以取 a(对应苹果)或者 o(对应橘子)。

1. 样本空间

对于一个试验，其结果是不可肯定地预测的，就像上述示例，我们并不能在某一次选水果的试验中肯定地预测选取了哪个盒子中的哪种水果。然而，尽管在试验之前无法得知结果，但是假设所有可能结果的合集是已知的，那么所有可能的结果构成的合集，称为该试验的样本空间(sample space)，常常被记为 Ω 或 S，以下是样本空间的一些示例。

(1)上述试验中若考察选择了哪个盒子，那么所有可能结果的集合 $S = \{r, b\}$ 就是一个样本空间，其中 r 表示"红盒子"，b 表示"蓝盒子"。同样，若考察选择了哪种类型的水果，那么该试验的样本空间就是 $S = \{a, o\}$，其中 a 表示"苹果"，o 表示"橘子"。如果考察的是从哪个盒子选了哪种水果，那么样本空间可以表示为 $S = \{(r,a), (r,o), (b,a), (b,o)\}$，其中 (r,a) 表示从红盒子里选择了苹果，(r,o) 表示从红盒子里选择了橘子，(b,a) 表示从蓝盒子里选择了苹果，(b,o) 表示从蓝盒子里选择了橘子。

(2)若试验是掷两枚骰子，考察两枚骰子的点数，那么样本空间包含 36 种结果：$S = \{(i, j) : i, j = 1, 2, 3, 4, 5, 6\}$，其中 (i, j) 表示第一个骰子的点数是 i，第二个骰子的点数是 j。

(3)若试验是考察一个晶体管的寿命(小时)，那么样本空间是所有的非负实数，即 $S = \{x : x \geqslant 0\}$

注意：样本空间是必需的，但不一定是有限的，也不一定是离散的。

2. 事件

样本空间的任一子集 E 称为事件(event)，事件就是由试验的某些可能结果组成的一个集合。试验结果在概率论中通常被视为样本点，如果试验的结果 E 被包含在里面，那么就称事件 E 发生了，如以下示例所示。

(1)对于从盒子中选水果的试验，$E = \{(r,a), (r,o)\}$，表示事件"从红盒子中取水果"。

(2)假设试验是赛马比赛，共有 4 匹马参赛，这 4 匹马分别标记为 h_1, h_2, h_3, h_4，那么所有可能的比赛结果的集合 $S=\{(h_i,h_j,h_k,h_l):i\neq j\neq k\neq l;i,j,k,l\in\{1,2,3,4\}\}$ 就是一个样本空间，其中 (h_i,h_j,h_k,h_l) 表示 4 匹马顺序的全排列组合，共 24 种。例如，(h_2,h_1,h_4,h_3) 就表示 2 号马跑第一，1 号马跑第二，4 号马跑第三，3 号马跑第四，若 $E=\{(h_3,h_1,h_2,h_4),(h_3,h_1,h_4,h_2),\cdots,(h_3,h_4,h_2,h_1)\}$，其中 h_3 排第一位，其他三匹马顺序全排列组合，那么 E 就表示事件"3 号马获得了第一名"。

3. 概率

我们经常会说"明天早上八点上课百分之百不会迟到""这次考试八成过了"，这其中就蕴含着"概率"，其最自然又最简单的解释是，人们对自己说法的确信程度的一种度量。换句话说，说话人比较确信能够"通过考试"，而且更加确信"不会迟到"。概率作为个体确信程度的度量，经常被称为主观概率。

关于概率，至少有两种不同的解释。一种是频率学派的解释。在这种观点中，概率代表事件在长时间试验情况下出现的频率。例如，我们不断地向空中抛硬币，那么我们相信有一半的次数硬币落下来正面朝上，此时可以说抛出一枚硬币后正面朝上的概率为 0.5。

另一种是贝叶斯学派的解释。在这种观点中，概率是用来量化人们对某些事件的不确定性（uncertainty），它允许纳入先验知识，并通过贝叶斯定理根据新的证据来更新这些知识。这种方法强调了信息在塑造我们对事件的理解和不确定性方面的作用。因此，贝叶斯学派对概率的解释本质上与信息相关，而非与重复的试验相关。以贝叶斯学派观点看待上述例子，意味着我们相信在下一次抛出硬币时，硬币正面朝上的可能性为 0.5。

贝叶斯解释的一个重要优势在于，它可以用来衡量那些无法进行重复试验的事件的不确定性。例如，有一个到医院检查的患者，医生需要判断患者是否患有某种特定疾病。该事件本身可能只发生一次（确定患病）甚至不会发生（确定没有患病），也就是说它是不能被重复地试验。然而，医生可以量化针对该事件发生的不确定性，例如，根据病人的症状、体检结果和其他相关信息来做出初步判断，但由于每个人的症状可能不同，而且有些疾病的症状可能与其他疾病相似，因此诊断并不是百分之百确定的。尽管该事件不可以重复试验，但贝叶斯观点是有效且具备可解释性的。

幸运的是，无论采取频率学派观点还是贝叶斯学派观点来看待概率，概率论的基本规则都一样。由于频率学派的解释比较直观、容易理解，对于下面的示例和有关概率基本概念的介绍，我们将采取频率学派的观点来解释，而本书后续机器学习相关算法会采用贝叶斯学派的观点来介绍。

概率是一个非负数字，可被认为是事件发生次数的分值或者事件的置信度，可以用概率来度量试验中发生某事的可能性。我们经常需要量化数据中的不确定性、机器学习模型中的不确定性，以及模型产生的预测值中的不确定性。

假设将某试验重复 N 次，同时假设在每次重复试验中涉及的试验内容（如选的盒子、挑的水果、抛的硬币、掷的骰子等）不会在试验与试验之间相互影响（也可以说，试验"不知道"彼此，试验之间相互独立）。如果事件 A 在大约 $N\times P$ 次试验中出现，并且随着 N 变大，事件 A 出现的比例接近于 P，就称事件 A 具有概率 P，记为 $P(A)$。如果用 $\#(A)$ 表示事件 A 出现的次数，那么概率 $P(A)$ 可以表示为

$$P(A) = \lim_{N \to \infty} \frac{\#(A)}{N} \tag{2-1}$$

如果令 S 表示某个试验的所有可能结果的集合,即该试验的样本空间,$E_i(i = 1, 2, \cdots, n)$ 为一系列事件,那么 $\bigcup_{i=1}^{n} E_i$ 称为这些事件的并集,它表示至少包含在某一个 E_i 里的所有结果所构成的事件,类似地,$\bigcap_{i=1}^{n} E_i$ 称为这些事件的交集,有时也记为 $E_1, E_2, \cdots, E_n$,表示包含在所有 E_i 中的所有结果所构成的事件。

对任一事件 E,定义 E^c 为由那些不包含在 E 里的所有结果所构成的事件,称 E^c 为事件 E 的补集,容易证明:

$$P(E^c) = 1 - P(E) \tag{2-2}$$

包含全部样本空间 S 的事件的补集 S^c 不包含任何结果,记为 $\varnothing$,称为空集,如果 $E_i E_j = \varnothing$,那么称 E_i 和 E_j 互不相容。

回到从红盒子、蓝盒子选苹果或橘子的试验中,在开始阶段,把一个事件的概率定义为事件发生的次数与试验总数的比值,假设总试验次数趋于无穷。由于选择红盒子的概率为 40%,选择蓝盒子的概率为 60%,把这些概率分别记作 $P(X = r) = 40\%$ 和 $P(X = b) = 60\%$。根据定义,概率一定位于区间[0,1]内。每次选什么颜色的盒子的过程都是相互独立的,并且包含所有可能的输出(在这个例子中,选出的盒子一定要么是红色,要么是蓝色),那么这些事件的概率的和一定等于 1。

4. 等可能结果的样本空间

假设样本空间中的结果等可能发生,可以使问题的分析和计算变得更加简单和直接。因此,对于许多常见的问题,等可能结果的假设是一种有用的简化和建模工具,帮助理解和分析概率现象。这样,我们可以专注于事件本身的性质,而无须考虑每个结果的具体可能性。许多概率公式和定理都是基于等可能结果的样本空间假设推导出来的。例如,概率论中的加法法则和乘法法则,都是在等可能结果的前提下成立的。等可能结果的样本空间假设在实际问题中有广泛的应用。例如,在抛硬币、抽奖、抽样调查等情况下,我们通常假设每个结果的可能性相等,以便进行概率计算和决策。

考虑一个试验,其样本空间 S 是有限集,如果假定一次试验的所有结果都是等可能发生的,那么任何事件 E_i 发生的概率等于 E_i 中所含有的结果数占样本空间中的所有结果数的比例,即

$$P(E_i) = \frac{|E_i|}{|S|} \tag{2-3}$$

其中,$|E_i|$ 表示事件 E_i 所含的结果数;$|S|$ 表示有限样本空间所含的结果数。

2.1.2　概率的三个公理

假设某个试验的样本空间为 S,对应于其中任一事件 E,定义其概率为 $P(E)$,它满足如下三个公理。

1. 非负性公理

任何事件的概率都不小于零，即

$$0 \leqslant P(E) \leqslant 1 \tag{2-4}$$

即意味着，一个事件的概率不能是负数，因为概率表示的是事件发生的可能性，而可能性不可能是负数。例如，在一个掷骰子的试验中，掷出数字 2 的概率是 1/6，因为数字 2 是骰子上的一个可能的结果，而且 1/6 是一个大于零的数。

2. 规范性公理

对于必然事件 S(即一定会发生的事件)，有

$$P(S) = 1 \tag{2-5}$$

即意味着，如果一个事件在所有可能的情况下都一定会发生，那么它的概率就是 100%。例如，考虑一个抛硬币的试验，正面朝上和反面朝上是两个可能的结果。我们忽略了一些极端情况，例如，硬币抛到空中恰巧被一只鸟叼走了，或者硬币落地后卡在一个地缝里，那么其中必然事件是"至少有一面朝上"，因为在任何一次抛硬币的试验中，硬币要么正面朝上，要么反面朝上，所以"至少有一面朝上"这个事件一定会发生。根据规范性公理，"至少有一面朝上"的概率就是 100%。

3. 可加性公理

对于任一系列互不相容的事件 $E_1, E_2, \cdots$(即如果 $i \neq j$，则 $E_i \bigcap E_j = \varnothing$)，有

$$P\left(\bigcup_{i=1}^{\infty} E_i\right) = \sum_{i=1}^{\infty} P(E_i) \tag{2-6}$$

对于任意两个事件 E_1, E_2(如果 $E_1 \bigcap E_2 \neq \varnothing$)，则有

$$P(E_1 \bigcup E_2) = P(E_1) + P(E_2) - P(E_1 \bigcap E_2) \tag{2-7}$$

其中，$P(E_1 \bigcup E_2)$ 表示事件 E_1 和 E_2 的并集的概率，即 E_1 或 E_2 至少有一个发生的概率；$P(E_1)$ 和 $P(E_2)$ 分别表示事件 E_1 和 E_2 的概率；$P(E_1 \bigcap E_2)$ 表示事件 E_1 和 E_2 的交集的概率，即 E_1 和 E_2 同时发生的概率。式 (2-7) 可以推广为

$$P\left(\bigcup_{i=1}^{n} E_i\right) = (-1)^0 \sum_{i=1}^{n} P(E_i) + (-1)^1 \sum_{0 < i < j \leqslant n} P(E_i E_j) + \cdots + (-1)^{n-1} P(E_1 E_2 \cdots E_n) \tag{2-8}$$

这个结果就是著名的容斥恒等式。

2.1.3 机器学习与概率统计

1. 建模不确定性

建模不确定性是指在建立数学模型或计算机模型时，各种因素导致模型输出结果的不确定性，这种不确定性可能来源于多个方面，如数据质量、模型参数、模型结构等。概率论作

为研究事物不确定性的数学分支，为机器学习提供了重要的理论基础和工具。

在机器学习中，可以使用概率分布来描述模型中不确定的、未被观测到的变量以及它们与数据的关系。通过概率论的基本法则，可以从观测到的数据推断出未被观测到的变量，从而更好地理解和控制模型的不确定性。

2. 统计推断

统计推断是利用样本数据来推断总体特征的统计方法，而概率论则为统计推断提供了理论基础。

在机器学习中也有很多地方用到统计推断方面的知识，下面是一些常见的例子。

(1) 分类问题：通过训练数据集，学习出一个分类器，将不同的数据点分到不同的类别中。例如，垃圾邮件分类器可以将垃圾邮件和非垃圾邮件进行分类。

(2) 回归问题：通过训练数据集，学习出一个回归模型，预测某个连续变量的值。例如，预测房价的模型可以根据房屋的面积、卧室数、地段等因素来预测房价。

(3) 聚类问题：通过聚类算法，将相似的数据点归为同一类，使得不同类的数据点尽可能不同。例如，市场细分分析可以将消费者群体分为不同的细分市场，以便更好地理解每个细分市场的需求和行为。

3. 贝叶斯方法

贝叶斯方法是一种基于贝叶斯定理的统计推断方法，它为机器学习领域提供了一种强大的工具。在贝叶斯方法中，我们通常关心的是未知参数的后验分布，即根据观察到的数据来更新我们对这些参数的初始信念或先验分布。

在开始观察数据之前，需要为未知参数设定一个先验分布，这个先验分布可以基于先前的经验或其他相关信息。一旦观察到了数据，就需要计算给定参数值下观察到这些数据的概率，通常称为似然函数。似然函数描述了数据如何与模型参数相关联。根据贝叶斯定理，可以将先验分布与似然函数相结合，得到参数的后验分布，其反映了在观察到数据后对参数的更新。最后，可以使用后验分布来进行推断和预测。例如，可以使用后验分布的均值、中位数或众数作为参数的点估计，或者使用后验分布进行区间估计或假设检验。

在实际应用中，计算后验分布通常需要使用一些数值方法，如马尔可夫链蒙特卡洛 (Markov chain Monte Carlo，MCMC) 方法。这些方法可以帮助我们在复杂的模型中进行高效的贝叶斯推断。

贝叶斯方法的优点包括概率解释、避免过拟合、自然集成、灵活性强和易于扩展等。然而，它也面临一些挑战，如计算复杂性、先验选择的主观性以及模型验证的困难等。

2.2　条件概率和事件独立性

2.2.1　条件概率

举个例子，同时掷两枚骰子，显现出来的状态共有 36 种，假设 36 种结果都是等可能发生的，因此每种结果发生的概率为 1/36。进一步假设，第一枚骰子的点数为 3，在这个条件下，两枚骰子点数之和为 8 的概率是多大？为了计算这个概率，进行如下推理：假定第一枚骰子的点数为 3，那么掷两枚骰子共有 6 种可能结果，即 (3, 1)、(3, 2)、(3, 3)、(3, 4)、(3, 5)、(3, 6)；因为每次掷骰子的结果都是等可能发生的，那么这 6 种结果也是等可能的，即在第一枚骰子的点数为 3 的条件下，每一个结果发生的概率是 1/6，而样本空间中其他 30 种结果在此条件下的概率为 0，所以在第一枚骰子的点数为 3 的条件下，两枚骰子点数之和为 8 的概率是 1/6。

如果用随机变量 E 表示事件"两枚骰子点数之和为 8"，用随机变量 F 表示事件"第一枚骰子点数为 3"，那么利用上述方法，计算得到的概率称为假定 F 发生的情况下 E 发生的条件概率，记为 $P(E|F)$。

已知，如果 F 已经发生（第一枚骰子点数为 3），那么为了 E 发生（两枚骰子点数之和为 8），其结果必然是既属于 E 也属于 F 的情况发生，即这个结果必然属于 $E \bigcap F$。既然已知 F 已经发生（$P(F) > 0$），F 就成了新的样本空间，因此在新的样本空间中 E 发生的概率必然等于 $E \bigcap F$ 发生的概率，而 E 发生的条件概率等于其在新样本空间的概率与 F 发生的概率之比，如式 (2-9) 所示：

$$P(E|F) = P(EF) / P(F) \tag{2-9}$$

式 (2-9) 两边同时乘以 $P(F)$，可得

$$P(EF) = P(F)P(E|F) \tag{2-10}$$

即 E 和 F 同时发生的概率（也称为联合概率）。式 (2-10) 又称为概率的乘法法则（product rule），其推广可得

$$P(E_1 E_2 \cdots E_n) = P(E_1)P(E_2|E_1)P(E_3|E_1 E_2) \cdots P(E_n|E_1 E_2 \cdots E_{n-1}) \tag{2-11}$$

式 (2-11) 有时也被称为概率论的链式法则（chain rule），它提供了任意多个事件联合概率的计算方法。

2.2.2　事件独立性

在已知 F 发生的条件下，E 发生的条件概率 $P(E|F)$ 一般不会等于 E 发生的非条件概率 $P(E)$，也就是说，得知 F 已发生通常会改变 E 发生的机会。但在一些特殊情形下，$P(E|F)$ 确实等于 $P(E)$，此时称事件 E 和 F 独立。即如果已知 F 的发生并不影响 E 发生的概率，那么 E 和 F 就是独立的。

例如，从红盒子或蓝盒子取水果有两个事件，$A = \{(r,a),(r,o)\}$ 表示事件"从红盒子中取水果"，$B = \{(b,a),(b,o)\}$ 表示事件"从蓝盒子中取水果"，事件 A 的发生不会影响到事件 B 发生的概率（反之亦然），所以可以称事件 A 和事件 B 是相互独立的。

又如，抛一枚硬币试验中，硬币落地之后正面朝上事件 E 和背面朝上事件 F，它们相互独立。因为每一次试验，抛出硬币落地之后无论是正面朝上还是背面朝上，都不会影响下一次试验的结果。

事件独立性对简化概率计算和推理具有重要作用。更严格来说，在条件概率的框架下，如果事件 E 和事件 F 满足以下两个条件，则称它们是相互独立的。

（1）对于任意的 $x \in E$，有 $P(F|x) = P(F)$，其中 $P(F|x)$ 表示事件 E 发生的条件下事件 F 发生的概率。

（2）对于任意的 $y \in F$，有 $P(E|y) = P(E)$，其中 $P(E|y)$ 表示事件 F 发生的条件下事件 E

发生的概率。

这意味着给定事件 E 发生的情况下，事件 F 发生的概率与没有 E 发生的情况下是相同的，反之亦然。

如果事件 E 和事件 F 相互独立，则有 $P(E|F) = P(E)$，又因为条件概率公式 $P(E|F) = P(EF)/P(F)$，所以可知相互独立的事件 E 和 F 的联合概率可以表示为

$$P(EF) = P(E) \times P(F) \tag{2-12}$$

由于式(2-12)关于 E 和 F 是对称的，这就表明只要 E 和 F 独立，那么 F 和 E 也独立，否则称它们是相依的或互相不独立。

在机器学习中，事件的独立性具有重要意义。构建机器学习模型时，通常需要从原始数据中选择最有用的特征。如果某些特征之间是独立的，那么可以选择其中一个特征而忽略其他特征，因为它们的信息是相互独立的，选择一个特征不会损失其他特征所包含的信息。如果假设事件之间是独立的，那么可以大大简化模型的复杂度。例如，在朴素贝叶斯分类器中就假设了特征之间是独立的，从而简化了计算过程。需要注意的是，虽然事件独立性在机器学习中非常重要，但实际情况中很少有事件是完全独立的。因此，在应用事件独立性时，需要谨慎地评估其适用性，并根据实际情况进行适当的调整。例如，在朴素贝叶斯分类器中，假设特征之间相互独立是一个重要的前提条件。如果特征之间不独立，则需要使用更复杂的模型或者对数据进行预处理以消除依赖关系。

2.2.3 贝叶斯定理

设 E 和 F 为两个事件，可以将 E 表示为 $E = EF \bigcup EF^c$，如图 2-2 所示。也就是说，E 中的结果，要么同时属于 E 和 F，要么只属于 E 但不属于 F，显然 EF 和 EF^c 是互不相容的。

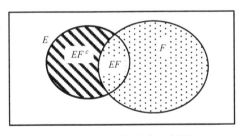

图 2-2 贝叶斯公式示意图

因此，根据概率论的公理 3(可加性公理，如式(2-6)和概率论的乘法法则(式(2-10)所示)，可知：

$$\begin{aligned}
P(E) &= P(EF) + P(EF^c) \\
&= P(E|F)P(F) + P(E|F^c)P(F^c) \\
&= P(E|F)P(F) + P(E|F^c)[1 - P(F)]
\end{aligned} \tag{2-13}$$

式(2-13)说明事件 E 发生的概率等于在 F 发生的条件下 E 的条件概率与在 F 不发生的条件下 E 发生的条件概率的加权平均，其中加在每个条件概率上的权重就是作为条件的事件发生的概率。

式(2-13)可推广如下：假定 $F_1, F_2, \cdots, F_n$ 是互不相容的事件，且

$$\bigcup_{i=1}^{n} F_i = S$$

换言之，这些事件中必有一件发生，那么 E 可以表示为

$$E = \bigcup_{i=1}^{n} EF_i$$

又因事实上 $EF_i(i=1,2,\cdots,n)$ 是互不相容的，故可得到如下公式：

$$P(E) = \sum_{i=1}^{n} P(EF_i) = \sum_{i=1}^{n} P(E \mid F_i)P(F_i) \qquad (2\text{-}14)$$

式 (2-14) 叙述了 $P(E)$ 等于 $P(E \mid F_i)$ 的加权平均，每项的权重为事件 F_i 发生的概率。式 (2-14) 又被称为全概率公式，可以用于计算在一个复杂事件中，某个特定事件 (如事件 E) 发生的概率。它的基本思想是将复杂事件分解为多个简单事件，并计算每个简单事件发生的概率，然后将这些概率相乘汇总，得到特定事件发生的概率。

换一个思考问题的角度，现在假设 E 已发生 (新的证据)，想要计算在此条件下 F_i 发生的概率，利用式 (2-9)、式 (2-10)、式 (2-14)，有如下命题：

$$P(F_j \mid E) = \frac{P(EF_j)}{P(E)} = \frac{P(E \mid F_j)P(F_j)}{\sum_{i=1}^{n} P(E \mid F_i)P(F_i)} \qquad (2\text{-}15)$$

式 (2-15) 称为贝叶斯公式。如果把事件 F_j 设想为关于某个问题的各个可能的"假设条件"，那么贝叶斯公式可以这样理解：它告诉我们，在试验之前对这些假设条件所做的判断，即事件 F_j 的先验概率 $P(F_j)$，可以如何根据试验的结果来进行修正，即可得到在某个证据发生的条件下事件 F_j 发生的条件概率 (也称为后验概率)。

对于常见的两个事件的贝叶斯公式，一般简化写法为

$$P(A \mid B) = \frac{P(B \mid A)P(A)}{P(B)} = P(A)\frac{P(B \mid A)}{P(B)} \qquad (2\text{-}16)$$

其中，$P(A)$ 是事件 A 的先验概率；$P(A|B)$ 是事件 A 的后验概率。其基本思想是：后验概率 = 先验概率×调整因子 (标准似然度)。也就是说，如果已知事件 A 发生的概率为 $P(A)$，以及在事件 A 发生的条件下，事件 B 发生的概率为 $P(B|A)$，那么可以通过贝叶斯定理计算出在事件 B 发生的条件下，事件 A 发生的概率 $P(A|B)$。

下面举个例子来说明贝叶斯理论思想：有两个桶，1 号桶里有 40 个球，其中有 30 个白球、10 个黑球；2 号桶里也有 40 个球，其中有 20 个白球、20 个黑球，如图 2-3 所示。

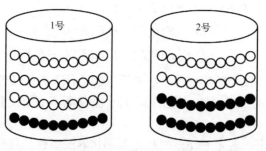

图 2-3　抓球示例

如果抓取一个球是白球，那么这个球来自于 1 号桶的概率是多少呢？

这是典型的贝叶斯理论可以解决的问题。首先，假设几个事件：事件 A (抓取 1 个球，它来自 1 号桶)、事件 B (抓取的是白球)、事件 C (抓取 1 个球，它来自 2 号桶)。然后，根据已有数据，可以获知两个条件概率 $P(B|A)$ 和 $P(B|C)$，即从 1 号桶抓取白球的概率和从 2 号桶抓取白球的概率。

$$P(B \mid A) = \frac{30}{30+10} = 0.75$$

$$P(B \mid C) = \frac{20}{30+10} = 0.5$$

还可以求取一个全概率 $P(B)$，因为事件 A 和事件 C 是互不相容的，所以有

$$\begin{aligned} P(B) &= P(BA) + P(BC) \\ &= P(B \mid A)P(A) + P(B \mid C)P(C) \\ &= 0.75 \times 0.5 + 0.5 \times 0.5 \\ &= 0.625 \end{aligned}$$

另外，还可以获得一个先验概率 $P(A) = 0.5$，那么求解问题：抓取了一个球是白球，这个球来自于 1 号桶的概率 $P(A|B)$，可以使用贝叶斯定理：

$$P(A \mid B) = P(A)\frac{P(B \mid A)}{P(B)} = 0.5 \times \frac{0.75}{0.625} = 0.5 \times 1.2 = 0.6 \tag{2-17}$$

也就是说，抓取一个球，在信息不完整的情况下，这个球来自 1 号桶的概率为 50%，在已知这个球是白球的条件下，那么这个球来自 1 号桶的可能性提高了 20% (调整因子为 1.2)，即如果抽取的是白球，那么来自 1 号桶的概率提升到 60%。

在机器学习中，贝叶斯公式常用于分类任务中，如朴素贝叶斯分类器。它根据特征的条件概率分布和类别的先验概率，通过贝叶斯公式计算出类别的后验概率，从而将样本分类到具有最大后验概率的类别中。

2.3 随 机 变 量

2.3.1 离散型随机变量和连续型随机变量

1. 随机变量概念

为更好地揭示随机现象的规律性并利用数学工具描述其规律，有必要将随机实验的结果量化，从而引入随机变量来描述实验的不同结果。当人们在进行某项实验时，相对于每次试验的实际结果，人们感兴趣的往往集中于实验结果的某些函数，例如，在掷两枚骰子的实验中，我们经常更关心两枚骰子的点数之和，而不是各枚骰子的具体值，也就是说，我们或许关心骰子点数之和为 7，而不关心实际结果具体是 (1,6)，(2,5)，(3,4)，(4,3)，(5,2)，(6,1) 中的哪一个；同样，在抛硬币的实验中，我们或许更关心的是正面朝上的总次数，而不关心正面朝上或反面朝上这些实际结果的排列情况。这些感兴趣的量往往是实验结果在样本空间上

的实值函数，这个函数被称为随机变量(random variable)。

因为随机变量的取值由实验结果决定，所以我们也会对随机变量的可能取值求取概率。关于随机变量取值的概率，其性质与前面介绍的关于事件的概率一致。

2. 离散型随机变量

若一个随机变量全部可能取的值为有限个或可数无限多个，则称这个随机变量为离散型随机变量。设一个离散型随机变量 X 所有可能取的值为 $x_i(i = 1, 2, \cdots)$，则记 X 取各个可能值的概率(即事件 $X = x_i$ 的概率)为

$$p_i = P\{X = x_i\} = P(x_i), \quad i = 1, 2, \cdots \tag{2-18}$$

所有这些有限个或可数的概率值组成的实数列，称为离散型随机变量 X 的概率分布律或分布律，它有两个特征：

$$P(x_i) \geqslant 0 \quad 或 \quad p_i \geqslant 0, \quad i = 1, 2, \cdots \tag{2-19}$$

$$\sum_{i=1}^{\infty} P(x_i) = 1 \tag{2-20}$$

有时用图形方式来展现分布律比较直观，例如，将概率值 $P(x_i)$ 标在 y 轴上，将 x_i 标在 x 轴上。

假设某个随机变量 X 的分布律为：$P(0) = 0.25$，$P(1) = 0.5$，$P(2) = 0.25$，则它的概率分布如图 2-4(a)所示。类似地，在掷两枚均匀骰子的试验中，令随机变量 X 为两枚骰子的点数之和，则 X 的概率分布可用图 2-4(b)表示。

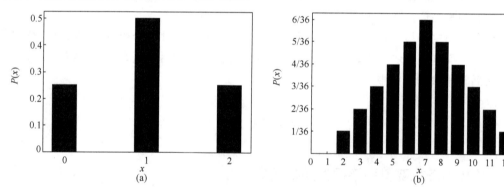

图 2-4　概率分布图示例

离散型随机变量通常用于计数或分类任务，例如，在文本分类中，每个类别(如新闻、体育、娱乐等)都可以被视为一个离散型随机变量；在推荐系统中，用户的点击行为(点击或未点击)也可以被视为一个离散型随机变量。此外，在处理一些具有固定取值范围的特性时，如用户的年龄分组(儿童、青少年、成年人)等，也可以被视为离散型随机变量。

3. 连续型随机变量

除了离散型随机变量，还存在一类随机变量，它们的可能取值集合是不可数的，称这类随机变量为连续型随机变量。例如，某个学生做一道题的时间或者某个晶体管的寿命。

对于连续型随机变量，由于其取值不能一一列举，因而不能像离散型随机变量那样用分布律来进行描述，因此转而讨论的是在一个连续区域内取值的概率，而不是单点取值的概率，实际上在连续区间内讨论单点是没有意义的。设 X 是一个连续型随机变量，x 是任意实数，则有

$$F(x) = P\{X \leqslant x\} \tag{2-21}$$

式 (2-21) 称为连续型随机变量 X 的概率分布函数 (probability mass function，PMF) 或者分布函数。分布函数 $F(x)$ 具有以下几个基本性质：

(1) $F(x)$ 是一个不减函数；

(2) $0 \leqslant F(x) \leqslant 1$，且 $F(-\infty) = 0$，$F(\infty) = 1$；

(3) $F(x+0) = F(x)$，即 $F(x)$ 在 x 处是右连续的。

对于任意实数 $a, b(a < b)$，有

$$
\begin{aligned}
P\{a < X \leqslant b\} &= P\{X \leqslant b\} - P\{X \leqslant a\} \\
&= F(b) - F(a)
\end{aligned} \tag{2-22}
$$

因此，如果已知某个连续型随机变量 X 的分布函数，就可以求得 X 落在任意区间 $(a, b]$ 上的概率，即连续型随机变量的分布函数完整地描述了该随机变量的统计规律。如果对于连续型随机变量 X 的分布函数 $F(x)$，存在一个定义在实数轴上的非负函数 $f(x)$，使得对于任一个实数 x，有

$$F(x) = P\{X \leqslant x\} = \int_{-\infty}^{x} f(t) \mathrm{d}t \tag{2-23}$$

则函数 $f(x)$ 称为连续型随机变量 X 的概率密度函数 (probability density function，PDF) 或者密度函数。

因为 X 必取某个实数值，所以 $f(x)$ 一定满足：

$$P\{X \in (-\infty, \infty)\} = \int_{-\infty}^{+\infty} f(x) \mathrm{d}x = 1 \tag{2-24}$$

由式 (2-23) 可得

$$P(X = a) = \int_{a}^{a} f(x) \mathrm{d}x = 0$$

进一步印证了连续型随机变量取任何固定值的概率都等于 0。

连续型随机变量更多地用于回归任务，例如，在房价预测中，房价是一个连续型随机变量，因为房价可以取任意实数；在预测股票价格或用户评分时，同样会使用连续型随机变量；在处理一些具有连续取值范围的特性时，如用户的身高、体重、浏览时间等，这些特性也可以被视为连续型随机变量。

2.3.2　随机变量的数字特征

随机变量的分布律或分布函数可以比较全面地描述一个随机变量的统计特征，但在实际问题中，人们往往只关注随机变量的某些特征而无须考虑随机变量的详细变化情况。例如，在分析某专业学生的学习情况时，只需要了解各科的平均分或者学生个体与平均分的偏离程度，某学科的平均分高且偏离程度小，说明学生们对这门课程的掌握情况好。从这个例子可

以看出，与随机变量有关的某些数字特征值，虽然不能全面描述随机变量，但是可以说明随机变量某些方面的重要特征，它们值得被关注。其中，数学期望和方差就是两个重要的数字特征。

数学期望描述了随机变量的平均取值，它取决于随机变量的分布情况。方差描述了随机变量的取值与其数学期望的偏离程度。

1. 离散型随机变量的期望

如果 X 是一个离散型随机变量，其分布律为 $P\{X = x_i\} = P(x_i) = p_i$，$i = 1, 2, \cdots$，那么 X 的期望(expectation)或期望值(expected value)，记为 $E[X]$，计算公式如下：

$$E[X] = \sum_i x_i P(x_i) = \sum_i x_i p_i \tag{2-25}$$

由式(2-25)可知，一个离散型随机变量 X 的期望值就是 X 所有可能取值的一个加权平均，每个值的权重就是 X 取该值的概率。

例如，在掷两枚均匀骰子的试验中，令随机变量 X 为两枚骰子的点数之和，则 X 的可能取值为 $\{2, 3, 4, 5, 6, 7, 8, 9, 10, 11, 12\}$，且 X 的分布律为

$$\left\{ \frac{1}{36}, \frac{2}{36}, \frac{3}{36}, \frac{4}{36}, \frac{5}{36}, \frac{6}{36}, \frac{5}{36}, \frac{4}{36}, \frac{3}{36}, \frac{2}{36}, \frac{1}{36} \right\}$$

则

$$\begin{aligned} E[X] &= 2 \times \frac{1}{36} + 3 \times \frac{2}{36} + 4 \times \frac{3}{36} + 5 \times \frac{4}{36} + 6 \times \frac{5}{36} + 7 \times \frac{6}{36} \\ &\quad + 8 \times \frac{5}{36} + 9 \times \frac{4}{36} + 10 \times \frac{3}{36} + 11 \times \frac{2}{36} + 12 \times \frac{1}{36} \\ &= \frac{252}{36} = 7 \end{aligned}$$

2. 离散型随机变量的方差

离散型随机变量 X 的方差表达了 X 的取值与其期望的偏离程度，记为 $D(X)$ 或 $\mathrm{Var}(X)$，其计算方法为

$$\begin{aligned} D(X) = \mathrm{Var}(X) &= E\{[X - E(X)]^2\} \\ &= \sum_{i=1}^{\infty} [x_i - E(X)]^2 p_i \end{aligned} \tag{2-26}$$

其中，$E[X]$ 如式(2-25)所示进行计算。

例 2-1：使用 NumPy 中的 average 函数求取离散型随机变量的期望和方差

代码

```
1    import numpy as np
2    # 定义随机变量的取值和对应的概率
3    x_values =[2, 3, 4, 5, 6, 7, 8, 9, 10, 11, 12]
4    p_values =[1/36, 2/36, 3/36, 4/36, 5/36, 6/36, 5/36, 4/36, 3/36, 2/36, 1/36]
5    # 使用 NumPy 的 average 函数计算期望
6    expected_value = np.average(x_values, weights=p_values)
```

```
7    variance = np.average((x_values - expected_value) ** 2, weights=p_values)
8    print("期望:", expected_value)
9    print("方差:", variance)
```

输出结果：

```
期望: 6.999999999999998
方差: 5.833333333333333
```

3. 连续型随机变量的期望

如果 X 是一个连续型随机变量，其密度函数为 $f(x)$，那么对于很小的 $\mathrm{d}x$，有 $f(x)\mathrm{d}x \approx P(x \leqslant X \leqslant x + \mathrm{d}x)$，则可以用类似的方法定义连续型随机变量的期望值为

$$E[X] = \int_{-\infty}^{\infty} xf(x)\mathrm{d}x \tag{2-27}$$

例如，设随机变量 X 的密度函数为

$$f(x) = \begin{cases} 2x, & 0 \leqslant x \leqslant 1 \\ 0, & \text{其他} \end{cases}$$

则

$$E[X] = \int xf(x)\mathrm{d}x = \int_0^1 2x^2 \mathrm{d}x = \frac{2}{3}$$

4. 连续型随机变量的方差

对于连续型随机变量 X 的方差，其计算公式为

$$\begin{aligned} D(x) &= \int_{-\infty}^{\infty} [x - E(X)]^2 f(x)\mathrm{d}x \\ &= E(X^2) - [E(X)]^2 \end{aligned} \tag{2-28}$$

例 2-2：使用 NumPy 中的 average 函数求取连续型随机变量的期望和方差

代码

```python
1    import numpy as np
2    import scipy.integrate as spi
3    # 定义积分区间
4    a = 0
5    b = 1
6    # 定义概率密度函数
7    def probability_density_function(x):
8        return 2 * x
9    func = lambda x : x*probability_density_function(x)
10   # 计算期望
11   def calculate_expectation(a, b):
12       return spi.quad(func, a, b)[0]
13   expectation = calculate_expectation(a, b)
14
15   func = lambda x : (x - expectation) ** 2 * probability_density_function(x)
```

```
16    # 计算方差
17    def calculate_variance(a, b):
18       return spi.quad(func, a, b)[0]
19    variance = calculate_variance(a, b)
20
21    print("期望：", expectation)
22    print("方差：", variance)
```

输出结果：

期望：　0.6666666666666667
方差：　0.05555555555555555

2.3.3　随机变量的联合分布

1. 离散型联合概率分布

到目前为止只讨论了单个随机变量的概率分布，然而我们通常对两个或两个以上的随机变量的有关问题更感兴趣。根据随机变量的不同，联合概率分布的表示形式也不同。多个随机变量可以都是离散型的，或者都是连续型的，也可以是离散型和连续型混杂的（此种情况比较复杂，暂不讨论）。对于都是离散型的随机变量，联合概率分布可以以列表的形式表示，也可以以函数的形式表示；对于都是连续型的随机变量，联合概率分布通常通过非负函数的积分表示。

为了处理联合概率问题，定义任意两个随机变量 X 和 Y，当 X 和 Y 都是离散型随机变量时，它们的联合概率分布如下：

$$P\{X = x_i, Y = y_j\} = P(x_i, y_j) = p_{x_i, y_i}, \quad i, j = 1, 2, \cdots \tag{2-29}$$

X 的分布可以通过 X 和 Y 的联合分布得到，即

$$P(X = x_i) = p_{x_i} = \sum_{y_j : p_{x_i, y_j} > 0} p_{x_i, y_i} \tag{2-30}$$

类似可得 Y 的分布为

$$P(Y = y_j) = p_{y_j} = \sum_{x_i : p_{x_i, y_j} > 0} p_{x_i, y_i} \tag{2-31}$$

分布函数 $P(X)$ 和 $P(Y)$ 称为 X 和 Y 的边缘分布（marginal distribution）。

在机器学习的许多场景中，我们关心的是输入变量和输出变量之间的联合概率分布 $P(X, Y)$，其中 X 表示输入变量空间，Y 表示输出变量空间。例如，在监督学习任务中，我们的目标通常是找到一个模型，这个模型能够在给定输入变量 x 的情况下，预测出最可能的输出变量 y，这个过程就涉及了对输入和输出变量联合概率分布 $P(X, Y)$ 的估计。一旦得到了这个联合概率分布，就可以使用贝叶斯定理来计算条件概率 $P(Y \mid X)$，即给定输入 x 时，输出 y 的概率，然后就可以选择概率最大的 y 作为预测结果。

2. 连续型联合概率分布

对于任意两个连续型随机变量 X 和 Y，如果存在一个定义于任意实数 x 和 y 上的函数 $f(x,y)$，对于任意二维实数对集合 C（即 C 是二维空间中的集合，$C = \{(x,y) \mid a \leqslant x \leqslant b, c \leqslant y \leqslant d\}$，$-\infty \leqslant a \leqslant b \leqslant \infty, -\infty \leqslant c \leqslant d \leqslant \infty$），有

$$P((X,Y) \in C) = \int_c^d \int_a^b f(x,y)\mathrm{d}x\mathrm{d}y \tag{2-32}$$

则称函数 $f(x,y)$ 为 X 和 Y 的联合密度函数。

如果已知

$$F(a,b) = P(X \leqslant a, Y \leqslant b) = \int_{-\infty}^b \int_{-\infty}^a f(x,y)\mathrm{d}x\mathrm{d}y \tag{2-33}$$

通过对式(2-33)求导（如果偏导数有定义）可得

$$f(a,b) = \frac{\partial^2}{\partial a \partial b} F(a,b) \tag{2-34}$$

这可以从另一个角度来理解联合密度函数的定义，由式(2-33)可得

$$P(a < X < a+\Delta a, b < Y < b+\Delta b) = \int_b^{b+\Delta b} \int_a^{a+\Delta a} f(x,y)\mathrm{d}x\mathrm{d}y \approx f(a,b)\Delta a\Delta b$$

其中，Δa 和 Δb 很小，且 $f(x,y)$ 在 (a,b) 处连续，因此 $f(a,b)$ 表示随机向量 (X,Y) 取值于 (a,b) 附近的可能性大小。

对于连续型随机变量 X 的边缘分布，同样可以通过 X 和 Y 的联合分布得到，即

$$P(X \in A) = P(X \in A, Y \in (-\infty,\infty)) = \int_A \int_{-\infty}^{+\infty} f(x,y)\mathrm{d}y\mathrm{d}x = \int_A f_X(x)\mathrm{d}x \tag{2-35}$$

类似地，Y 的边缘分布为

$$P(Y \in B) = P(X \in (-\infty,\infty), Y \in B) = \int_B \int_{-\infty}^{+\infty} f(x,y)\mathrm{d}x\mathrm{d}y = \int_B f_Y(y)\mathrm{d}y \tag{2-36}$$

2.4　统　计　基　础

统计学是研究如何搜集、整理资料和进行量化分析、推断的一门科学，目的是探索数据的内在数量规律性，以达到对客观事物的科学认识。统计分析是机器学习的基本方法，如垃圾邮件检测、识别手写数字、癌症诊断、股票走势预测、客户分析等，都和统计分析有着紧密的联系。下面就介绍与统计分析有关的基本概念。

2.4.1　总体与采样

总体和总量是统计学中最基本的概念，虽然统计调查和处理都要从个体入手，但其最终目的是由此对现象的总体做出评价。因此，总体(population)是指人们感兴趣的整个研究对象的集合。例如，如果要研究一个城市的人口特征，那么该城市的所有人口就构成了总体。

在机器学习中，通常无法直接处理整个总体的数据，因为总体可能非常大或难以获取。又

由于时间、成本等因素，只能从中抽出一部分数据，进行学习和预测。样本(sample)是指从总体中抽取的一部分个体的集合。例如，在训练一个机器学习模型时，使用的训练数据就是一个样本。

样本是用于对总体进行推断和估计的子集。通过对样本进行观察和分析，以样本所包含的信息为基础，可以得出关于总体的结论，对总体的某些特征做出判断、预测和估计，这称为统计推断(statistical inference)。

选择合适的样本(即采样)对于统计分析甚至机器学习的效果都非常重要。样本应该具有代表性，能够反映总体的特征和分布。否则，基于样本得出的统计推断可能会有偏差或不准确。

例如，某灯泡厂使用一种新灯丝生产灯泡以延长灯泡使用寿命，那么应如何得知该新灯丝的平均使用寿命？在这个问题中，要研究的总体是所有用新灯丝生产的灯泡，但我们不能对所有灯泡进行试验，直到它们都坏掉，然后才计算平均使用寿命。因此，要进行采样，应采用随机抽样，抽检 200 个样本灯泡。接下来进行数据收集，收集每个被检灯泡(样本)照明的小时数，如果该 200 个被检灯泡的平均照明时间为 76 小时，则可推断该新灯丝所生产灯泡的平均寿命为 76 小时。统计推断过程如图 2-5 所示。

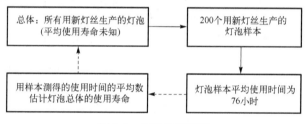

图 2-5　统计推断示例

统计分析根据不同的目的和方法常常分为描述性统计分析和推论性统计分析。描述性统计分析是通过对样本进行整理、分析并就数据的中心趋势、离散程度、分布形状等进行描述。常见的描述性统计量包括均值、中位数、标准差、方差、频数分布等。推论性统计分析是基于样本数据对总体参数进行推断和估计。推论性统计分析包括参数估计和假设检验。参数估计是对样本整体中某个数值进行估计，从而推断总体参数的值，如均值、比例等。假设检验是通过对总体的假设推断进行验证，从而选择合适的方案。

2.4.2　描述性统计量

机器学习中的描述性统计分析是对数据进行基本统计量的计算和分析，以获取数据的整体特征和分布信息的过程。描述性统计分析可以帮助了解数据的基本结构、中心趋势(central tendency)、离散程度(dispersion)以及数据之间的关系。常见的统计量包括均值、中位数、众数、标准差、方差、最大值、最小值、四分位数等，也可以使用这些统计量绘制图表，如直方图、箱线图、散点图等，以直观地展示数据的分布、集中趋势和离散程度。根据统计量和图表，分析数据的特征，包括数据的中心趋势、离散程度、对称性、偏度等。下面介绍几个基本统计量的计算方法。

1. 均值

均值(mean)是表示一组数据集中趋势的量数，是指在一组数据中所有数据之和再除以这组数据的个数。它是反映数据集中趋势的一项指标。在机器学习中，假设一个含有 n 个样本

的数据集 $X = \{\boldsymbol{X}_1, \boldsymbol{X}_2, \cdots, \boldsymbol{X}_n\}$，其中每一个样本 $\boldsymbol{X}_i = [x_{i,1}, x_{i,2}, \cdots, x_{i,j}]^{\mathrm{T}}$ 都含有 j 个特征，我们在了解数据集中趋势时，往往都是按照特征去了解，例如，"人"的数据样本有身高和体重两个特征，我们想要了解的是这些"人"的平均身高和平均体重是多少，而不会去计算身高体重的总体均值，因此上述样本集 X 的每一个特征均值计算公式为

$$\overline{x}_k = \frac{\sum_{i=1}^{n} x_{i,k}}{n}, \quad k = 1, 2, \cdots, j \tag{2-37}$$

然而，样本均值是一个向量，每个元素是样本特征之一的样本均值，即每个元素是其中一个变量的观察值的算术平均值。如果仅观察一个变量(只含有一个特征)，则样本均值是单个数字(即标量)。如果观察的是多个变量(含有多个特征)，则样本均值是一个列向量，如式(2-38)所示：

$$\overline{\boldsymbol{X}} = \begin{bmatrix} \overline{x}_1 \\ \overline{x}_2 \\ \vdots \\ \overline{x}_j \end{bmatrix} \tag{2-38}$$

其中，每一个 $\overline{x}_k (k = 1, 2, \cdots, j)$ 的计算公式如式(2-37)所示。

2. 标准差与方差

标准差(standard deviation)又称为均方差，是对一组数据离散程度的度量。它表示数据与均值的偏离程度。较小的标准差意味着数据聚集在均值附近，较大的标准差表示数据相对分散，通常用 σ 表示总体标准差，用 s 表示样本标准差。标准差定义为各数据点与其平均数离差平方的算术平均数的平方根。根据对数据掌握的信息不同，标准差可以分为简单标准差和加权标准差。

(1)简单样本标准差：假设一个含有 n 个样本的数据集 $X = \{\boldsymbol{X}_1, \boldsymbol{X}_2, \cdots, \boldsymbol{X}_n\}$，可算得样本均值 $\overline{\boldsymbol{X}} = \dfrac{1}{n} \sum_{i=1}^{n} \boldsymbol{X}_i$，简单样本标准差计算公式如下：

$$s = \sqrt{\frac{1}{n-1} \sum_{i=1}^{n} (\boldsymbol{X}_i - \overline{\boldsymbol{X}})^2} \tag{2-39}$$

(2)加权样本标准差：假设一个含有 n 个样本的数据集 $X = \{\boldsymbol{X}_1, \boldsymbol{X}_2, \cdots, \boldsymbol{X}_n\}$，数据集中每一个数据点对应的权重集合 $W = \{w_1, w_2, \cdots, w_n\}$，且 $\sum_{i=1}^{n} w_i = 1$，可算得样本均值 $\overline{\boldsymbol{X}} = \sum_{i=1}^{n} \boldsymbol{X}_i w_i$，加权样本标准差计算公式如下：

$$\sigma = \sqrt{\sum_{i=1}^{n} w_i (\boldsymbol{X}_i - \overline{\boldsymbol{X}})^2} \tag{2-40}$$

标准差的平方称为方差。

方差(variance)是对随机变量或一组数据离散程度的度量，用于表示源数据和期望值(即

均值)之间的偏离程度。在许多实际问题中，研究方差(即偏离程度)有着重要意义。

3. 协方差

协方差(covariance)表示的是两个变量总体的误差，这与只表示一个变量误差的方差不同。协方差只存在于二维(或多维)样本中，如统计多个学科的考试成绩。可以通俗地理解为：两个变量在变化过程中是同方向变化？还是反方向变化？同向或反向程度如何？一个变量变大，同时另一个变量也变大，说明两个变量是同向变化正相关的，这时协方差就是正值。

假设两个分别含有 n 个样本的数据集 $X = \{X_1, X_2, \cdots, X_n\}$，$Y = \{Y_1, Y_2, \cdots, Y_n\}$，其协方差计算公式如下：

$$\mathrm{cov}(X, Y) = \frac{\sum\limits_{i=1}^{n} (X_i - \bar{X})(Y_i - \bar{Y})}{n-1} \tag{2-41}$$

直观理解为：如果有 X，Y 两个变量，每个时刻(或点)的"X 值与其均值之差"乘以"Y 值与其均值之差"得到一个乘积，再对每时刻的乘积求和并求出均值。

协方差的意义在于，它能够反映两个随机变量之间的相关关系。如果协方差为正值，则表示两个变量正相关，数值越大，两个变量正相关程度也就越大，反之亦然。如果协方差为零，则表示两个变量相互独立。

2.4.3　置信区间和置信水平

置信区间(confidence interval)的概念是由原籍波兰的美国统计学家耶日·奈曼提出的。下面举例说明它的作用，假如想要猜测中国所有 11 岁女童的平均身高，如果说范围会是 1.45～1.55m，这个说法似乎是可信的，但如果说范围会是 1～2m，这个说法肯定也没问题，也就是可信度几乎为 100%，因为任何一个普通人的身高可能都会落在这个范围内，但是这么大的范围参考意义不大。如果已知某一个地区所有 11 岁女童的身高数据，用它来作为参考，可以给出如 1.48～1.52m 非常精确的范围估计，但对于没有这个数据集的人，他们会觉得这个估计太准确了，反而有些让人难以置信。因此，在抽样调查中，样本能在多大程度上代表总体？估计的准确程度是怎样的？数据统计的误差范围是多少？如何找到一个合适的估值范围？这些都是置信区间要解决的问题。

1. 置信区间概念

置信区间是一种用于估计总体参数的统计方法。当从总体中抽取一个样本并计算出样本统计量(如均值、比例等)时，我们不能确定该统计量是否准确地代表了总体参数。置信区间提供了一个范围，使得我们可以在一定程度上(即一定概率)确信总体参数位于该范围内。由于统计学家在某种程度上确定这个区间会包含真正的总体参数，故取名为置信区间，而这个"一定程度上或一定概率"被称为置信水平。

换句话说，置信区间是根据样本数据计算出来的一个区间，用于估计总体参数可能取值的范围。这个区间的端点称为置信上限和置信下限，它们给出了总体参数可能存在的最大值和最小值。例如，如果要估计一个总体的平均值，可以计算样本平均值，并使用置信区间来确定总体平均值可能位于的范围。通过置信区间，可以评估样本统计量对总体参数的估计的可靠性。较小的置信区间表示对总体参数的估计更准确，而较大的置信区间则表示估计的不确定性较大。

置信区间的大小取决于样本大小、样本数据的分布以及人们所设定的置信水平。

2. 正态分布数据的置信区间

当随机变量为独立同分布时，无论其分布如何，只要随机变量的均值和方差存在，变量数量足够多，则这些随机变量之和的分布，将趋近于正态分布。因此，我们只需讨论正态分布数据的置信区间。

当总体服从正态分布，且总体方差 σ^2 已知；或者总体是非正态总体，但抽选的样本量足够大（$n \geqslant 30$）时，中心极限定理表明，样本均值的分布都将近似于均值为 μ、方差为 σ^2 / n 的正态分布。那么，在显著性水平为 α 时，总体均值 μ 在 $1-\alpha$ 的置信水平下的置信区间为

$$\left(\bar{x} - Z_{a/2} \frac{\sigma}{\sqrt{n}}, \ \bar{x} + Z_{a/2} \frac{\sigma}{\sqrt{n}} \right) \tag{2-42}$$

其中，$\bar{x}$ 为样本均值；n 为样本个数；$Z_{a/2}$ 为 Z 值，可以通过查正态分布表获得；$\sigma / \sqrt{n}$ 称为样本的标准误差。若抽样方式为不重复抽样，则上述情况总体均值的置信区间为

$$\left(\bar{x} - Z_{a/2} \frac{\sigma}{\sqrt{n}} \sqrt{\frac{N-n}{n-1}}, \ \bar{x} + Z_{a/2} \frac{\sigma}{\sqrt{n}} \sqrt{\frac{N-n}{n-1}} \right) \tag{2-43}$$

当总体服从正态分布，但总体方差 σ^2 未知，且样本为小样本数据时，用样本方差 s^2 代替总体方差，此时新的统计量服从自由度为 $n-1$ 的 t 分布。因此，在显著性水平为 α 时，总体均值 μ 在 $1-\alpha$ 的置信水平下的置信区间为

$$\left(\bar{x} - t_{a/2} \frac{s}{\sqrt{n}}, \ \bar{x} + t_{a/2} \frac{s}{\sqrt{n}} \right) \tag{2-44}$$

其中，$\bar{x}$ 为样本均值；n 为样本个数；$t_{a/2}$ 为 t 值，可以通过查 t 分布表获得；s 为样本的标准差；$s / \sqrt{n}$ 为样本的平均误差。

2.4.4　参数估计

机器学习中的参数估计和概率统计中的参数估计在概念上是相似的，但在应用场景和方法上存在一些差异。在概率统计中，参数估计通过样本数据来估计总体参数的值。例如，在正态分布中，可以通过样本均值和样本标准差来估计总体均值和总体标准差。在机器学习中，参数估计通过训练数据来确定模型参数的值，以使模型能够更好地拟合数据或预测未知数据。例如，在线性回归模型中，可以通过最小二乘法来估计斜率和截距的值。

虽然两者之间概念相似，但机器学习中的参数估计通常涉及更复杂的模型和算法，并且需要考虑过拟合、欠拟合等问题，以确保模型在新数据上的泛化能力。此外，机器学习中的参数估计通常是一个迭代的过程，需要不断调整模型参数以优化模型性能。

下面先介绍概率统计中参数估计的基本概念和基本方法。

估计量：用来估计总体参数的统计量的名称，如样本均值、样本比例、样本方差等。

估计值：估计量的具体数值。

1. 点估计

点估计也称为定值估计，它是以抽样得到的样本指标作为总体指标的估计量，并以样本指标的实际值直接作为总体未知参数的估计值的一种推断方法。例如，以样本的均值 $\bar{x}$ 作为总体平均数 $\bar{x}$ 的估计值。

例：假设某种灯泡的寿命以随机变量 X 表示，且已知 $X \sim N(\mu, \sigma^2)$，但其中 μ, σ 都是未知的，现随机取得 4 个灯泡。测得寿命的集合(单位：小时)为 $\{1502,1453,1367,1650\}$，用其估计总体参数值 μ 和 σ (即总体灯泡的平均寿命和标准差)。

因为 μ 是全体灯泡的平均寿命，$\bar{x}$ 是样本均值，很自然地会想到用 $\bar{x}$ 去估计 μ，同理用样本方差 s^2 去估计总体标准差 σ。因为 $\bar{x} = 1493, s^2 = 14068.7$，所以 $\mu = 1493, \sigma = 118.61$。

对于参数估计的效果，需要有一定的评价，应该保证估计量的无偏性、一致性和有效性。无偏性是指以抽样指标估计总体指标要求抽样指标值的平均数等于被估计的总体指标值本身。例如，抽样均值的平均数等于总体均值。一致性是指当样本的数量充分大时，抽样指标也充分地靠近总体指标。有效性是指以抽样指标估计总体指标时，估计量的方差比其他估计量的方差小。

可以看出，点估计方法简便、易行、原理直观，但是这种估计没有考虑抽样估计的误差，更没有考虑误差在一定范围内的概率保证程度有多大。

2. 区间估计

区间估计是用样本指标和它的抽样极限误差构成的区间来估计总体指标，并以一定的概率保证总体指标将在所估计的区间内。

在点估计中，由于我们并不知道真正的总体参数，因此无法得知由样本所计算的点估计值(样本参数)到底与总体参数真值相差多少，也就是说，我们无法得知点估计值的精度如何。为此我们改用一个范围或一个区间来对未知总体参数进行估计，例如，我们说某村的月平均收入在 800～1000 元之间，显然这样的估计方法，相较于说某村的月平均收入是 915 元，猜中的可能性要大得多，这就是总体参数的区间估计。由于这样的区间并非任意给出的，而是在给出区间的同时，还必须指出所给区间包含未知参数的概率是多少，即总体参数的置信区间。

由 2.4.3 节可知在显著性水平为 α 时，总体均值 μ 在 $1-\alpha$ 的置信水平下的置信区间如式 (2-42) 所示，由于大多数情况下，我们并不能知晓总体标准差 σ，故使用样本标准差 s 来代替，则置信区间的公式为

$$\left(\bar{x} - Z_{\alpha/2} \frac{s}{\sqrt{n}}, \ \bar{x} + Z_{\alpha/2} \frac{s}{\sqrt{n}} \right) \tag{2-45}$$

置信区间的半宽度 W 为

$$W = \frac{1}{2}\left(2Z_{\alpha/2} \frac{s}{\sqrt{n}} \right) = Z_{\alpha/2} \frac{s}{\sqrt{n}} \tag{2-46}$$

通过置信区间的半宽度 W，置信区间可写作：

$$[\bar{x} - W, \bar{x} + W] \tag{2-47}$$

使用式 (2-47) 所示的区间来代替点估计的总体均值，更具有说服力。

例如，为了解某社区平均教育程度，做 50 人的随机抽样调查，调查结果有：平均受教育年限 $\bar{X}$ 为 11.5 年，样本标准差 s 为 3.6 年，求置信度为 90% 的社区平均受教育年限的区间

估计。以下代码示例为使用 Python 第三方扩展包 SciPy 中的 stats 模块求取该区间估计。

例 2-3：使用 SciPy 中的 stats 模块求取置信区间

```
1    import math
2    import numpy as np
3    import scipy.stats as st
4
5    # 置信水平 90%
6    confidence_level = 0.90
7    n=50
8    s=3.6
9    mean=11.5
10   Standard_Error=s/math.sqrt(n)
11   print(Standard_Error)
12   confidence=st.t.interval(confidence_level, df=n-1, loc=mean, scale=Standard_Error)
13   print("T 置信区间为:",confidence)
14   confidence=st.norm.interval(confidence_level, loc=mean, scale=Standard_Error)
15   print("Z 置信区间为:",confidence)
```

输出结果：

```
0.5091168824543142
T 置信区间为: (10.64643963663261, 12.35356036336739)
Z 置信区间为: (10.662577249352795, 12.337422750647205)
```

代码第 6～9 行，设定了样本均值（变量 mean）、样本数量（变量 n）、样本标准差（变量 s）、置信水平（变量 confidence_level）；

代码第 10 行，使用公式 $s/\sqrt{n}$ 计算标准差误差（变量 Standard_Error）；

代码第 12 行，调用 SciPy 库中 stats.s 模块下的 interval()函数。该函数主要用于计算给定置信水平下基于 t 分布的置信区间，通常适用于样本数量较小（一般认为样本量 $n < 30$）且总体方差未知的情况。

代码第 14 行，调用 SciPy 库中的 stats.norm 模块的 interval()函数，计算正态分布的置信区间。在本例中样本数量为 50，使用该函数可以方便地进行置信区间的计算。一般来说，当样本量较大（$n > 30$）时，由于中心极限定理的作用，样本均值的分布会更接近正态分布，此时使用该函数计算置信区间较为方便。

2.4.5 假设检验

假设检验用于统计推断，利用样本对总体进行推断，使用了一种类似于"反证法"的推理方法，它的特点有以下两点。

(1)先假设总体某项假设成立，计算其会导致什么结果。若导致不合理现象产生，则拒绝原先的假设。若并不导致不合理现象产生，则不能拒绝原先的假设，从而接受原先的假设。

(2)它又不同于一般的反证法。不合理现象产生，并非指形式逻辑上的绝对矛盾，而是基于小概率原理：概率很小的事件在一次试验中几乎是不可能发生的，若发生了，就是不合理的。怎样才算是"小概率"呢？通常可将概率 H_0 不超过 0.05 的事件称为"小概率事件"，也可视具体情形而取 0.1 或 0.01 等，在假设检验中常记此概率为 α，称为显著性水平。把原先设定的假设称为原假设，记作 H_0，而把与之相反的假设称为备择假设，它是原假设被拒绝时而应接受的假设，记作 H_1。

1. 假设检验的流程

(1) 根据实际问题，提出原假设和备择假设。

原假设对应的是"接受域"，备择假设对应的是"拒绝域"。拒绝域有充分性，而接受域没有充分性，即当统计量落入"拒绝域"时，我们有充分的理由拒绝原假设而接受备择假设；但当统计量落入"接受域"时，我们没有充分的理由拒绝备择假设而接受原假设，只能是无法拒绝原假设，更通俗地讲就是可以勉强接受原假设。

另外，"等号"一般在"原假设"里。假如我们计算得到的样本统计量不偏不倚刚好落在了临界点上，这时如果"等号"在"备择假设"里，那么统计量就落到了"拒绝域"里，应该拒绝"原假设"；而如果"等号"在"原假设"里，那么统计量就落到了"接受域"里，不能拒绝"原假设"。前面提到，拒绝域有充分性，秉承着小心严谨的科学态度，我们更应该选择不能拒绝"原假设"的结果，所以"等号"一般在"原假设"里。

因此，如果想要充分验证某结论或者想要显著证明某结论，那么就把该结论设为"备择假设"。反之，如果不容易看出充分性或显著性的结论，那么就将隐含的常识或阐述的结论设为"原假设"。

例如，对于总体均值 μ 的原假设 H_0 和备择假设 H_1 有三种形式。

① 双侧假设检验，$H_0: \mu = \mu_0, H_1: \mu \neq \mu_0$。

② 左侧假设检验，$H_0: \mu = \mu_0, H_1: \mu < \mu_0$ 或 $H_0: \mu \geqslant \mu_0, H_1: \mu < \mu_0$。

③ 右侧假设检验，$H_0: \mu = \mu_0, H_1: \mu > \mu_0$ 或 $H_0: \mu \leqslant \mu_0, H_1: \mu > \mu_0$。

(2) 给定显著性水平 α，确定样本量 n。

(3) 根据样本的大小、总体方差是否已知，确定适当的检验统计量。

例如，假设样本来自正态分布的总体，对于有关总体参数均值 μ 的假设检验，如果总体方差已知，且样本量足够大 ($n > 30$)，则使用 Z 检验；如果总体方差未知，则采取 T 检验。在已知总体方差的条件下，检验统计量为

$$Z = \frac{\bar{X} - \mu_0}{\sigma / \sqrt{n}} \tag{2-48}$$

其中，$\bar{X}$ 是样本均值；μ_0 是总体均值；σ 是总体标准差；n 是样本量。

如果总体方差未知，则用样本方差代替总体方差，当样本量足够大 ($n > 30$) 时，检验统计量为

$$T = \frac{\bar{X} - \mu_0}{s / \sqrt{n}} \tag{2-49}$$

当样本量较小 ($n < 30$) 时，检验统计量为

$$T = \frac{\bar{X} - \mu_0}{s / \sqrt{n-1}} \tag{2-50}$$

其中，s 是样本标准差；$\overline{X}$ 是样本均值；μ_0 是总体均值；n 是样本量。

(4) 根据假设检验的形式（双侧、左侧、右侧）以及假设检验的类型（Z 检验、T 检验等）确定拒绝域的形式，如表 2-1 所示。

表 2-1 Z 检验和 T 检验的拒绝域

拒绝域	双侧假设检验	左侧假设检验	右侧假设检验
Z 检验	$|Z| \geqslant z_{\alpha/2}$	$Z \leqslant -z_\alpha$	$Z \geqslant z_\alpha$
T 检验	$|T| \geqslant t_{\alpha/2}(n-1)$	$T \leqslant -t_\alpha(n-1)$	$T \geqslant t_\alpha(n-1)$

(5) 根据样本观测值计算检验统计量，进而做出决策，是接受 H_0 还是拒绝 H_0。

2. 假设检验示例

1) 双侧假设检验

例：某机床厂加工一种零件，由经验可知，该厂加工零件的椭圆度近似服从正态分布，其总体均值 $\mu_0 = 0.081\text{mm}$，总体标准差 $\sigma = 0.025$。现更换一种新机床进行加工，抽取 $n = 200$ 个零件进行检验，得到的椭圆度为 0.076mm。试问新机床加工零件的椭圆度的均值与之前有无显著差异？（取显著性水平 $\alpha = 0.05$）

首先根据要检验的实际问题，提出原假设和备择假设，$H_0 : \mu = 0.081$，$H_1 : \mu \neq 0.081$；然后根据样本量足够大、总体均值和标准差已知的条件，选择 Z 检验统计量并计算其值：

$$Z = \frac{\overline{X} - \mu_0}{\sigma / \sqrt{n}} = \frac{0.076 - 0.081}{0.025 / \sqrt{200}} = -2.83$$

当 $\alpha = 0.05$ 时，可得如图 2-6 所示的双侧假设检验示意图。

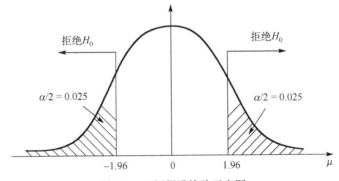

图 2-6   双侧假设检验示意图

由 Z 双侧假设检验的拒绝域可知，$|Z| = 2.83 > z_{\alpha/2} = 1.96$，落在拒绝域内，所以得出决策，在 $\alpha = 0.05$ 的水平上拒绝 H_0。因此，有证据表明新机床加工零件的椭圆度的均值与之前有显著差异。

2) 左侧假设检验

例：按规定，若灯泡的平均使用寿命低于 1000 小时，则该批灯泡不能出厂。已知灯泡的使用寿命服从正态分布，标准差为 20 小时。在总体中随机抽取 100 个，得知样本均值为 990 小时，试问该批灯泡能否出厂？（取显著性水平 $\alpha = 0.01$）

首先根据要检验的实际问题，提出原假设和备择假设，$H_0:\mu \geqslant 1000$，$H_1:\mu < 1000$；然后根据样本量足够大、总体标准差已知的条件，选择 Z 检验统计量并计算其值：

$$Z = \frac{\bar{X} - \mu_0}{\sigma/\sqrt{n}} = \frac{990 - 1000}{20/\sqrt{100}} = -5$$

当 $\alpha = 0.01$ 时，可得如图 2-7 所示的左侧假设检验示意图。

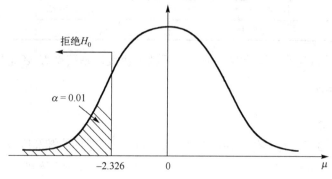

图 2-7　左侧假设检验示意图

由 Z 左侧假设检验的拒绝域可知，$Z = -5 < -z_{0.01} = -2.326$，落在拒绝域内，所以得出决策，在 $\alpha = 0.01$ 的水平上拒绝 H_0。因此，有证据表明这批灯泡的使用寿命低于 1000 小时，不能出厂。

3）右侧假设检验

例：某厂生产的灯泡的使用寿命服从正态分布 $N \sim (1020，100^2)$。现从最近生产的一批产品中随机抽取 14 个，测得样本平均寿命为 1100 小时。试在 0.05 的显著性水平下判断这批产品的使用寿命是否有显著提高。

首先根据要检验的实际问题，提出原假设和备择假设，$H_0:\mu \leqslant 1020$，$H_1:\mu > 1020$；然后根据样本量较小、总体标准差已知的条件，选择 T 检验统计量并计算其值：

$$T = \frac{\bar{X} - \mu_0}{\sigma/\sqrt{n-1}} = \frac{1100 - 1020}{\sqrt{100^2}/\sqrt{14-1}} = 9.11$$

当 $\alpha = 0.05$ 时，可得如图 2-8 所示的右侧假设检验示意图。

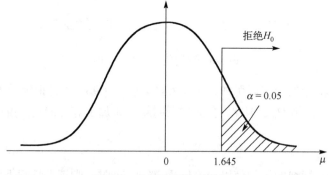

图 2-8　右侧假设检验示意图

由 T 右侧假设检验的拒绝域可知，$T = 9.11 > t_{0.05,13} = 1.7613$，落在拒绝域内，所以得出决策，在 $\alpha = 0.05$ 的水平上拒绝 H_0。因此，有证据表明这批灯泡的使用寿命有显著提高。

2.5　从数据中推断概率模型

前面提到参数估计分为点估计和区间估计两种，本节主要讨论点估计问题。当涉及参数估计时，统计学提供了多种方法来推断未知参数的值，其中包括矩估计、最小二乘估计、最大似然估计以及贝叶斯估计等方法，这些方法各有其独特的优势和适用范围。本节将深入探讨这些参数估计方法的原理、优势、劣势以及应用场景，以便更好地理解和应用这些方法。

2.5.1　矩估计

矩估计是一种直接利用样本矩(即数据的期望值)来估计参数的方法。它通过设置样本矩和理论矩之间的对应关系来估计参数的值。矩估计在某些情况下比最大似然估计更容易实现，但在样本量较小时可能会出现估计不准确的情况。

矩定义：在数理统计学中有一类数字特征称为矩，设 X 为一随机变量，a 为任意实数，则期望值 $E[(X-a)^k]$ 称为随机变量 X 对 a 的 k 阶矩，如果 $a=0$，则 $E(X^k)$ 称为 X 的 k 阶原点矩。

矩估计原理：由矩定义可知，$\dfrac{1}{n}\sum\limits_{i=1}^{n}X_i^k$ 为样本的 k 阶矩，当总体的 k 阶矩存在时，样本的 k 阶矩依概率收敛于总体的 k 阶矩，即当抽取的样本数量 n 充分大时，样本矩将约等于总体矩，因此可以使用样本矩来代替总体矩。

假设有一随机变量 X，若 X 为连续型随机变量，概率密度为 $f(x;\theta_1,\theta_2,\cdots,\theta_k)$；若 X 为离散型随机变量，其分布律 $P\{X=x\}=p(x;\theta_1,\theta_2,\cdots,\theta_k)$，$\theta_1,\theta_2,\cdots,\theta_k$ 为待估参数，$X_1,X_2,\cdots,X_n$ 是来自 X 的样本。总体 X 的前 k 阶矩分别如式(2-51)和式(2-52)所示，前者为连续型，后者为离散型。

$$\mu_l=E(X^l)=\int_{-\infty}^{+\infty}x^l f(x;\theta_1,\theta_2,\cdots,\theta_k)\mathrm{d}x \tag{2-51}$$

$$\mu_l=E(X^l)=\sum x^l p(x;\theta_1,\theta_2,\cdots,\theta_k) \tag{2-52}$$

假设有 k 个待估参数，可以联立样本的 1 阶矩到 k 阶矩的 k 个方程，用样本 k 阶矩代替 k 阶总体矩(即公式左侧)，则可以求得 k 个待估参数，完成估计。

2.5.2　最小二乘估计

最小二乘估计(least squares estimate，LSE)是一种常用的机器学习和统计建模方法，最早由高斯在 1794 年提出，用于拟合数据和估计模型参数。它是一种常见的回归分析方法，用于拟合一个线性模型。

例如，日常生活中，不同的人使用不同的直尺(符合国标精度的尺子)测量同一型号笔筒的高度，测量值分别是 10.1，9.8，10.2，9.9，10.3，9.7(cm)，之所以出现不同的值，可能是因为不同厂家的直尺精度略有不同，或者直尺材质不同、不同温度下热胀冷缩造成精度差异，亦或者不同的人测量角度、度数等标准化程度有差异等。总之，会有一定的误差。这种情况下，可以采用平均值作为笔筒真实高度的估计值：

$$\bar{x}=\frac{10.1+9.8+10.2+9.9+10.3+9.7}{6}=10$$

然而，是否有更可靠的估计方法，而不是简单地使用平均值呢？首先，将测量值（也称为观测值）标记在一个直角坐标系中，如图 2-9（a）所示。

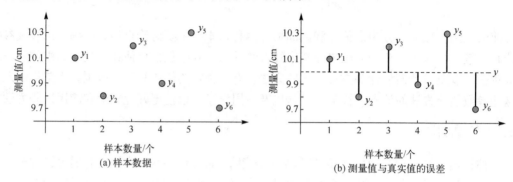

图 2-9　最小二乘估计法示例图

然后，将笔筒高度的估计值（预测真实值，用 y 表示）用某一条平行于横轴的直线来表示，如图 2-9（b）中的虚线所示。每个点（观测值）都向预测真实值 y 作垂线，垂线长度为 $|y - y_i|$，也就是预测真实值与观测值的误差。该问题的目标就是找到 y，使真实值与观测值之间的误差最小，即 $\sum_{i=1}^{n} |y - y_i|$ 最小，此问题属于绝对值最值问题，求解时间复杂度较高。而使误差的平方和（也称为残差平方和）最小求解相对简易，所以问题目标转变为找到 y，使真实值与观测值之间的残差平方和最小，也就是 $\sum_{i=1}^{n} (y - y_i)^2$ 最小。

更一般的情况，假设 Y 为因变量，$X_1, X_2, \cdots, X_m$ 是对 Y 有影响的 m 个自变量，并且它们之间具有线性关系：

$$Y = \theta_0 + \theta_1 X_1 + \theta_2 X_2 + \cdots + \theta_m X_m + \varepsilon \qquad (2\text{-}53)$$

其中，ε 是误差项，且假设误差符合正态分布，围绕真实值附近波动；$\theta_0, \theta_1, \theta_2, \cdots, \theta_m$ 是待估计的未知参数。最小二乘估计，就是使用 n 组观测值 $x_{i1}, x_{i2}, \cdots, x_{im}$，$i = 1, 2, \cdots, n$，使用式（2-53）求得 n 个预测值：

$$\hat{y}_i = \theta_0 + \theta_1 x_{i1} + \theta_2 x_{i2} + \cdots + \theta_m x_{im} + \varepsilon_i, \quad i = 1, 2, \cdots, n \qquad (2\text{-}54)$$

对于每个观测数据 (x_i, y_i)，模型预测值为 $(x_i, \hat{y}_i)$，其残差平方 ε_i^2 表示为

$$\varepsilon_i^2 = (y_i - \hat{y}_i)^2 \qquad (2\text{-}55)$$

因此，最小二乘估计的目标是最小化所有观测数据的残差平方和，即最小化损失函数，如式（2-56）所示：

$$L(y_i, \hat{y}_i) = \sum_{i=1}^{n} \varepsilon_i^2 = \sum_{i=1}^{n} (y_i - \hat{y}_i)^2 \qquad (2\text{-}56)$$

通过最小化这个损失函数，可以得到模型的参数估计值，使得模型的预测值与观测值之间的差异最小。

典型的，当 $m = 1$ 时，式（2-53）变为

$$Y = \theta_0 + \theta_1 X_1 + \varepsilon \qquad (2\text{-}57)$$

式 (2-57) 称为一元线性回归模型，可以使用最小二乘法进行参数估计，Python 代码如下。

例 2-4： 调用 Python 的第三方扩展包 statsmodels 的最小二乘法实现一元线性回归

代码

```
1    # Linear Regression with statsmodels（OLS: Ordinary Least Squares）
2    # 调用 statsmodels 实现一元线性回归
3    import numpy as np
4    import matplotlib.pyplot as plt
5    import statsmodels.api as sm
6    from statsmodels.sandbox.regression.predstd import wls_prediction_std
7
8    # 生成测试数据:
9    nSample = 100
10   x1 = np.linspace(0, 10, nSample)              # 起点为 0, 终点为 10, 均分为 nSample 个点
11   e = np.random.normal(size=len(x1))            # 正态分布随机数
12   yTrue = 2.36 + 1.58 * x1                       # y = b0 + b1*x1
13   yTest = yTrue + e                              # 产生模型数据
14
15   # 一元线性回归: 最小二乘 (OLS) 法
16   X = sm.add_constant(x1)                        # 向矩阵 X 添加截距列 (x0=[1,...1])
17   model = sm.OLS(yTest, X)                       # 建立最小二乘 (OLS) 模型
18   results = model.fit()                          # 返回模型拟合结果
19   yFit = results.fittedvalues                    # 模型拟合的 y 值
20   prstd, ivLow, ivUp = wls_prediction_std(results)   # 返回标准偏差和置信区间
21
22   # OLS model: Y = b0 + b1*X + e
23   print(results.summary())            # 输出回归分析的摘要
24   print("\nOLS model: Y = b0 + b1 * x")         # b0: 回归直线的截距，b1: 回归直线的斜率
25   print('Parameters: ', results.params)          # 输出: 拟合模型的系数
26
27   # 绘图: 原始数据点，拟合曲线，置信区间
28   plt.rcParams['font.sans-serif']=['SimSun']     # 指定使用宋体
29   plt.rcParams['axes.unicode_minus']= False      # 确保负号可以正确显示
30   fig, ax = plt.subplots(figsize=(10, 8))
31   ax.plot(x1, yTest, 'o', label="data")          # 原始数据
32   ax.plot(x1, yFit, 'r-', label="OLS")           # 拟合数据
33   ax.plot(x1, ivUp, '--',color='orange',label="置信区间上限")    #95% 置信区间上限
34   ax.plot(x1, ivLow, '--',color='orange',label="置信区间下限")   #95% 置信区间下限
35   ax.legend(loc='best')                          # 显示图例
36   plt.title('使用最小二乘法进行参数估计 (一元线性回归)')
37   plt.show()
```

输出结果如图 2-10 所示。

OLS Regression Results
==
Dep. Variable: yR-squared: 0.956
Model: OLSAdj. R-squared: 0.956
Method: Least SquaresF-statistic: 2127.

Date: Mon, 22 Apr 2024Prob（F-statistic）：2.94e-68
Time:　00:01:52Log-Likelihood: -143.45
No. Observations:　100AIC:290.9
Df Residuals: 98BIC:　296.1
Df Model: 1
Covariance Type:nonrobust

coef	std errt P>|t|	[0.0250.975]

const 2.13940.204　10.5040.000 1.735　2.544
x11.62280.035　46.1160.000 1.553　1.693

Omnibus:	0.373	Durbin-Watson:	2.105
Prob（Omnibus）:	0.830	Jarque-Bera （JB）:	0.534
Skew:	0.105	Prob（JB）:	0.766
Kurtosis:	2.711	Cond. No.	11.7

Notes:
[1]Standard Errors assume that the covariance matrix of the errors is correctly specified.

OLS model: Y = b0 + b1 * x
Parameters: [2.13944941 1.62277803]

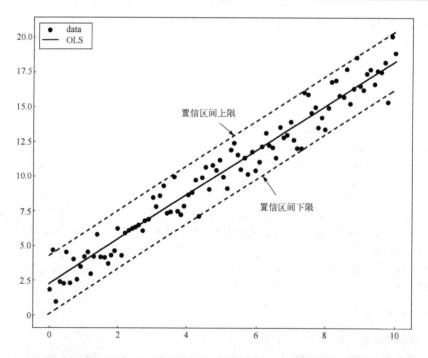

图 2-10　例 2-4 输出结果使用最小二乘法进行参数估计（一元线性回归）

　　有时，需要拟合的函数可能并不是简单的线性关系，而是一个非线性函数，可能包含自变量 X 的高次项，在这种情况下，仍然可以使用最小二乘法来估计模型参数。

2.5.3　最大似然估计

最大似然估计(maximum likelihood estimate，MLE)是一种给定观测数据来评估模型参数的方法，即"模型已定，参数未知"。在这个方法中，首先假设观测数据具有某种确定的概率分布形式，即其模型形式已经确定，但其中的参数尚未知晓。MLE 的目标是找到一组参数，使得在这组参数下模型生成观测数据的概率最大。这个方法在理论上和实践中都有很好的性质，并且通常在样本量足够大时表现良好。

为了理解 MLE 的原理，首先明确两个概念：概率(probability)和似然(likelihood)。它们同样可以表示事件发生的可能性大小，但是二者有着很大的区别。

概率是在特定环境下某事件发生的可能性，也就是在结果产生之前依据环境所对应的参数来预测某事件发生的可能性。例如，概率 $P(x|\theta)$ 表示在已知参数 θ 的情况下，发生观测结果 x 的可能性。

而似然刚好相反，是在确定结果的前提下推测产生这个结果的可能环境(参数)。例如，似然 $L(\theta|x)$ 表示从观测到的结果数据 x 出发(假定已知 x 服从某种分布)，分布函数的参数为 θ 的可能性。

当观测数据和参数相互对应时，似然和概率在数值上是相等的。例如，用 θ 表示参数，x 表示观测数据，则有

$$L(\theta|x) = P(x|\theta) \tag{2-58}$$

令 X 表示一组观测数据(样本数据)，假设这些样本是独立同分布的，则参数 θ_X 对于这组观测数据的似然是

$$L(\theta_X|X) = P(X|\theta_X) = \prod_{x\in X} P(x|\theta_X) \tag{2-59}$$

对 θ_X 进行最大似然估计，就是去寻找能最大化似然 $P(X|\theta_X)$ 的参数值 $\hat{\theta}_X$，即在 θ_X 的所有可能取值 $\theta_1,\theta_2,\cdots,\theta_n$ 中，找到一个能使观测数据 X 出现可能性最大的参数 $\hat{\theta}$，满足：

$$L(\hat{\theta}|X) = P(X|\hat{\theta}) \geqslant P(X|\theta), \quad \theta = \theta_1,\theta_2,\cdots,\theta_n \tag{2-60}$$

由于式(2-59)右侧连乘操作容易造成下溢，通常使用对数似然：

$$\text{LL}(\theta_X|X) = \log P(X|\theta_X) = \sum_{x\in X} \log P(x|\theta_X) \tag{2-61}$$

此时参数 θ_X 的最大似然估计 $\hat{\theta}_X$ 为

$$\hat{\theta}_X = \arg\max_{\theta_x} \text{LL}(\theta_X|X) \tag{2-62}$$

下面以硬币抛掷问题的实例来帮助读者理解最大似然估计。假设目前有一枚硬币，不确定其制造工艺是否使其抛落具有均等的正面和反面落地机会(公平性)，即不确定抛掷时正面出现的概率是多少。为此，进行一系列的硬币抛掷试验，记录每次抛掷的结果。显然，每次抛硬币服从伯努利分布，多次抛硬币的每一次结果可以看成是从二项分布中抽取的，二项分布的概率分布函数为

$$P(X = k) = C_n^k P^k (1-P)^{n-k} \tag{2-63}$$

其中，n 表示独立抛掷试验总次数；k 表示出现正面的次数；P 表示硬币出现正面的概率。

若使用最大似然估计参数 P，首先构建似然函数（对数似然），表示观察到当前结果的概率对数：

$$\mathrm{LL}(P) = \log[C_n^k P^k (1-P)^{n-k}]$$
$$= k\log(P) + (n-k)\log(1-P) \tag{2-64}$$

既然目标是找到使得似然函数取得最大值的参数 P，可以通过对似然函数求导，找到使导数为 0 的点，即找到最大值点：

$$\frac{\mathrm{d}[\log \mathrm{LL}(P)]}{\mathrm{d}P} = \frac{k}{P} - \frac{n-k}{1-P} = 0 \tag{2-65}$$

解方程 (2-65) 后得到最大似然估计的结果：

$$\hat{P} = \frac{k}{n}$$

这个结果说明，抛硬币试验在给定观察到的结果后，硬币正反面落地公平的概率的最大似然估计是出现正面的次数 k 除以总的抛掷次数 n。

2.5.4　贝叶斯估计

本书在 2.1 节已提到，在统计领域有两种对立的思想学派：频率学派（也称为经典学派）和贝叶斯学派，他们之间最重要的区别是如何看待被估计的未知参数。经典学派的观点为：未知参数是待估计的固定常量，而贝叶斯学派将其看成是已知分布的随机变量。

在估计参数时，经典学派主要依据样本数据的分布来操作，常用的一种方法是 2.5.3 节介绍的最大似然估计，即找出一组参数使得根据这组参数观测到样本数据的可能性最大。这种方法不考虑先验信息，例如，在估计一个袋子中白球和黑球的比例时，仅仅根据观测到的白球和黑球数量来计算比例。

贝叶斯学派则以贝叶斯思想为基础，发展出了一种新颖的统计思想，其认为参数是随机变量，服从一定的分布。假设已知样本集 $D = \{(x^{(n)}, y^{(n)}) \mid n = 1, 2, \cdots, N\}$ 和总体分布 $P(y^{(n)} \mid x^{(n)}, \theta)$，其中 $x^{(i)}$ 表示第 i 个样本向量，$y^{(i)}$ 表示第 i 个样本的标签，θ 是模型参数。贝叶斯参数估计的目标就是根据已知样本集 D 推断总体分布中参数 θ 的最合理值 $\hat{\theta}$。

在贝叶斯框架下，待估计的参数被视为随机变量，人们根据先验信息对参数 θ 已有一个认知，这个认知称为先验分布或无条件分布，记为 $P(\theta)$。通过试验获得观测数据（样本），从而对参数 θ 的先验分布进行调整，调整的方法是通过贝叶斯定理将先验分布与观测数据结合，得到参数的后验分布，记为 $P(\theta \mid x^{(1)}, x^{(2)}, \cdots, x^{(N)})$ 或 $P(\theta \mid D)$，从而进行参数估计。在贝叶斯学派的观点中，参数的不确定性源于其本身的随机性，因此重点研究的是参数的分布。以一个简单的例子来说明，假设要估计一个袋子里白球和黑球的比例。如果预先估计白球和黑球的比例相等，即为先验分布。然后，观察袋子中具体的白球和黑球数量，使用贝叶斯定理结合观测的新信息，更新对白球和黑球比例的估计，形成一个后验分布。这样，每当有新的观测数据加入时，就可以调整之前的估计比例，使得结果更加精确。

从 2.2.3 节可知，后验概率 = 先验概率 × 调整因子（标准似然度），即

$$P(\theta \,|\, D) = P(\theta) \frac{P(D \,|\, \theta)}{P(D)} \tag{2-66}$$

其中，$P(\theta)$ 为先验概率；$P(D \,|\, \theta) = \prod_{n=1}^{N} P(y^{(n)} \,|\, x^{(n)}, \theta)$ 是样本集上的似然；$P(D)$ 是样本的边

缘概率或无条件概率，是与模型参数 θ 无关的值，也称为标准化常量。

　　贝叶斯估计的基本原理是通过观察样本数据，将样本概率分布 $P(D \,|\, \theta)$ 转化为参数的后

验概率分布 $P(\theta \,|\, D)$，且认为它就是参数"真实"的概率分布，通常取后验分布的期望作为

参数的估计值：

$$\hat{\theta} = E[P(\theta \,|\, D)] = \int_{\phi} \theta P(\theta \,|\, D) \mathrm{d}\theta \tag{2-67}$$

其中，ϕ 为参数的取值空间。因此，贝叶斯估计的基本步骤总结如下。

　　(1) 确定 θ 的先验分布 $P(\theta)$。

　　(2) 由样本集 $D = \{(x^{(n)}, y^{(n)}) \,|\, n = 1, 2, \cdots, N\}$ 求出样本联合分布，或称为样本集上的似然

$P(D \,|\, \theta)$：

$$P(D \,|\, \theta) = \prod_{n=1}^{N} P(y^{(n)} \,|\, x^{(n)}, \theta)$$

　　(3) 利用贝叶斯公式，求 θ 的后验分布：

$$P(\theta \,|\, D) = \frac{P(D \,|\, \theta) P(\theta)}{\int_{\phi} P(D \,|\, \theta) P(\theta) \mathrm{d}\theta}$$

　　(4) 求出贝叶斯估计值：

$$\hat{\theta} = \int_{\phi} \theta P(\theta \,|\, D) \mathrm{d}\theta$$

第二篇 机 器 学 习

第 3 章 机器学习基础

3.1 机器学习简介

机器学习作为人工智能的一个重要分支，已经成为当今科技领域的热门话题。想象一下，你有一个神奇的机器朋友，它可以像人类一样学习和思考，通过观察和分析海量的数据，能够发现隐藏的模式，预测未来的趋势，甚至能够识别图像、理解语言。机器学习就像是给计算机赋予了一双敏锐的眼睛和聪明的大脑，让它们能够从复杂的数据中发现规律。它是一种通过训练数据对计算机进行自动学习和改善的方法，使计算机能够在没有明确编程的情况下做出决策和预测。机器学习的目标是构建能够从数据中学习、识别模式并做出智能决策的算法。

在过去的几十年里，机器学习取得了显著的进展，应用领域包括图像识别、语音识别、自然语言处理、推荐系统、预测分析等。机器学习可以帮助我们预测天气变化、识别语音和图像、推荐喜欢的音乐和电影，甚至可以帮助医生诊断疾病。通过使用各种机器学习算法和技术，计算机能够从海量的数据中提取有用的信息，并不断提升自身的性能和准确性。

机器学习的核心在于数据和算法。数据是机器学习的燃料，通过提供大量的样本数据，算法可以学习到数据中的模式和规律。常用的机器学习算法包括监督学习、无监督学习、强化学习等。监督学习是指利用标记的数据进行学习，如分类和回归问题；无监督学习则是在没有标记的数据中发现模式和结构，如聚类分析；强化学习关注于通过与环境的交互进行学习，以实现最优决策。

随着计算能力的提升和大数据的发展，机器学习的应用场景不断扩展。它在医疗保健、金融、交通、能源、制造业等行业中发挥着重要作用，帮助人们解决复杂的问题，提高效率并推动创新。同时，机器学习也面临着一些挑战，如数据隐私和安全、模型可解释性等问题，需要不断地进行研究和探索。

总体来说，机器学习是一种强大的工具，它为我们提供了一种从数据中获取知识和智能的方式。通过不断的研究和创新，机器学习将继续发展，为人类社会带来更多的机遇和挑战。

3.1.1 机器学习基本概念

在开始学习机器学习之前，我们需要知晓机器学习的定义与范畴，了解一些机器学习的关键术语，如数据集、特征、标签、模型、训练集、测试集、欠拟合与过拟合等，这些概念是构建机器学习模型的基础。

注意：若不太理解本章内容，不必强求，因为在没有深入了解和理解这些概念时确实会容易出现这种情况。读者只需要先记住这些名词和概念即可，后续章节会深入讲解涉及的概念和内涵。

1. 机器学习的定义与范畴

机器学习(machine learning, ML)是一种数据分析技术，是计算机科学与统计学交叉的产物，它使计算机能够在没有明确编程的情况下，从历史数据中自动学习和提取知识并做出有根据的决策或预测。

在经典的程序设计(即符号主义人工智能的范式)中，人们输入的是规则(程序)和需要根据这些规则进行处理的数据，系统输出的是答案(图 3-1(a))。

利用机器学习，人们输入的是数据和从这些数据中预期得到的答案，系统输出的是规则(模型)。这些规则随后可应用于新的数据，并使计算机自主生成答案(图 3-1(b))。

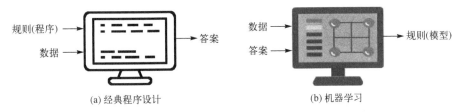

图 3-1　经典程序设计与机器学习

简而言之，机器学习让计算机具备了不直接编程就能解决问题的能力。

机器学习正是这样一门学科，它致力于研究如何通过计算的手段，利用经验来改善系统自身的性能，在计算机系统中，"经验"通常以"数据"形式存在，因此机器学习所研究的主要内容是关于在计算机上从数据中产生"学习算法"(learning algorithm)，有了学习算法，我们把经验数据提供给它，它就能基于这些数据产生"模型"(model)，即一种对数据信息和规律的抽象表示或预测工具，它捕捉了数据中的模式和关系，并可以用于对新数据进行预测或分类。类似于人们从各种经验和学习场景中使用一定的学习方法学到某个领域的知识，在面对此领域的新情况时，其掌握的知识会提供处理这个新情况的能力。机器学习的"模型"也会给人们提供相应的判断，即预测或决策。如果说计算机科学是研究关于"算法"的学问，那么类似地，可以说机器学习是研究关于"学习算法"的学问。

机器学习的范畴非常广泛，包括监督学习、无监督学习、强化学习等。

2. 机器学习关键术语

数据(data)：在机器学习中，数据是训练模型和进行测试的基础，对于任何模型，"垃圾进垃圾出"(garbage in garbage out, GIGO)的公理永远成立，因此数据的质量和多样性对于机器学习算法的性能和准确率至关重要，如果用于建模的算法基于的数据是没有代表性、低质量、不干净的，那就不要浪费时间建模，而首先要做的事情是处理数据。

数据可以有多种形式，如数字、文本、图像、音频或视频，也分为离散型数据和连续型数据。一组数据的集合构成数据集(data set)，在机器学习中，数据集通常是由一组样本(数据的特定实例)组成的，这些样本代表了一个特定的问题或领域，并且包含了关于这些样本的"特征"和"标签"的信息。下面以鸢尾花数据集为例(图 3-2)，详细介绍这些术语。

彩图

图 3-2　鸢尾花

鸢尾花数据集(iris dataset)是机器学习中的一个经典数据集，常用于分类实验，由英国统计学家 Fisher 于 1936 年收集整理，以 iris.csv 格式存储。数据集包含 150 个样本数据，分为 3 类，每类 50 个样本数据，每个样本数据包含 4 个属性。这 4 个属性分别是花萼长度(sepal length)、花萼宽度(sepal width)、花瓣长度(petal length)和花瓣宽度(petal width)，单位都是 cm。可通过这 4 个属性预测鸢尾花卉属于山鸢尾(iris-setosa)、杂色鸢尾(iris-versicolour)，以及维吉尼亚鸢尾(iris-virginica)三个类别中的哪一类，如表 3-1 所示。

表 3-1　鸢尾花数据样本实例

序号	花萼长度	花萼宽度	花瓣长度	花瓣宽度	类别
1	5.1	3.5	1.4	0.2	山鸢尾
2	4.9	3	1.4	0.2	山鸢尾
...	...	...	...	...	...
51	7	3.2	4.7	1.4	杂色鸢尾
52	6.4	3.2	4.5	1.5	杂色鸢尾
...	...	...	...	...	...
101	6.3	3.3	6	2.5	维吉尼亚鸢尾
102	5.8	2.7	5.1	1.9	维吉尼亚鸢尾
...	...	...	...	...	...

表 3-1 中所展示的是鸢尾花数据集中的一部分，其中涉及如下术语。

样本(sample)是指数据集中特定的"实例"(instance)，记录着关于一个事件或对象的描述。例如，表 3-1 中的每一行数据记录了一朵鸢尾花对象的具体描述。

特征(feature)是指被观测对象的一个个独立、可观测的"属性"(attribute)，表 3-1 中间的 4 列反映了鸢尾花对象在某些方面的表现，如花萼的长度、宽度，花瓣的长度、宽度，即为数据的特征或属性，通常是模型的"输入变量"(input variable)，用于进行预测或分类。

特征值(feature value)是指属性上的取值，如表 3-1 第 1 行的 5.1、3.5、1.4、0.2，分别表示 4 个属性上的取值，也称为属性值(attribute value)。

样本空间(sample space)是指属性张成的空间，也称为"属性空间"(attribute space)或"输入空间"。例如，我们把鸢尾花的"花萼长度""花萼宽度""花瓣长度""花瓣宽度"作为 4 个坐标轴，则它们张成一个用于描述鸢尾花的四维空间，每朵鸢尾花都可在这个空间中找到自己的坐标位置。

特征向量(feature vector)：由于样本空间中的每个点对应一个坐标向量，每个坐标向量也就对应了一个样本(实例)，每个样本含有若干特征值，因此将一个样本称为一个特征向量。需要注意的是，机器学习中的名词"特征向量"与 1.5.2 节介绍的线性代数中的"特征向量"(eigenvector)具有不同的含义。例如，机器学习中特征向量 $\boldsymbol{x}^{(1)} = [5.1, 3.5, 1.4, 0.2]$ 代表了鸢尾花数据集中的第一个样本(表 3-1 中的第一条数据)，而含有 150 个特征向量的集合 Iris $= \{\boldsymbol{x}^{(1)}, \boldsymbol{x}^{(2)}, \cdots, \boldsymbol{x}^{(150)}\}$ 代表了整个鸢尾花数据集。

标签(label)是指为数据集中的每个样本分配的类别或标识符。数据集往往分为两类：有标签数据集和无标签数据集。例如，鸢尾花数据集就是有标签数据集，表 3-1 中最后一列反映了特定特征(如花萼长度、宽度，花瓣长度、宽度)描述下的鸢尾花的类别，也是我们试图构建模型进行预测的结果(目标)，称为标签或"输出变量"(output variable)。

标签可以是离散的，例如，山鸢尾、杂色鸢尾、维吉尼亚鸢尾可以用数值 0、1、2 来表示；也可以是连续的，例如，房价的具体数值可以用实数 22.3 来表示。

训练(training)是指从特定数据集中学得模型的过程，也称为"学习"(learning)，这个过程通过执行某个学习算法来完成。

训练样本(training sample)是指用于训练模型的特定数据集中的每个样本，如果是带有标签的样本，往往表示为 $(\boldsymbol{x}_i, \boldsymbol{y}_i)$，其中 $\boldsymbol{x}_i$ 是第 i 个特征向量，$\boldsymbol{y}_i$ 是这个样本向量所对应的标签。所有训练样本的集合称为"训练集"(training set)。

以上所有术语，以图 3-3 为例，形象化地加以说明。

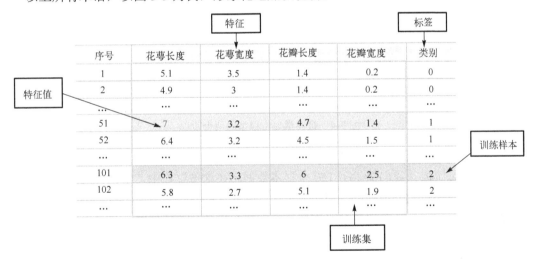

彩图

图 3-3　机器学习中有关数据的基本术语

除了以上介绍的机器学习中的基本术语以外，"模型"是机器学习中的核心概念，它是对数据的一种抽象表示。

模型(model)是一种数学函数或算法，它定义了特征向量与标签之间的关系，或者特征向量之间的关系。一个训练好的模型，能够根据输入的特征来做出预测或决策。

测试样本(testing sample)：学得模型后，使用该模型进行预测(推理)的过程称为"测试"(testing)，被预测的样本称为"测试样本"。

例如，鸢尾花的类别识别模型会将鸢尾花的花萼长度、花萼宽度、花瓣长度、花瓣宽度这四个特征与山鸢尾、杂色鸢尾、维吉尼亚鸢尾三个类别紧密联系起来。一旦训练好鸢尾花的类别识别模型，只要输入某鸢尾花的四个特征值，就能预测出它属于哪类鸢尾花。

模型的生命周期包括以下两个阶段。

训练阶段：创建或学习模型。向模型输入样本（有标签或无标签），让模型逐渐学习特征与标签之间的关系，或者特征之间的关系。

推理阶段：也称为测试阶段，将训练后的模型应用于无标签样本，使用经过训练的模型做出有用的预测或决策。

图 3-4 展示了在训练阶段使用鸢尾花数据集进行模型的训练，在推理阶段输入无分类标签的测试样本，通过训练好的模型对该测试样本做出类别预测的过程。

彩图

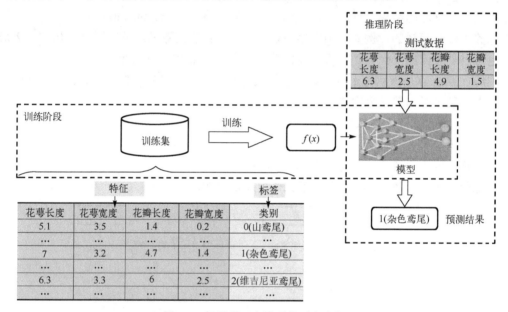

图 3-4　机器学习中模型的两个阶段

在模型训练的过程中，我们必须明确地向模型指示其预测的目标变量。以鸢尾花分类模型为例，在训练阶段，我们提供了 150 个样本数据。在这一过程中，我们持续地指导机器学习模型根据花萼的长度与宽度以及花瓣的尺寸，判断这些特征数据应当被归类为三种不同类别中的哪一类。换言之，我们通过对模型进行反复的教学，使其能够学习到如何根据输入的特征向量正确地识别和区分鸢尾花的种类。

显然，测试结果与真实情况越符合越好。为此，机器学习在训练阶段的目标就是要确定一个能够在新样本上有最小预测误差的模型。可是，在训练过程中，由于新样本的标签是未知的，无法使用新样本来评估预测误差，只能基于训练数据集来进行评估。即使用模型对训练数据集中的每一个样本进行预测，然后对比预测结果和真实标签，综合所有样本预测的结果对训练的模型进行评分，评分的方法（函数）就是"损失函数"（loss function）。综合预测结果越接近真实标签，损失函数值就越低，反之则越高。

机器学习的主要挑战是我们训练的模型必须能够在先前未观测的新输入（测试样本）上表现良好，而不只是在训练集上效果好。在先前未观测到的输入上表现良好的能力称为模型的泛化(generalization)能力。

这就类似于鸢尾花类别识别模型的训练过程。如果训练模型时把鸢尾花的 150 个样本全部都投入到训练模型的过程中，我们就没有新的数据来评估学习算法是否选择合理，以及模型是否训练到位，在测试阶段，我们也没有新输入的样本来检测模型的效果。也就是说，如果测试样本都是训练阶段模型见过的数据(称为数据泄漏)，那么将无法评估模型在新数据上的预测能力，即无法评估模型的泛化能力。

因此，为了避免数据泄漏、提升模型的泛化能力，往往将数据集分成三个子集，分别称为训练集、验证集和测试集。

训练集(training set)：用于训练模型的数据集。模型通过学习训练集中的样本来建立自身的特征和规律。

验证集(validation set)：用于调整模型超参数和选择模型的数据集。在训练过程中，通过验证集的性能评估来调整模型的参数，以提高模型的泛化能力。

测试集(testing set)：用于评估模型性能的数据集。在训练和验证后，使用测试集来评估模型的泛化能力和预测性能。

可以看出训练集和验证集在模型训练阶段使用，测试集在推理阶段使用。

往往通过拆分一个数据集来获得这三个数据集，在拆分的过程中应该保持原始数据集的分布特性，确保各个数据集的样本都能够代表整体数据的特征。训练集应该占总体数据的大部分比例，验证集和测试集所占比例相对较小。验证集和测试集的划分要保持相对独立，避免数据重复使用(出现数据泄漏)。

常见的拆分方法有如下几种。

(1)简单随机划分：随机将数据集按照一定比例划分为训练集、验证集和测试集。

(2)K 折交叉验证：将数据集分成 K 个子集，依次使用其中一个子集作为验证集，其余作为训练集，重复 K 次得到 K 个模型，最终取平均性能。

(3)留出法：直接将数据集按照一定比例划分为训练集和测试集，再从训练集中划分出一部分作为验证集。

(4)时间序列划分：对于时间序列数据，可以按照时间顺序划分为训练集、验证集和测试集，确保模型在未来的数据上能够良好泛化。

3.1.2 机器学习的分类

由机器学习的定义和范畴可知，机器学习是构建模型并以求解模型参数的方式进行学习的，用以解决一定场景的任务。因此，从模型学习方式对机器学习进行分类，主要分为：监督学习、无监督学习、强化学习三个基本类型。

1. 监督学习

监督学习(supervised learning)是指在给定标签数据的情况下，从带有标签的训练数据中学习输入数据和输出之间的映射关系，也就是建立训练样本特征和已知标签结果之间的联系来求解最优的模型参数，从而得出一个模型，再用这个模型对新的数据进行预测。

典型的监督学习通常用于解决分类问题和回归问题。

例如，鸢尾花的分类识别问题：首先假设有 100 个含有 4 个特征的鸢尾花数据，并且已知每条鸢尾花数据所对应的分类结果，接着使用这些带有标签的数据进行模型训练，然后在有新的鸢尾花数据时进行模型的匹配，识别这条新鸢尾花数据的类别。因此，鸢尾花的分类识别过程就是监督学习下的分类预测。

又如，房价预测问题：一个地区的房价与该地区的地理位置、人口数、居民收入、房间大小、房屋数量等诸多特征有着密切的关系，假设有一组含有 8 个特征的房屋数据，且每条房屋数据都带有对应的房价信息，这个房价信息是连续量，不同于鸢尾花的类别信息是离散量，但它也是一个结果标签。同样可以对带有连续量标签的房屋数据进行模型训练，找到房屋的特征值与房价的映射关系。当新的一条房屋数据被输入到训练好的模型时，模型会自动预测新房屋数据所对应的房价(回归)。

监督学习的特点是训练数据包含输入和期望输出(标签)，这也是监督学习的难点。获取具有目标值的标签样本数据成本较高，因为数据集要依赖人工标注。监督学习被广泛应用于图像识别，如识别图片中的对象(如猫、狗)；语音识别，如将语音转换为文本；金融预测，如根据历史数据预测股票价格等。

2. 无监督学习

无监督学习(unsupervised learning)是指在没有标记数据的情况下，发现数据中的模式或结构，学得一个模型。

典型的无监督学习任务包括聚类(clustering)、降维(dimensionality reduction)、关联规则挖掘(association rule mining)等。

例如，假设一家电子商务公司希望根据客户的购买行为和特征对他们进行分群。首先需要收集客户的相关数据，如购买历史、浏览行为、个人信息等，这些数据可以从商务公司的数据库、网站日志或其他数据源中获取，然后对这些数据进行必要的处理以满足建模的需要。这些数据并没有对应的客户分群的结果，但仍然可以选择无监督学习算法(如 k-Means 聚类算法)进行模型的训练，然后使用该聚类模型对客户进行分群。可以分析每个群组的特征和购买行为，以了解不同群组之间的差异和相似性，如可能会发现某个群组的客户更倾向于购买特定类型的产品，或者具有更高的平均购买金额，这些洞察内容可以帮助电子商务公司针对不同的客户群组制定个性化的营销策略、推荐产品和优化客户体验。

无监督学习与监督学习最大的区别在于选取的训练样本数据没有标签信息，而只需要分析训练样本数据的内在规律。因此，无监督学习的优点在于训练模型的数据不需要进行人工标注，数据获取的成本较低。无监督学习被广泛地应用于市场细分，如识别具有相似购买行为的客户群体；异常检测，如识别数据中的异常点、识别信用卡欺诈等；推荐系统，如推荐用户可能感兴趣的产品。

3. 强化学习

强化学习(reinforcement learning)是在交互中学习，交互的双方称为"智能体"(agent)和"环境"(environment)。智能体通过感知所处环境的状态(state)对动作(action)的反应(reaction)来指导更好的动作，即最佳策略(policy)，从而获得最大的收益(return)。也就是说，智能体通过与环境的交互学习，以实现最大化预期累积奖励的目标。典型的强化学习任务包括智能游戏、机器人控制等。

强化学习主要有以下两个特点。

试错学习：强化学习一般没有直接的指导信息，智能体要不断与环境进行交互，通过试错的方式来获得最佳策略。

延迟回报：强化学习的指导信息很少，而且往往是在事后（最后一个状态）才给出的。例如，围棋比赛中只有到了最后才能知道胜负。

机器学习按照学习方式分类，除了监督学习、无监督学习和强化学习三个基本类型以外，还有以下几个扩展分类。

4. 半监督学习

半监督学习（semi-supervised learning）是指在部分标记数据和大量未标记数据的情况下进行学习。这种学习方法通常用于数据标注成本较高的场景，是监督学习的一个特例，它与众不同，值得单独归为一类。

在现实生活中，无标签数据易于获取，有标签数据收集较为困难，人工标注耗时耗力。在这种情况下，半监督学习更适合实际生产环境或现实应用场景。一种常见的半监督学习方法是利用有标签数据训练模型的参数，利用无标签数据帮助模型学习数据的分布特征，从而提高模型的泛化能力。另一种方法是利用有标签数据训练一个给无标签数据打标签的模型，从而生成额外的带有伪标签的训练样本，扩充有标签数据集，提高模型的性能。

对于第一种半监督学习方法，如图 3-5(a) 中的斜线，它采用一种有监督的分类算法，只利用有标签数据训练出的模型展示的决策边界，在加入大量的无标签数据后，模型训练出更精确的决策边界，如图 3-5(b) 所示。

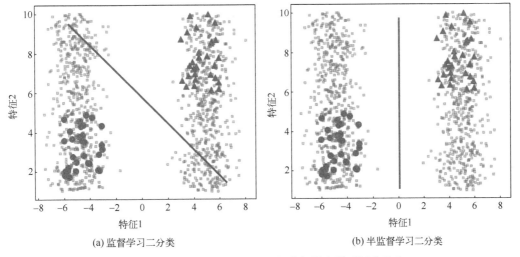

彩图

(a) 监督学习二分类　　　　(b) 半监督学习二分类

图 3-5　半监督学习中使用无标签数据提高模型泛化能力

对于第二种半监督学习方法，如图 3-6 所示。首先在标签数据上训练模型，然后使用经过训练的模型来预测无标签数据的标签，从而创建伪标签。此外，将标签数据和新生成的伪标签数据结合起来作为新的训练数据。

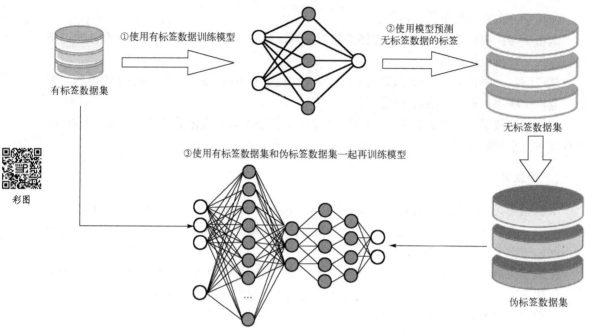

图 3-6　半监督学习中对无标签数据打伪标签扩展数据集提高模型性能

除此之外，半监督学习还可以使用多种方法来利用无标签数据，用无标签数据来提供额外的信息，从而提高模型的性能。

5. 自监督学习

自监督学习 (self-supervised learning) 是一种具有监督形式的无监督学习方法，通常通过设计一些辅助任务利用未标记数据的内在关联性来生成监督信号，但它的数据集没有附加的标签，数据"标记"(监督信号) 通常来自于数据本身。

自监督学习的核心思想是利用数据本身的内在结构和特征来进行学习，而无须人工标注的监督。它是在计算机视觉、图像和视频处理、语音识别、自然语言处理等领域中被广泛应用的一种学习方法，由 Yann LeCun 等在 1989 年提出。

自监督学习的一种常见方法是利用数据的空间或时间关联性来设计辅助任务。例如，对于图像数据，可以设计一个辅助任务来预测图像的旋转或翻转操作，从而利用图像的空间关联性生成监督信号；对于时间序列数据，可以设计一个辅助任务来预测未来的时间点或者对过去的数据进行填充，从而利用数据的时间关联性生成监督信号。

自监督学习的另一种方法是利用数据的语义关联性来设计辅助任务。例如，对于文本数据，可以设计一个辅助任务来预测文本中的缺失单词或者句子，从而利用文本的语义关联性生成监督信号；对于图像数据，可以设计一个辅助任务来预测图像中的缺失部分或者对图像进行填充，从而利用图像的语义关联性生成监督信号。

自监督学习的优势在于可以利用大量未标记数据进行训练，从而减少对大量标注数据的依赖，降低数据标注的成本。此外，它还可以帮助模型学习更加丰富和泛化的特征表示，从而在应用场景中取得更好的性能。

6. 迁移学习

迁移学习(transfer learning)属于监督学习的一种，但与传统的监督学习不同，迁移学习利用已有的知识和经验(源领域模型)来解决新的问题(目标领域问题)，而不是从头开始学习。迁移学习可以在源领域和目标领域之间共享知识，从而加快学习速度和提高学习性能。

迁移学习对人类来说很常见，例如，我们会发现学习识别马有助于识别驴，学习弹奏钢琴有助于学习弹奏电子琴，甚至有助于学习弹奏手风琴等。找到源领域和目标领域的相似性(或共性)，就可以从相似性出发，将源领域学习过的知识和经验应用在新领域上，从而加快新领域的学习速度，提升学习效果。机器学习中的迁移学习也是如此，它可以被看作一种特殊的监督学习方法，利用已有的知识来辅助新的学习任务。迁移学习除了能够提升新领域模型的学习效果，还有一个重要的应用背景，即迁移学习方法通常用于目标任务数据较少的情况。

大多数解决复杂问题的模型需要大量数据，然而标注数据集所需的时间和精力决定了监督模型很难获取大量标注数据。即使某些领域有专业人士付出巨大努力标注了大量质量高的数据集，但每个领域也不会都有这样高质量的标注数据集。此外，机器学习发展至今，在很多具体领域甚至针对一项特定任务专门训练了一些模型，尽管这些模型在特定领域或任务上表现出色，达到了当前最高的精确度，并且在多个基准数据集上取得了优异的性能，但它们的优势通常限于训练和测试所使用的数据集范围内。当这些模型应用于新任务时，它们的表现效果可能会出现明显下降，即使新任务与训练模型的任务相似。这种情况构成了迁移学习提出的主要动机，即通过利用在源领域预训练好的模型中所获得的知识，来跨越特定任务和领域的限制，以解决新的问题。

7. 多任务学习

多任务学习(multi-task learning)是指在同一模型中同时学习多个相关任务，以提高各个任务的性能。

这种学习方法通常用于多个任务之间存在相关性的情况，其基本原理是通过共享模型参数，让模型能够学习并处理多个任务之间的相关信息，从而提高模型的泛化能力和效率。前面介绍的机器学习方式都是单任务的机器学习，它们和多任务的机器学习方式的区别如图 3-7 所示。

例如，有关预测短视频的相关任务，可能需要收集观看者的一些行为数据来预测观看者是否对该短视频感兴趣、喜欢观看多长时间的视频、会不会点赞、会不会转发等多个维度的信息。对于这些任务，既可以每个任务都构建一个模型来学习，也可以构建一个多任务学习模型来一次全部完成。

多任务学习模型有以下几点优势。

(1)效率高：一次训练多个任务，对工业界来说十分友好。假设要用 k 个模型预测 k 个任务，那么 k 个模型预测的时间成本、计算成本、存储成本，甚至模型的维护成本都是大于一个模型的。

(2)资源共享：多任务学习可以共享数据和知识，从而提高数据的利用效率，减少对大量标记数据的依赖；也可以更好地利用计算资源，减少重复计算和内存占用，提高计算资源的利用率。

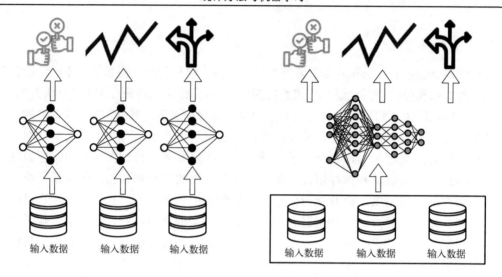

(a) 单任务机器学习　　　　　　　　　　(b) 多任务机器学习

图 3-7　单任务机器学习与多任务机器学习

（3）泛化能力好：针对很多稀疏数据集的任务，如短视频转发，大部分人看完一个短视频是不会进行转发操作的，对于如此稀疏的输入数据，模型很难学得（容易过拟合）。把预测用户是否转发的稀疏输入数据集任务和用户是否点击观看的经常发生行为放在一起学习，一定程度上会缓解模型的过拟合，提高模型的泛化能力。从另一个角度来看，新任务数据很少，也解决了"冷启动问题"。

（4）鲁棒性强：不同任务有不同的噪声，假设不同任务噪声趋向于不同的方向，放在一起学习一定程度上会抵消部分噪声，使数据增强，学习效果更好，模型也更鲁棒。另一方面，多个相关任务放在一起学习，有相关的部分，也有不相关的部分。当学习一个任务时，与该任务不相关的部分，在学习过程中相当于噪声，引入噪声可以提高学习的泛化效果。

（5）任务互助：某些任务的参数训练可以被其他任务辅助训练得更好。单任务学习时，梯度的反向传播倾向于陷入局部极小值。在多任务学习中，不同任务的优化目标可能会导致参数空间中不同的局部极小值。通过任务间的相互作用，可以促进隐含层参数的调整，从而有助于避免或跳出局部极小值，达到更广泛的解空间中的更优解。

随着机器学习的深入，读者可以看到更多的分类角度。例如，按机器学习的任务目标分类，有分类任务、回归任务、聚类任务、异常检测任务等，这部分将在 3.2 节详细介绍。另外，按照机器学习的模型层次分为浅层学习和深度学习，将在第 7～9 章介绍。

以上介绍的只是一些常见的分类方式，实际上机器学习还有许多其他的分类方法和子领域。每种分类方式都有其特点和应用场景，也有相应的算法模型，选择合适的分类方式有助于更好地理解和应用机器学习技术，根据具体问题的特点和数据的性质选择合适的算法模型是非常重要的。

3.1.3　机器学习与人工智能、深度学习的关系

1. 人工智能的定义

人工智能的先驱之一，约翰·麦卡锡（John McCarthy）在 1956 年的达特矛斯会议上首次

提出了"人工智能"（artificial intelligence，AI）这个概念，将人工智能一词定义为：开发出行为像人一样的智能机器。

随后的几十年间，出现了人工智能的许多定义，如《大英百科全书》中对人工智能的定义是：一种模拟人类智能的技术，它可以执行类似于人类的思维、学习、决策、语言理解和感知等任务，拥有解决通常与人类更高智能处理能力相关的问题的能力。

约翰·麦卡锡在 2004 年的文章"What is artificial intelligence?"中提出：人工智能是制造智能机器的科学和工程，特别是智能计算机程序。它与使用计算机理解人类智能的类似任务有关，但人工智能不必局限于生物学上能观察到的方法。

最初的人工智能研究集中在基于规则的推理和专家系统的开发上。然而，由于计算机处理能力的限制以及缺乏足够的数据和算法，人工智能的发展进展缓慢。随着计算机技术和算法的进步，尤其是机器学习和深度学习的兴起，人工智能研究开始进入一个全新的高速发展阶段。

2. 机器学习的定义

机器学习领域的开创者亚瑟·塞缪尔（Arthur Samuel）在 1952 年首次提出"机器学习"（machine learning，ML）一词，并且在 1959 年给出机器学习的定义：机器学习是这样的一个研究领域，它能让计算机不依赖确定的编码指令来自主地学习工作。

1998 年，汤姆·米切尔（Tom Mitchell）对机器学习的定义做了更好的解释，引入了三个概念：经验 E（experience）、任务 T（task）、任务完成效果的衡量指标 P（performance measure）。有了这三个概念，机器学习的定义可以更加严谨：在有了经验 E 的帮助后，机器完成任务 T 的衡量指标 P 会变得更好。

随后，还有一些经典的机器学习定义，虽然它们的表述有些不同，但核心思想都是一致的：机器学习是实现人工智能的关键技术之一，它是一种数据分析方法，利用学习资料或数据，通过算法和统计模型使计算机系统能够自动学习和改进经验，而无须进行显式编程，提高机器或计算机系统的性能或能力。

3. 深度学习的定义

深度学习（deep learning，DL）是机器学习的一个子领域，它受到人脑中神经网络的启发，使用多层的神经网络来学习数据的表示。

大多数人认为杰弗里·辛顿（Geoffrey Hinton）在 2006 年提出了深度学习的概念，随后与其团队提出了深度学习模型之一——深度信念网络，并给出了一种高效的半监督算法——逐层贪心算法，来训练深度信念网络的参数，打破了长期以来深度网络难以训练的僵局。

但其实，深度学习由神经网络组成，"深度"一词指三层以上的神经网络。而神经网络在 1943 年就由神经科学家麦卡洛克（W.S. McCilloch）和数学家皮兹（W. Pitts）在《数学生物物理学公告》上发表的《神经活动中内在思想的逻辑演算》一文中提到，按照生物神经元的结构和工作原理构造了抽象和简化的神经网络的数学模型 MCP（McCilloch-Pitts），开启了人工神经网络的大门。

1958 年，计算机科学家罗森布拉特（Rosenblatt）提出了两层神经元组成的神经网络，称之为"感知机"（perceptron），第一次将 MCP 用于机器学习分类任务，但由于其只能处理线性分类问题，因此当面对非线性可分的问题时，其表现不佳。这一局限性使得神经网络的研究在后续相当长的一段时间内遇到了很大的困难，神经网络的研究进入了发展相对缓慢的时期。1986 年，杰弗里·辛顿展示了反向传播(back propagation，BP)算法在多层感知机(multi-layer perceptron，MLP)的应用，并采用激活函数 Sigmoid 进行非线性映射，有效解决了非线性分类和学习的问题，随后在 GPU 硬件的不断进步、训练方法的不断创新下，深度学习迎来爆发式的发展。

4. 三者之间的关系与区别

人工智能、机器学习和深度学习之间存在着明确的从属关系，深度学习是机器学习的一部分，而机器学习本身是实现人工智能的手段之一。这种关系可以通过以下层次结构来描述和说明。

(1)人工智能(AI)是最广泛的概念，它涵盖了所有使机器能够模拟人类智能行为的技术和方法论。AI 的目标是创造能够理解、学习、推理、规划和交流的智能系统，这些系统可以在各种复杂的环境中执行任务。

(2)机器学习(ML)是实现 AI 的手段之一。它是一种特定的方法，通过算法让计算机系统利用数据来自动学习和改进。机器学习专注于开发那些可以从数据中学习并做出决策或预测的模型。

(3)深度学习(DL)是机器学习的一个子集，它使用深层神经网络来模拟人脑的处理方式，从而识别复杂的模式和关系。深度学习适合处理大量非结构化的数据，如图像、声音和文本。

这三者的关系可以类比为一棵树的结构：人工智能是树根，提供了整个领域的基础；机器学习是树干，支撑着树冠并向上延伸；深度学习则是树冠中的一部分，即树叶和果实，代表了当前技术的前沿，如图 3-8 所示。

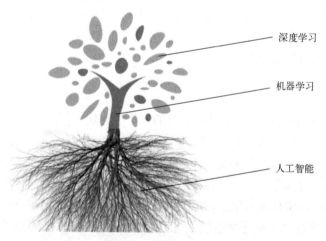

深度学习

机器学习

人工智能

图 3-8　人工智能、机器学习和深度学习的关系

机器学习使得计算机能够通过数据学习和改进性能，而深度学习则基于神经网络模型实现了更高级别的模式识别和抽象能力。这些技术的发展推动了人工智能在各个领域的广泛应用，如自然语言处理、计算机视觉、语音识别等。

3.1.4 机器学习的路径

1. 问题定义

在机器学习项目的开始，需要明确问题的定义，包括确定项目的目标、现有的或者能够获取的数据资源，识别要解决的问题类型(如分类、回归、聚类等)，以及确定成功的评价标准。问题定义阶段是整个项目的基础，它将指导后续的所有步骤。

2. 数据获取

数据是机器学习项目的基础。在数据获取阶段，需要收集足够的高质量数据来训练模型。数据可以来自多个渠道，包括公开数据集、公司内部数据库以及通过布置传感器或者网络爬虫获取的数据等。

公开数据集：如 Kaggle、UCI 机器学习库等提供的数据集，它们适用于各种机器学习任务，并且经过了社区的验证。

公司内部数据库：企业可以利用自己的业务数据，如销售记录、用户行为日志等，但在使用这些数据时需遵守数据隐私法规。

网络数据：通过爬虫技术或 API 获取的社交媒体、论坛、新闻等在线数据，获取这些数据时，应确保遵守相关法律法规和网站政策。

在数据收集过程中，要尽量收集更多的、更加多样化的数据，需要初步检查数据的完整性、一致性、平衡性和相关性，以确保数据集的质量。

3. 数据预处理

数据预处理是将原始数据转换成适合机器学习模型使用的数据的过程，虽然在数据获取阶段，我们已经有意识地检查数据的完整性、一致性、平衡性等问题，但由于数据获取方式、数据类型和格式多样，数据精度不一致以及人为操作失误等诸多情况，并不能满足机器学习模型直接应用的标准，因此需要进一步处理。这个阶段包括以下三个步骤。

数据清洗：处理缺失值，通过填充、删除或插值等方法处理少量缺失的数据；去除异常值，识别并处理那些可能扭曲模型训练的异常数据点；去除重复记录，删除数据集中的重复样本，以防模型过度拟合这些重复的信息。

特征工程：选择或提取与问题相关的特征，可能包括创建新的特征或转换现有特征。例如，根据问题域的知识选择对预测任务有帮助的特征或通过现有数据派生新的特征，以增强模型的预测能力。

数据转换：将类别数据转换为模型可以理解的数值形式，如使用独热编码或标签编码。将连续特征进行离散化或其他转换，以使数据样本的特征适应相应模型或改善模型的性能。对数据进行标准化或归一化，将数据缩放到统一的范围或分布，一方面，可以解决数据指标之间的可比性问题，减小不同特征值范围的影响，以便模型更好地理解；另一方面，在使用梯度下降的方法求解最优化问题时，可以加快梯度下降的求解速度，提升模型的收敛速度。

4. 模型选择

选择合适的机器学习模型是机器学习项目的关键步骤。这个选择依赖于问题的类型(如分类、回归、聚类等)、数据的特性(如数据的规模、数据是否有标签、数据特征的分布、数据的质量)以及项目的目标。这些将指导我们选择合适的模型族(监督模型、无监督模型、强化模型),常见的模型包括线性回归、决策树、支持向量机、神经网络等。

线性回归适用于预测连续的数值输出,当特征与输出之间存在线性关系时表现良好。

决策树适用于分类和回归问题,易于理解和解释,但可能会过拟合。

支持向量机适用于分类和回归问题,特别是在高维空间中表现出色。

神经网络适用于复杂的非线性问题,拥有强大的表示能力,但需要较多的数据和计算资源。

在这一阶段,可根据模型的适应性(适合问题的类型、数据的特征等)选择多个模型算法并初始化,便于进行下一步的训练和验证,以确定最有潜力的模型。

5. 模型训练与验证

在机器学习项目中,模型训练和验证是核心步骤。

模型训练:一旦初步选定了几个合适的模型,就需要使用训练数据集对每个模型进行训练。这个过程涉及定义损失函数、优化方式,输入训练集到选择的模型算法,将算法进行迭代训练以调整模型的内部参数,要监控模型的性能,确保模型正在学习,否则停止训练。训练的目的是让模型学习数据中的模式和关系,以便它能够在训练数据上得到良好的预测结果。

模型验证:虽然模型训练可以训练模型的内部参数,但是有些参数是需要人工进行选择或定义的,如某些分类模型需要在训练初期人工定义分类的数量、神经网络模型需要人工定义层数和每层神经网络的神经元个数,这些参数称为超参数(hyperparameters)。这些参数的不同设置和选择对模型最终的效果也很重要。为此,需要使用验证集来评估选择了不同超参数组合的模型性能,以调节和确定这些超参数。

6. 模型测试与选择

使用模型从未见过的测试集从多个训练好并经过验证评估的模型中选出泛化能力较强的一个模型。

步骤 5 和步骤 6 多次提到评估模型的性能,如何衡量模型的性能是模型选择的关键。不同模型族以及是否使用标签进行评估等常常有不同的评估指标。例如,有以下几种情况。

分类模型常见的评估指标包括准确率、召回率、精确率、F1 分值、ROC 曲线、AUC 曲线等。

回归模型常见的评估指标包括 R 方值、均方误差、均方根误差、平均绝对误差、误差平方和、均方根对数误差等。

聚类模型常见的评估指标包括轮廓系数、Calinski-Harabasz 指数、Davies-Bouldin 指数等。选择合适的评估标准取决于项目的具体目标和业务需求。

3.2　机器学习任务

3.1.2 节中围绕机器学习的学习方法系统性地介绍了机器学习的分类。其实，对机器学习算法的分类还有很多更细致的角度，例如，按照模型(即不同的机器学习算法所代表的对数据进行处理和分析的方式和结构)分类，监督学习又可以分为判别式(discriminative)模型和生成式(generative)模型，按照训练模型是否依赖训练数据本身的分布特性又分为参数模型和非参数模型，按照训练模型是否使用联合概论分布又分为概率模型和非概率模型等。

然而，就实践经验来看，机器学习的开发者一般会在脑海中有一个最终目标，如识别一朵鸢尾花的类别、预测股票的走势、对客户进行分群等。

因此，本节将重点介绍另一种机器学习算法分类的角度，即基于机器学习任务目标进行分类，主要分为分类任务、回归任务、聚类任务等。

3.2.1　分类任务

分类(classification)问题是人们日常生活中最常遇到的一类问题，例如，在邮件管理中，根据邮件的主题、寄信地址、内容等信息将一封邮件归类为"垃圾邮件"或者"非垃圾邮件"就是一个典型的二分类问题；银行根据信用卡客户的年龄、收入、消费、财产状况、贷款情况等信息将客户归类为"低风险客户"或者"高风险客户"也是一个典型的二分类问题；根据一张手写数字的图片判断这张图片上的数字是 0~9 中的哪一个，这是一个多分类问题；根据一段新闻文本数据预测这段新闻是属于"体育类""财经类""社会类""其他类"中的哪一类，这也是一个多分类问题。

从这些身边中的实例可以发现，分类任务的目标是根据已知样本的某些特征，预测一个新的样本属于哪种已知的样本类。根据类别的数量还可以进一步将分类任务划分为二分类(binary classification)任务和多分类(multi-class classification)任务。在机器学习领域，由于分类任务在模型构建阶段，训练数据都是带有明确标签的，所以通常被认为属于监督学习。

分类任务的定义是：将输入变量 x 分到有限 k 个离散的类别 C_k 中的某一类，这 k 个类别往往相互独立不相交，因此每个输入样本被分到唯一的一个类别中。

为了完成分类任务，第一种情况是，算法通过直接学习样本与标签之间的映射关系来对数据进行分类，通常会返回一个函数 $f: \mathbb{R}^n \to \{1, 2, \cdots, k\}$，其中 $k \in \mathbb{N}$。若给函数输入特征向量 x，则输出数字类型的 y 所代表的类别，即 $f(x)$ 的函数返回值是一个离散的数值。这类判别模型称为非概率判别模型(non-probabilistic discriminative model)。

还有大量分类问题不存在这种确定的映射关系，例如，在医疗诊断中，医生一般不能直接通过患者医疗检查的数据判定其是否患有某种疾病，但可以评估患者患有该疾病的概率，假设健康用概率 0 表示，患病用概率 1 表示，那么概率为 0.6 和概率为 0.9 都可以判定患者可能患病，只是前者的确定性更小，在治疗之前需要做更多的测试。这类判别模型称为概率判别模型(probabilistic discriminative model)。

非概率判别模型和概率判别模型统称为判别模型(discriminative model)，即通过学习样本与标签之间的映射关系来判断数据的类别。

在当前深度学习日益发展的背景下，机器学习分类任务的解决策略和一般解决方案发生了一些重大变化，主要体现在以下方面。

数据增强和迁移学习：随着大规模语言模型(如 GPT-3、BERT 等)的出现，数据增强和迁移学习成为了解决分类任务的重要策略。通过在大型语言模型上进行预训练，然后在特定任务上进行微调，可以获得更好的分类效果。此外，数据增强技术也得到了广泛应用，通过对原始数据进行变换、扩充，可以提高模型的泛化能力。

深度神经网络模型的使用：随着深度学习技术的发展，深度神经网络模型如卷积神经网络(convolutional neural network，CNN)、循环神经网络(recurrent neural network，RNN)、注意力机制(attention mechanism)等被广泛用于解决分类任务。这些模型在处理文本、图像、语音等不同类型的数据上都取得了显著的成果。

3.2.2　回归任务

回归(regression)分析是机器学习和统计学中的一种预测建模技术，它研究的是变量之间的关系。生活中，人们经常需要对数据的某一变量进行预测，如房屋的价格。通常，人们所关心的变量与其他变量有关，例如，房屋的价格与房屋面积、区域环境、楼层等因素(变量)有关，所以可以根据这些变量来预测房屋价格，其他变量称为自变量(independent variable)，被预测的变量称为因变量(dependent variable)。

对因变量的预测，关键在于如何得到因变量与每一个自变量之间的关系。通常，人们可以根据经验来估计因变量与自变量之间的关系。在机器学习领域，可以将房屋数据作为样本，自变量就是样本特征，房屋的价格为样本的标签，市场上已知房价的数据作为训练样本数据，学习一个模型，以找到房屋特征与房价(标签)之间的关系，然后使用模型输入新房屋特征来预测房价。这种就是回归问题，解决回归问题的机器学习模型就是回归模型(regression model)。

在回归任务中，模型的训练过程需要基于带有标签的训练数据，所以属于监督学习。学习的目标是预测一个连续数值的输出，所以理想的回归模型是一个能够与训练数据标签吻合的连续函数，因此有时也会称回归模型可以拟合(fit)数据，学习所得的函数也被称为样本回归函数。

回归函数可以统一表示为 $h:\mathbb{R}^p \to \mathbb{R}$，其中 p 是输入特征的数量。选取不同的回归函数，模型训练强度和预测结果可能差别很大，我们当然希望训练过程越简化越好，同时预测结果与真实值越接近越好，但往往从对新数据的预测并不能得知真实结果，所以一般都是使用训练数据的损失函数来评估模型的预测误差，因此回归问题的关键是训练出损失函数值更低的模型。

为了简化训练过程及使用优化方法来最小化损失函数，一种方法是指定回归函数的形式，即选取参数化模型(parameterized model)。这需要我们对学习的问题有足够的认知，具备一定的先验知识，如了解训练集的数据分布情况等，此时一般假定要学习的目标函数 $h:f(x;\theta)$ 的具体形式，其中 θ 是唯一确定模型 h 的参数集合。例如，在房价预测的任务中，一种可能的参数化模型的方式是

$$
\begin{aligned}
h(x;\theta) &= w_1 x_1 + w_2 x_2 + \cdots + w_p x_p + b \\
&= w^{\mathrm{T}} x + b
\end{aligned}
\tag{3-1}
$$

其中，$x \in \mathbb{R}^p$ 代表房屋的 p 个特征值，此模型还有 $p+1$ 个参数，包括 p 个代表房屋特征的权

重 $w \in \mathbb{R}^p$ 以及偏置 b。通常认为这些参数对模型有着可解释的作用。

在回归问题中，根据参数化方式的不同，模型又分为线性回归(linear regression)模型和非线性回归(non-linear regression)模型。式(3-1)就是一个典型的线性回归函数，如房屋特征与房价的关系，人的身高、体脂率等特征与体重的关系。但是，生活中还有大量数据特征与标签之间的关系比较复杂，不一定满足线性关系。例如，某地区某一天内感染流行性疾病的人数与地区位置、总人口数、人员结构、流动人口数量等特征都有关系，且十分复杂，简单的线性函数无法准确描述数据与标签之间的映射关系。此时，可以构建非线性回归模型。

常见的线性回归模型包括简单线性回归模型、岭回归模型、Lasso 回归模型、弹性网络回归模型、贝叶斯岭回归模型、最小角回归模型、偏最小二乘法回归模型、分位数回归模型等。

常见的非线性回归模型包括多项式回归模型、多输出回归模型、多输出 k-近邻回归模型、决策树回归模型、多输出决策树回归模型、AdaBoost 回归模型、梯度提升决策树回归模型、XGBoost 回归模型等。

以上介绍的参数化回归模型可以根据有限的参数来预测目标，而实际问题可能非常复杂，以致我们没有足够的先验知识来确定参数的数量，此时就需要选用非参数化模型(non-parameterized model)，它可以由不限数量的参数来定义，参数数量可能随着数据集的增长而增长。常见的非参数化模型包括核回归(kernel regression)模型、人工神经网络等。

3.2.3　聚类任务

前面介绍的机器学习分类任务和回归任务都属于监督学习的范畴，它们在训练样本的特征数据和标签的作用下，学习两者之间的关系，构建模型，然后使用模型预测目标。监督学习被广泛证明十分高效，但实际生活中，特别是在现代移动互联网时代，企业、个人每天都会产生海量数据，这些数据大多情况下没有标签。例如，抖音软件上的短视频可能是商品导购类、娱乐搞笑类、音乐表演类、科技传播类等，如果需要将不同类别的短视频推荐给感兴趣的人，那么首先要对它们进行分类。但是面对海量日增的短视频数据，如果都依靠人工观看并进行标注，既费时费力，也会有一定的标注偏差。为此，研究者提出采用无监督学习方法，不使用数据的标签，仅仅利用数据本身的分布特性、相对距离等来进行类别的划分，此类任务就是典型的聚类(clustering)任务。

假定样本集 $D = \{x^{(1)}, x^{(2)}, \cdots, x^{(m)}\}$ 包含 m 个无标签样本，每个样本 $x^{(i)} = \left[x_1^{(i)}, x_2^{(i)}, \cdots, x_n^{(i)}\right]^{\mathrm{T}}$ 是一个 n 维的特征向量，则聚类算法将样本集 D 划分为 k 个不相交的簇 $\{C_l | l = 1, 2, \cdots, k\}$，其中 $C_q \bigcap_{q \neq r} C_r = \varnothing$ 且 $D = \bigcup_{l=1}^{k} C_l$，相应地，用 $\lambda_j \in \{1, 2, \cdots, k\}$ 表示样本 $x^{(j)}$ 的"簇"标记(cluster label)，即 $x^{(j)} \in C_{\lambda_j}$。于是，聚类的结果可以使用 m 个元素的簇标记向量 $\lambda = [\lambda_1, \lambda_2, \cdots, \lambda_m]$ 表示。

因此，聚类任务的目标是将数据集中的样本划分到若干个组别或簇中，使得同一个簇内的样本相似度尽量高，而不同簇内的样本相似度尽量低。样本相似度的定义和计算有很多方法，所以在相似度定义的基础上，就有多种进行分组的方法，也就有多种聚类模型。

聚类在许多领域都有广泛应用，如市场细分、社交网络分析、图像分割、异常检测等，其目的是探查数据的结构，找到其内在规律，发现实例之间的相似性，从而对实例进行分组。一旦分组完成，领域专家可以对分组进行命名，定义每个分组的属性。例如，银行以客户价值为主线，按照客户的性别、年龄、学历、职位、资产规模、金融产品偏好、交易产品、产品贡献度等进行有效分层和精细化分群，假设分成 4 类客户群之后，可以由产品经理将 4 类取名为高净值客户、富裕型客户、潜力客户和基础客户，进而定向执行营销策略来实现更高效的精细化运营。

聚类方法大致可以分为以下几种。

1）划分法（partitioning method）

大部分划分方法基于特征向量间的距离。首先，需要主动给定构建的分区数 k，以及设定初始划分状态。然后，采用迭代重定位技术，把对象从一组移动到另一组进行划分。为了达到全局最优，基于划分的聚类可能需要穷举所有可能的划分，计算量极大。实际上，大多数应用都采用了流行的启发式方法，如 k-Means 和 k-Center 算法，渐近地提高聚类质量，逼近局部最优解。

2）层次法（hierarchical method）

层次法对给定的数据集进行层次式的分解或组合，直到满足某种条件。例如，初始时每一个数据样本都组成一个单独的组，在接下来的迭代中，基于距离或者基于密度或连通性，把那些相互邻近的组合并成一组，直到所有的分组都不再邻近或者都合并为一组。层次法的缺陷在于，一旦一个步骤（合并或分裂）完成，它就不能被撤销。目前已提出一些提高层次聚类质量的方法。

3）基于密度的方法（density-based method）

基于密度的方法与其他方法的一个根本区别：它不基于各种各样的向量间的距离，而基于密度。这样就能克服基于距离的算法只能发现"类圆形"的聚类的缺点。

4）图聚类法（graph-based clustering method）

图聚类法的第一步是建立与问题相适应的图，图的节点对应于被分析数据的最小单元，图的边（或弧）对应于最小处理单元数据之间的相似性度量。因此，每一个最小处理单元数据之间都会有一个度量表达，这就确保了数据的局部特性比较易于处理。图聚类法以样本数据的局域连接特征作为聚类的主要信息源，因而其主要优点是易于处理局部数据。

5）基于网格的方法（grid-based method）

该方法首先将数据空间划分为有限个单元（cell）的网格结构，所有的处理都是以单个的单元为对象的。如此处理的一个突出的优点就是处理速度很快，因为它通常不需要对整个数据集进行迭代处理，而可以在预定义的网格单元上进行，处理速度只与把数据空间分为多少个单元有关。

6）基于模型的方法（model-based method）

基于模型的方法给每一个聚类假定一个模型，然后去寻找能够很好地满足这个模型的数据集。这样一个模型可能是数据点在空间中的密度分布函数或者其他统计模型或数学模型。它的一个潜在的假定是：目标数据集是由一系列的概率分布所决定的。

3.3　提取高维空间中的重要关系

3.3.1　降维技术

当我们对眼前悬吊的一堆物品感到困惑时，一束灯光可以帮我们解开这一迷题，如 图

3-9 所示，这是艺术家将三维空间的物品投射到二维空间产生的效果。我们看到在三维空间那些悬吊的物品相当稀疏，占据空间比较大，表达的信息不够明确，但找好角度，投射到二维空间后，信息明确、占地空间小。

图 3-9　三维空间投影到二维空间

在机器学习领域存在同样的情况，样本数据的特征维数成千上万，许多机器学习算法都涉及向量间的距离计算，高维空间会给数据存储和计算带来很大的麻烦。事实上，在高维空间下，样本数据稀疏、距离计算困难等问题是所有机器学习算法共同面临的严重问题，被称为"维数灾难"（curse of dimensionality）。

缓解维数灾难的一个重要方法就是降维（dimension reduction），即通过某种数学变换将原始高维空间的数据转变为一个低维空间的数据，在此低维空间中，样本数据密度大幅提高，却不丢失与机器学习任务密切相关的特征，甚至特征更加明显了。

我们先考虑一些二维数据，使用 (x, y) 来表示一些平面空间中的数据点，所以这些数据的维度就是 2，代表了某个数据集的 2 个特征，如图 3-10(a) 所示。这些点的两个特征完全独立，所以必须使用两个维度的数值来唯一地表示每一个点。

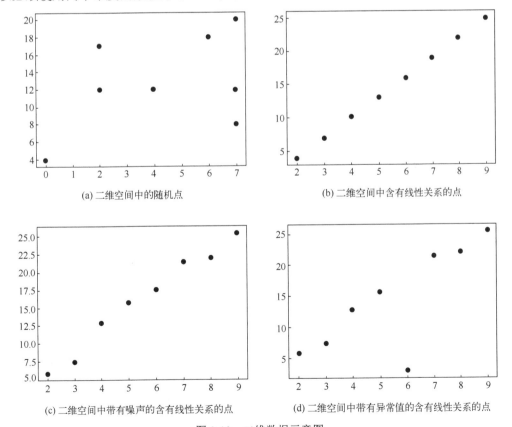

图 3-10　二维数据示意图

　　但在现实生活中，特征间往往有某种联系，不是完全独立的，例如，x 代表某个专业的班级数量，y 代表总人数，假设每个班级人数在 30 人左右，则总人数 y 与 x 存在线性关系，那么完全可以使用班级数量一个维度的数据来表示专业的班级数量和总人数两个维度的信息。如图 3-10(b) 所示，所有点符合 $y = 3x–2$ 的线性关系，则只需要一个维度的值就可以完全表示平面空间中的某一数据点，这个值可以取 x 或 y，甚至是 x 和 y 的线性组合，这就是降维的核心思想。

　　可是，并不是相关联的数据特征都是完美的线性关系，就像每个班级人数不是固定 30 人，可能会少一两个或多一两个，但总人数和班级数量还是符合线性关系的。如图 3-10(c) 所示，虽然有一定的偏差(噪声)，但我们都会认为 x 和 y 之间存在明显相关的线性关系。

　　然而，如图 3-10(d) 所示，其中第 5 个点明显与其他所有点关系离群，如果把这个点删去，则剩余的点还是符合线性关系的。可如果这个点存在，就不能使用一个维度的数据来表示每个点，这个离群的点称为"异常点"或"离群点"。因此，有些降维方法的前提是必须去除异常点。

　　通过以上示例，可知降维的优点有以下几点。

　　(1)数据压缩：降维可以减小存储空间，减少计算量，提高算法性能。

　　(2)特征提取：找到样本特征的主成分，有助于解释数据的生成方式，理解其特性。

　　(3)去除噪声：如图 3-11(c) 所示，恢复到线性关系并降低到一个维度表示数据时，噪声会被同时去除。

　　(4)数据可视化：将多维数据降维到二维或三维，以便于可视化。

　　接下来将介绍三种降维方法。

3.3.2　主成分分析

　　主成分分析(principal component analysis, PCA)是一种常用的数据降维技术，它通过线性变换将原始的数据变换到一个新的坐标系统中，使得在这个新的坐标系统的前几个坐标轴上的数据方差最大。换句话说，PCA 通过提取数据中的主要特征分量来减少数据的维度，同时尽可能保留数据的重要信息。

　　先考虑我们熟悉的三维空间中的情况，如图 3-11 所示。如何使用一个平面数据(二维)对所有三维空间的点进行恰当的表达呢？即如何从某一个平面角度能尽可能地观测到所有的点？一个合理的想法是将这些点投影到一个平面上，让它们尽可能地分散开、不互相遮挡(不使数据消失)，且让这些点到这个平面的距离都足够近。

　　对于分散的度量，可以使用方差来表述，即

$$\mathrm{Var}(x) = \frac{1}{n}\sum_{i=1}^{n}(x_i - \bar{x})^2 \qquad (3\text{-}2)$$

　　为了简化处理，可以首先将数据点都进行中心化，即将原点移到整个数据空间的中心。然后，可以使用式 (3-3) 进行方差计算：

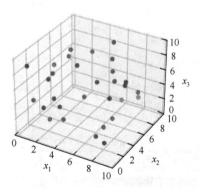

图 3-11　三维空间中的随机点

$$\mathrm{Var}(x) = \frac{1}{n}\sum_{i=1}^{n} x_i^2 \tag{3-3}$$

以便于找到一个通过原点的平面，让这些数据点到这个平面的投影都足够近。

三维空间中的某个数据点 (x_1, x_2, x_3) 在一个斜平面的投影可以用坐标变换进行理解，表达为 $\boldsymbol{W}^{\mathrm{T}} x_i$，其中 $\boldsymbol{W} = \{\boldsymbol{w}_1, \boldsymbol{w}_2, \boldsymbol{w}_3\}$ 代表了这个斜平面的新坐标系，$\boldsymbol{w}_i$ 是标准正交基向量。如果所有的数据点的投影都尽可能地分散开，则应该使投影后的数据点的方差最大化。

投影后的数据点的方差是

$$\frac{1}{n}\sum_i \boldsymbol{W}^{\mathrm{T}} x_i x_i^{\mathrm{T}} \boldsymbol{W}$$

为了找到方差最大的投影坐标系，需要优化的目标是

$$\max_{\boldsymbol{W}} \mathrm{tr}(\boldsymbol{W}^{\mathrm{T}} \boldsymbol{XX}^{\mathrm{T}} \boldsymbol{W}) \tag{3-4}$$
$$\mathrm{s.t.} \quad \boldsymbol{W}^{\mathrm{T}} \boldsymbol{W} = \boldsymbol{I}$$

对式 (3-4) 使用拉格朗日乘子法可得

$$\boldsymbol{XX}^{\mathrm{T}} \boldsymbol{w}_i = \lambda_i \boldsymbol{w}_i \tag{3-5}$$

于是只需要对协方差矩阵 $\boldsymbol{XX}^{\mathrm{T}}$ 进行特征值分解，将求得的特征值从大到小排序。取前面几个较大特征值对应的特征向量，即为降维之后的数据。

想象一下，如果有一些样本数据在三维空间都分布在一个平面上，则第一最大特征值所对应的投影平面就是这个分布的平面，如图 3-12 (a) 所示，第二特征值大的投影平面是与第一个平面垂直且数据投影为尽可能分散的一条线的平面，如图 3-12 (b) 所示，而第三个投影平面是与前两个投影平面都垂直但投影数据就是重合为一个点(特征值为 0)的平面，所以可以将这组三维样本数据降维成二维。

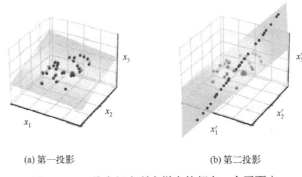

彩图

(a) 第一投影　　　　　　　　　(b) 第二投影

图 3-12　三维空间中所有样本的都在一个平面上

在机器学习的实践中，PCA 的关键步骤包括以下几点。

(1) 中心化数据：将数据的每一维都进行零均值化，即减去这一维的均值。

(2) 计算协方差矩阵：$\boldsymbol{XX}^{\mathrm{T}}$。

(3) 求协方差矩阵的特征值和特征向量。

(4) 选择主成分：根据特征值的大小，将特征向量排序，选择前 k 个最重要的特征向量，这些特征向量构成了新的数据表示的基 $\boldsymbol{P}$。

（5）生成降维后的数据：***XP***。

PCA 降维过程计算复杂、计算量较大，Python 的第三方库 scikit-learn 扩展包中有相应模块可以方便求解，scikit-learn 是一个开源的机器学习库（扩展包名字为 sklearn，以下使用 sklearn 代替 scikit-learn），支持有监督和无监督的学习。它提供了数十种内置的机器学习算法和模型用于模型拟合、数据预处理、模型选择和评估以及许多其他实用程序的各种工具。

以下是一个使用 Python 中的 sklearn 库进行 PCA 降维的简单示例。

例 3-1：PCA 降维

```
1    import numpy as np
2    import matplotlib.pyplot as plt
3    from mpl_toolkits.mplot3d import Axes3D
4    from sklearn.preprocessing import StandardScaler
5    from sklearn import decomposition
6    from sklearn import datasets
7    #加载鸢尾花数据集
8    iris = datasets.load_iris()
9    X = iris.data
10   y = iris.target
11   #直接调用标准化函数对鸢尾花数据集去中心化和标准化
12   scaler = StandardScaler()
13   X_std = scaler.fit_transform(X)
14   #创建画布和建图
15   fig = plt.figure(1, figsize=(4, 3))
16   plt.clf()
17   ax = Axes3D(fig, rect=[0, 0, .95, 1], elev=48, azim=134)
18   #使用 sklearn 的 PCA 函数对 4 维鸢尾花数据降维至 3 维
19   plt.cla()
20   pca = decomposition.PCA(n_components=3)
21   pca.fit(X_std)
22   X = pca.transform(X_std)
23   #对降维后的 3 维鸢尾花数据进行 3D 可视化，设置图形中文本注释的格式
24   for name, label in [('setosa', 0), ('versicolour', 1), ('virginica', 2)]:
25     ax.text3D(X[y == label, 0].mean() + 0.5,
26       X[y == label, 1].mean() + 2,
27       X[y == label, 2].mean(), name,
28       horizontalalignment='center',
29       bbox=dict(alpha=.5, edgecolor='w', facecolor='w'))
30   #绘制散点图
31   ax.scatter(X[:, 0], X[:, 1], X[:, 2], c=y, cmap=plt.cm.nipy_spectral, edgecolor='k')
32   ax.w_xaxis.set_ticklabels([])
33   ax.w_yaxis.set_ticklabels([])
34   ax.w_zaxis.set_ticklabels([])
35   plt.show()
```

输出结果如图 3-13 所示。

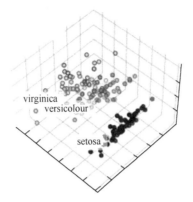

彩图

图 3-13　例 3-1 输出结果(降维后的鸢尾花数据集可视化展示)

PCA 用来对一组连续正交分量的多变量数据集进行方差最大化的分解。最开始是采用协方差矩阵的特征值分解,应用奇异值分解(SVD)之后,PCA 将数据投影到奇异空间并缩放至单位方差,效率更高。

PCA 对大型数据集有一定的限制,所要处理的数据必须全部放入内存,增量主成分分析(incremental PCA,IPCA)允许部分计算以小型批处理方式按顺序获取数据块至内存进行处理;基于随机化 SVD 的 PCA 通过去掉具有较低奇异值分量的奇异向量,将数据投影到保留大部分方差信息的低维空间,大大提高降维速度;核主成分分析(kernel PCA)是 PCA 的扩展,通过使用核方法实现非线性降维;稀疏主成分分析(sparse PCA)是 PCA 的一个变体,其目标是提取一组稀疏分量集合,以最大程度地重构数据;小批量稀疏主成分分析(mini batch sparse PCA)是 sparse PCA 的一个变体,速度更快,但精度更低。在给定迭代次数的情况下,通过迭代该组特征的小块来提高速度。

选择一个适合的 PCA 方法,要依据数据样本的体量、稀疏程度、特征间的关系、降维目标等因素。PCA 方法在降维过程中不使用数据的标签,是一种无监督学习的降维技术。接下来介绍一种监督学习的降维技术。

3.3.3　线性判别分析

线性判别分析(linear discriminant analysis,LDA)也称为 Fisher 线性判别(Fisher linear discriminant,FLD),是一种监督学习的降维技术,它的主要目的是将高维数据投影到较低维度的空间中,同时保持数据点的类别最大可分性。与 PCA 主要用于数据的无监督降维不同,LDA 关注最大化不同类别数据点之间的距离,同时最小化同类别数据点之间的距离。

举个特殊实例说明两者之间的区别,如图 3-14 所示,假设有一组带有二分类标签的含有两个特征的数据,圆点数据代表一类,加号数据代表另一类,从图中可以看出每个类别的数据都有比较明显的线性关系,总体数据集也具有较明显的线性关系。如果使用 PCA 算法将二维数据降到一维,投影面将如图中橘色虚线所示,会将所有数据不分类别地尽量分散开,但再进行分类学习时,降维后的特征将不具有很好的分类性。

然而,如果使用 LDA 降维,数据将会被投影到图 3-14 中红色实线所示的投影面上,此时圆点类别数据和加号类别数据虽然没有分得很开,但是几乎没有重叠,使用这样降维后的特征进行二分类是比较容易的。

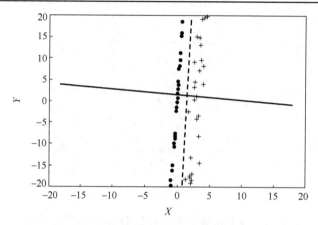

图 3-14　PCA 降维和 LDA 降维的特例对比

虽然上述实例非常特殊,但是可以形象化地说明 PCA 降维和 LDA 降维的显著区别。LDA 最初由 Fisher 提出，解决二分类问题，所以核心思想就是将给定数据集投影到一条直线上，让同类别的投影点尽可能地相近，让不同类别的投影点尽可能地远离。

那么如何度量同类别的"近"和不同类别的"远"呢？可以使用每一类的投影点的标准差来衡量类内相近程度，使用两类样本的均值之间的距离来衡量类间的远离程度。由于 LDA 的输入数据集是带有标签的，所以可以分出两个类别的数据集，这里区分为"正样本"$C_1 = \{x_i \mid y_i = 1,\ 1 \leqslant i \leqslant N_1\}$ 和"负样本"$C_2 = \{x_i \mid y_i = 0,\ 1 \leqslant i \leqslant N_2\}$。

因此，就能较容易地得出正样本和负样本各自的均值向量：

$$\boldsymbol{\mu}_1 = \frac{1}{N_1} \sum_{\boldsymbol{x} \in C_1} \boldsymbol{x}, \quad \boldsymbol{\mu}_2 = \frac{1}{N_2} \sum_{\boldsymbol{x} \in C_2} \boldsymbol{x} \tag{3-6}$$

和协方差矩阵：

$$\boldsymbol{S}_1 = \frac{1}{N_1} \sum_{\boldsymbol{x} \in C_1} (\boldsymbol{x} - \boldsymbol{\mu}_1)(\boldsymbol{x} - \boldsymbol{\mu}_1)^{\mathrm{T}}, \quad \boldsymbol{S}_2 = \frac{1}{N_2} \sum_{\boldsymbol{x} \in C_2} (\boldsymbol{x} - \boldsymbol{\mu}_2)(\boldsymbol{x} - \boldsymbol{\mu}_2)^{\mathrm{T}} \tag{3-7}$$

如果将两类样本数据投影到一条直线 w 上，则均值向量的投影为

$$\boldsymbol{\mu}_{w1} = \boldsymbol{w}^{\mathrm{T}} \boldsymbol{\mu}_1, \quad \boldsymbol{\mu}_{w2} = \boldsymbol{w}^{\mathrm{T}} \boldsymbol{\mu}_2 \tag{3-8}$$

两类样本投影值的协方差矩阵为

$$\boldsymbol{S}_{w1} = \boldsymbol{w}^{\mathrm{T}} \boldsymbol{S}_1 \boldsymbol{w}, \quad \boldsymbol{S}_{w2} = \boldsymbol{w}^{\mathrm{T}} \boldsymbol{S}_2 \boldsymbol{w} \tag{3-9}$$

其标准差为

$$\sigma_1 = \sqrt{\boldsymbol{w}^{\mathrm{T}} \boldsymbol{S}_1 \boldsymbol{w}}, \quad \sigma_2 = \sqrt{\boldsymbol{w}^{\mathrm{T}} \boldsymbol{S}_2 \boldsymbol{w}} \tag{3-10}$$

由于 LDA 是想让同类样本投影点尽可能相近，不同类样本投影点尽可能远离，也就是 $\sigma_1 + \sigma_2$ 尽量小，$\|\boldsymbol{\mu}_1 - \boldsymbol{\mu}_2\|$ 尽可能得大，因此将两个评价指标合并为一个评价指标的方法很多，如：

$$\frac{\|\boldsymbol{\mu}_1 - \boldsymbol{\mu}_2\|}{\sigma_1 + \sigma_2} \tag{3-11}$$

或者

$$\frac{\|\boldsymbol{\mu}_1 - \boldsymbol{\mu}_2\|}{\sqrt{\sigma_1^2 + \sigma_2^2}} \tag{3-12}$$

至此，我们已经有了比较清晰的思路，即将式(3-11)或式(3-12)作为目标函数，求解使其最大化的 w，就可以获得想要的投影直线。

当然，实际的目标函数会有一些变化，原因是式(3-11)或式(3-12)最大化较为复杂，为此又提出类内散度矩阵和类间散度矩阵等统计量，来简化目标函数的最大化求解。在此不再赘述，因为 sklearn 等机器学习扩展包同样有一些模块中的函数已经提供了求解 LDA 投影的算法，可以直接调用。

这些算法不仅仅适用于二分类的数据降维，同样也适用于多分类的数据降维，对于一个 k 类的分类问题，最多可以提取 $k-1$ 个有意义的特征(即投影值)，这与 PCA 降维有着很大的差别。PCA 降维可以任意选择 Top-k 维($k \leq$ 特征数量)，而 LDA 与输入样本的特征数量无关，但与类别数量有关。

LDA 的关键步骤包括以下内容。

(1)计算类内散度矩阵：类内散度矩阵表示同一类别内数据点的分散程度。

(2)计算类间散度矩阵：类间散度矩阵表示不同类别之间数据点的分散程度。

(3)构建判别函数：基于类内散度矩阵和类间散度矩阵，构建一个能最大化类间散度与类内散度比例的线性函数。

(4)求解特征值和特征向量：求解判别函数的特征值和特征向量，选取最大的几个特征值对应的特征向量作为新的坐标轴。

(5)数据投影：将原始数据投影到选定的特征向量构成的新空间中。

在机器学习领域，LDA 算法被广泛应用于特征降维，降维后的数据可以用于训练分类器，提高分类器的性能。将多维数据降维到二维或三维，以便于数据可视化，观察不同类别。

以下是一个使用 Python 中的 sklearn 库进行 PCA 降维和 LDA 降维的简单对比示例。

例 3-2：PCA 降维和 LDA 降维的对比

```
1    import numpy as np
2    import matplotlib.pyplot as plt
3    from sklearn.decomposition import PCA
4    from sklearn.discriminant_analysis import LinearDiscriminantAnalysis
5    from sklearn import datasets
6    #读取鸢尾花数据集
7    iris = datasets.load_iris()
8    X = iris.data
9    y = iris.target
10   target_names = iris.target_names
11   #直接调用标准化函数对鸢尾花数据集去中心化和标准化
12   scaler = StandardScaler()
13   X_std = scaler.fit_transform(X)
14
15   pca = PCA(n_components=2)
16   X_r = pca.fit(X_std).transform(X_std)
17   lda = LinearDiscriminantAnalysis(n_components=2)
```

代码

```
18    X_r2 = lda.fit(X_std, y).transform(X_std)
19    # Percentage of variance explained for each components
20    print('explained variance ratio (first two components): %s'
21    % str(pca.explained_variance_ratio_))
22
23    plt.subplots_adjust(left=0.1, bottom=0.1, right=0.9, top=0.9, hspace=0.3, wspace=0.5)
24    fig, (ax1,ax2) = plt.subplots(1,2,figsize=(15, 6))
25    colors = ['navy', 'turquoise', 'darkorange']
26    for color, i, target_name in zip(colors, [0, 1, 2], target_names):
27      ax1.scatter(X_r[y == i, 0], X_r[y == i, 1], color=color, marker='o', alpha=.8, label=target_name)
28    ax1.legend(loc='best', shadow=False, scatterpoints=1)
29    ax1.set_title("PCA")
30
31    for color, i, target_name in zip(colors, [0, 1, 2], target_names):
32      ax2.scatter(X_r2[y == i, 0], X_r2[y == i, 1],color=color, marker='o', alpha=.8, label=target_name)
33    ax2.legend(loc='best', shadow=False, scatterpoints=1)
34    ax2.set_title("LDA")
35
36    plt.show()
```

输出结果如图 3-15 所示。

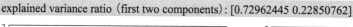

explained variance ratio (first two components): [0.72962445 0.22850762]

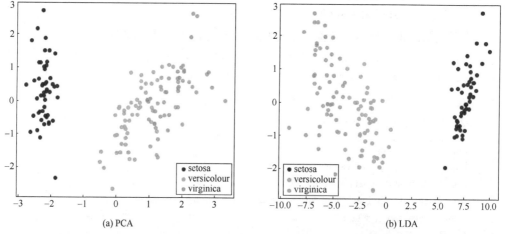

(a) PCA   (b) LDA

图 3-15　例 3-2 输出结果(PCA 降维和 LDA 降维对比)

3.3.4　局部线性嵌入

前两节介绍的 PCA 降维和 LDA 降维都是通过线性映射，将原始的高维数据集映射到低维空间，但很多数据是非线性的，因此需要使用非线性降维方法。局部线性嵌入(locally linear embedding，LLE)是其中一种个流行的非线性降维技术。

提到非线性关系，有一种关系称为流形(manifold)，是指连接在一起的区域，也可以认为是一个不闭合的曲面，并且曲面上的数据分布比较均匀、稠密。数学上，流形是指一个 n 维点集 M，且它满足连续性、局部拓扑同胚、可微性三大特性，则称为 n 维流形，其含有以下三个重要的性质。

连续性：引入"近邻"（nearness）这一概念，使点集 M 有了拓扑的含义。

局部拓扑同胚：流形空间在局部上与欧氏空间是同胚的，意味着在流形的每一点附近都存在一个局部欧氏坐标系，可以将局部的流形映射到欧氏空间中。

可微性：意味着在流形上的每个点，都具有连续且可导的性质，也就是说流形上的点能够用欧氏空间中的坐标来表示，且具有光滑性。

以上定义还是比较抽象，形象一点的说明如下，用 Python 绘制一张类似瑞士卷的散点图（例 3-3 输出的结果）。

例 3-3：绘制一个瑞士卷散点图

```
1    from mpl_toolkits.mplot3d import Axes3D
2    from sklearn.cluster import kMeans
3    from sklearn import manifold, datasets
4    import matplotlib.pyplot as plt
5
6    #生成带噪声的瑞士卷数据集
7    X, color = datasets._samples_generator.make_swiss_roll(n_samples=10000)
8
9    fig = plt.figure()
10   ax = fig.add_subplot(111, projection='3d')
11
12   #绘制数据点
13   ax.scatter(X[:, 0], X[:, 1], X[:, 2], marker='.', c=color, cmap='Spectral')
14
15   plt.show()
```

输出结果如图 3-16 所示。

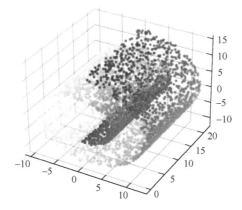

彩图

图 3-16　例 3-3 输出结果（瑞士卷散点图）

想象将瑞士卷展开，如图 3-17 所示，则各个点之间在三维空间上沿曲面行走的"测地线"（geodesic）距离与二维空间的直线距离是一致的，也就是说由于"流形"数据内部特征的限制，一些高维中的数据会产生维度上的冗余，所以可以用低维度来表示高维度的数据特征。

彩图

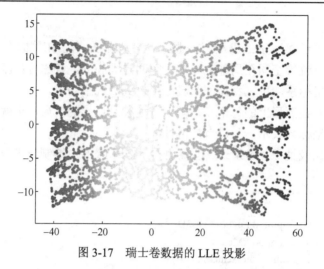

图 3-17　瑞士卷数据的 LLE 投影

再举个简单的例子，假设在一个平面直角坐标系中有一组数据，其中每个数据样本都落在一个半径为 1，圆心在原点的单位圆上，$(1,0)$ 是一个样本数据，$(0,1)$ 也是一个样本数据，还有很多点都是样本数据，但如果用 (x_1, x_2) 这种二维坐标来表示所有的样本，会有很多点不是样本数据，其实，用二维坐标来表示这个分布在圆上的样本点是有冗余的。因此，探索一种表达方式，该方式能够确保其所界定的点集完全位于单位圆点之上，并且能够以连续且无缝的方式对该圆周上的点集进行表征，将是极为理想且高效的。

已知使用极坐标时，只需要一个参数"半径"，就可以表达一个圆上所有的点，也就是说二维空间的圆，可以用一维数据表达，即一个一维流形。同样的，对于三维空间中的一个球面，不需 (x, y, z) 三维数据，只用"经度"和"纬度"二维数据即可表达，它就是三维空间中的二维流形。

传统的 PCA、LDA 等降维方法关注全部样本方差，不仅计算量大，且样本特征之间符合线性关系时降维效果好，而 LLE 降维方法关注于保持样本局部的线性特征，计算量大大减少，且适用于整体样本数据之间的任意关系(线性或非线性皆可)。

例 3-4：局部线性嵌入方法对瑞士卷数据进行降维

```
1    import numpy as np
2    import matplotlib.pyplot as plt
3    #生成瑞士卷数据集
4    from sklearn import datasets
5    swiss_roll_dataset =datasets.make_swiss_roll(n_samples=5000)
6    x = swiss_roll_dataset[0]
7    y = np.floor(swiss_roll_dataset[1])
8    print(x.shape)
9    print(y.shape)
10
11   #可视化瑞士卷数据集
12   from mpl_toolkits.mplot3d import Axes3D
13   fig = plt.figure()
14   ax = fig.add_subplot(111, projection='3d')
15   ax.scatter(x[:, 0], x[:, 1], x[:, 2],marker='.',c=y)
16   plt.show()
```

```
17
18    from sklearn.manifold import LocallyLinearEmbedding
19    # 可视化 LLE 降维效果
20    Neighbors = [1, 2, 3, 4, 5, 15, 30, 100, 1000]        #搜索样本的近邻的个数
21    # 值越大，则降维后样本的局部关系会保持的更好
22    fig = plt.figure("LLE", figsize = (9, 9))
23    for i, k in enumerate(Neighbors):
24      lle = LocallyLinearEmbedding(n_components=2,n_neighbors=k,eigen_solver ='dense')
25      #降维到二维，搜索样本紧邻个数，特征分解用 dense
26      X_r = lle.fit_transform(x)                          #X_r 是降维后的数据
27      ax = fig.add_subplot(3,3,i+1)                       #3×3 的 fig 图
28      ax.scatter(X_r[:,0],X_r[:,1], marker='.', c=y, cmap='Spectral') # 画散点图
29      ax.set_title("k = %d"%k)                            #设置标题
30      plt.xticks(fontsize=10, color="darkorange") #设置 y 轴的字体大小及颜色
31      plt.yticks(fontsize=10, color="darkorange") #设置 y 轴的字体大小及颜色
32    plt.suptitle("LLE")                                   #总图标题
33    plt.show()
```

输出结果如图 3-18 和图 3-19 所示。

```
(5000, 3)
(5000,)
```

彩图

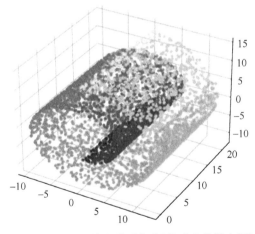

图 3-18　例 3-4 输出结果(可视化瑞士卷散点图)

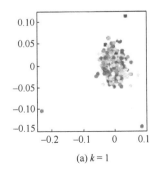

(a) k = 1

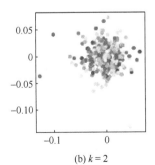

(b) k = 2

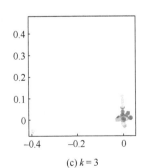

(c) k = 3

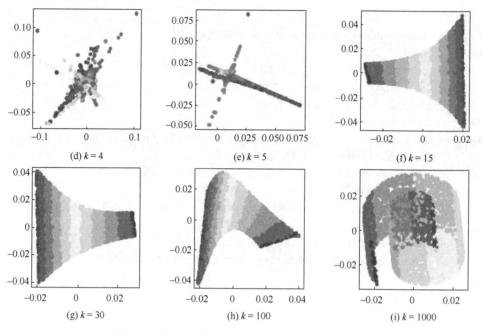

图 3-19　例 3-4 输出结果（可视化 LLE 降维效果）

　　由例 3-4 的运行结果可以看出，当搜索样本的邻近点数量为 15($k = 15$)时，已经能够在计算量较小的基础上，在低维空间中保留高维空间数据点在邻域内样本之间的局部线性结构。由于 LLE 在降维时保持了样本的局部特征，所以广泛用于图像识别、高维数据可视化等领域。

　　局部线性嵌入的步骤可以概括为以下三步。

　　(1)确定每个数据点的 k 个最近邻居。

　　(2)计算每个数据点与其邻居之间的线性权重，使得该点可以通过其邻居线性重构。

　　(3)在低维空间中找到数据点的新表示，使得高维空间的线性权重在低维空间中得到最佳保持。

3.4　欠拟合与过拟合

　　机器学习的主要挑战是训练好的模型必须能够在先前未观测的新输入上"表现良好"，而不只是在训练集上效果好。在先前未观测到的输入上表现良好的能力称为泛化(generalization)能力。

　　怎样是表现良好呢？通常情况下，当训练机器学习模型时，我们可以访问训练集，在训练集上计算一些可度量的误差，称为训练误差(training error)，并且应尽量降低训练误差。这看起来像一个优化问题，但机器学习和优化问题的不同之处在于，机器学习的最终目的不是让模型在训练集上表现优异即可，而是希望尽量降低泛化误差(generalization error)，通常也称为测试误差(testing error)。若模型在训练数据上学习得太好，以至于它开始捕捉到训练数据中的噪声和异常值，会导致模型在新数据上的性能下降，因为它无法很好地泛化，这将导致过拟合。

　　一个好的机器学习模型应该能够从训练数据中学习到普遍适用的规律，即拟合(既不欠拟合也不过拟合)，并将这些规律很好地应用到新的数据集上(泛化能力强)。

接下来将介绍如何度量误差，以及如何解决欠拟合与过拟合，从而提高泛化能力。

3.4.1 损失函数与评估函数

在模型训练过程中，为了尽量降低训练误差，需要一定的方式来逐步达成训练目标，为此需要设定损失函数、代价函数、目标函数，通过这些函数值来监控模型的训练是否欠拟合。当训练误差足够低时，如何评价泛化误差，需要选定评估指标，设计评估函数，使用验证集来评价模型的泛化能力，避免出现训练误差很低但是泛化误差比较高的过拟合现象，如图 3-20 所示。

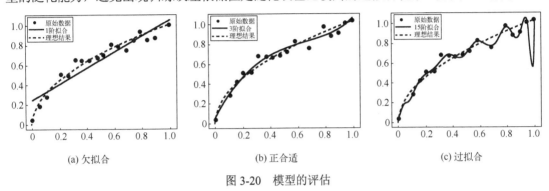

(a) 欠拟合　　　　　　　　　(b) 正合适　　　　　　　　　(c) 过拟合

图 3-20　模型的评估

损失函数 (loss function) 作为一种衡量标准，帮助我们定量地了解模型的预测结果与真实标签之间的差异程度，进而指导模型的训练和优化过程。

如图 3-20 所示，假设三个模型算法函数分别是 $f_1(\mathbf{x}|\boldsymbol{\theta})$、$f_2(\mathbf{x}|\boldsymbol{\theta})$、$f_3(\mathbf{x}|\boldsymbol{\theta})$，其中 $\mathbf{x}$ 是训练样本，$\boldsymbol{\theta}$ 是模型参数。我们用这三个函数训练三个模型来拟合房价 (price) 的真实值 Y。在模型训练过程中，向算法 (统称为 $f(\mathbf{x}|\boldsymbol{\theta})$) 输入特定训练样本 $\mathbf{x}_i$，会输出预测值 $\hat{y} = f(\mathbf{x}_i|\boldsymbol{\theta})$，该输出值与真实值 y_i 可能有一定差距，这个差距体现了模型在样本 $\mathbf{x}_i$ 上的拟合程度，可以定义一个函数来度量拟合的程度，例如，函数 $L(y_i, \hat{y}_i) = |y_i - f(\mathbf{x}_i|\boldsymbol{\theta})|$ 是一个比较直观的度量预测值和真实值差距的函数，当然也可以定义如 $L(y_i, \hat{y}_i) = [y_i - f(\mathbf{x}_i|\boldsymbol{\theta})]^2$ 等度量距离的函数，这类函数称为损失函数。

代价函数 (cost function) 又称为成本函数、经验风险 (empirical risk)，是损失函数的期望，是基于训练集所有样本点损失函数的平均值，是局部最优、现实可求的。

由于输入的样本 (训练样本和测试样本) 和预测标签 $(X, f(X))$ 遵循一个联合分布，但这个联合分布是未知的，所以无法计算。但我们有历史数据，即训练集，关于训练集的平均损失称为经验风险，即

$$C = \frac{1}{N} \sum_{i=1}^{n} L[y_i, f(\mathbf{x}_i|\boldsymbol{\theta})] \tag{3-13}$$

所以我们的目标就是最小化代价函数，如式 (3-13) 所示，称为经验风险最小化。

目标函数 (objective function) 是指最终需要优化的函数，也称为结构风险最小化函数。

如果我们追求的是经验风险最小化，那么如图 3-20(c) 所示，模型只对历史数据 (训练样本集) 拟合得最好，导致过拟合。为什么会出现这样的现象呢？这是因为模型函数过于复杂，所以我们不仅要让经验风险最小化，还要考虑模型复杂度，让结构风险最小化。为此，可以定义一个函数 $J(\boldsymbol{\theta})$，这个函数专门来度量模型的复杂度，在机器学习中也称为正则化

(regularization)，常用的有 L_1、L_2 范数。

至此，我们有了在模型训练阶段度量模型训练误差的最终需要优化的函数：

$$\min \frac{1}{N} \sum_{i=1}^{n} L[y_i, f(\boldsymbol{x}_i | \boldsymbol{\theta})] + \lambda J(\boldsymbol{\theta}) \tag{3-14}$$

式(3-14)称为目标函数，它有效地控制了模型的训练误差，但训练误差不是泛化误差的可靠估计，而往往是对泛化误差的过度乐观的近似。我们还需要在验证集或测试集上衡量模型性能的评估函数。

评估函数(evaluation function)是用于评估模型在特定任务或数据集上的性能的函数。它可以计算一个具体的指标，如准确率、召回率、F1 分值等，用于衡量模型在验证集或测试集上的表现。

评估指标(evaluation metric)是用于定量评估模型性能的具体指标。它可以是准确率、错误率、均方误差等，用于比较不同模型或不同参数设置的效果。可以认为评估指标是评估函数的结果。

目标函数和评估函数在机器学习中都起着重要的作用，但它们的侧重点略有不同，所以函数定义也会有区别。

目标函数是为了给模型找到一组最优的参数结果而定义的模型优化目标。我们使用一个分类任务来说明这一点。例如，给定一个包含 n 个样本的训练集 $(\boldsymbol{x}_i, y_i)$，$1 \leqslant i \leqslant n$，如果在没有考虑结构风险的情况下，定义目标函数为

$$\min \frac{1}{n} \sum_{i=1}^{n} I(f(\boldsymbol{x}_i | \boldsymbol{\theta}) \neq y_i) \tag{3-15}$$

其中，I 是指示函数，当 $f(\boldsymbol{x}_i | \boldsymbol{\theta}) \neq y_i$ 时为 1，否则为 0。式(3-15)以最小化预测错误率为目标，我们当然希望模型能够产生最小的预测错误率，但式(3-15)不是平滑的，甚至不是凸函数，很难通过最小化该函数而求解模型的最优参数 θ。可是，在模型训练完毕，参数 θ 已经确认之后，再使用该函数作为评估函数，来评估模型在验证集或测试集上的表现(即计算错误率)将非常容易。对于目标函数，我们通常使用其他对优化友好的函数来代替难以优化的目标函数，如均方误差(mean square error，MSE)代价函数：

$$\min \frac{1}{n} \sum_{i=1}^{n} [f(\boldsymbol{x}_i | \boldsymbol{\theta}) - y_i]^2 \tag{3-16}$$

式(3-16)所表示的函数是平滑的、可微的、凸的，这些特性使得它很容易最小化。

目标函数的选择取决于具体的问题和任务，例如，在回归问题中，可能选择均方误差作为目标函数；在分类问题中，可能选择交叉熵或准确率等。此外，目标函数的选择更关注于模型的训练过程和优化算法，而评估函数的选择则更注重于与具体任务相关的性能指标。有时，评估函数可以直接基于目标函数来定义，例如，将目标函数的最小值作为评估指标。

总体来说，目标函数和评估函数相互配合，共同帮助我们构建和评估机器学习模型，以达到最佳的性能和效果。对于目标函数和评估函数(指标)的具体定义和选取，将在后续章节中进行深入介绍。

3.4.2 欠拟合与过拟合的识别

在机器学习中，欠拟合(under fitting)和过拟合(over fitting)是常见的问题。

欠拟合是指一个模型未能充分学习训练数据中的结构和规律，无法捕捉到数据中的关键模式，从而导致在训练数据和新的、未见过的数据上表现都较差。

更深入一点的解释：理想的机器学习模型应该能够识别出影响数据变化的关键因素，从而能够对未见过的新数据进行有效的预测。欠拟合通常是由于模型的复杂度过低，模型的学习能力不足以理解数据的复杂性，从而不能识别出数据中的主要规律。这样的模型在训练数据上的表现通常较差，因此在新数据上的表现也会很差。

过拟合是指模型在训练数据上学习得太好(极致追求训练误差的最低化)，以至于学到了数据中的噪声和异常值。这通常会导致模型在新的、未见过的数据上表现不佳，因为它无法很好地泛化。

下面用几段回归任务的代码和训练误差、测试误差等可量化指标及可视化结果，直观地举例说明如何识别欠拟合和过拟合。

(1)构建一个生成样本数据的函数 data_generator()，该函数可以生成一组带有噪声的数据集，参数 samples 指明这一组数据的个数。一维向量 x 存储数据集的一个特征，该特征的值是[-5, 5]中的随机实数，向量 y 存储样本的标签，这个数据集样本特征 x 与标签 y 之间具有关系 $y = x^3 + x^2 + 2x + 1$，且有一定的噪声值，噪声符合均值为 0、标准差为 5 的正态分布特性。

例 3-5： 识别欠拟合与过拟合：构造生成数据样本的函数

代码

```
1    import numpy as np                              # 导入必要的模块
2    import matplotlib.pyplot as plt
3
4    def data_generator(samples, random_seed = 0):
5        """ 数据生成函数，参数 samples：int, 指示生成多少个数据 """
6        np.random.seed(random_seed)                 # 设置随机种子
7        x=np.random.uniform(-5,5,size=samples)      # 从-5 到 5 中随机抽取若干个实数
8        y_real=x**3+x**2+2*x+1                       # 生成 y 的真实值
9        noise = np.random.normal(0,5,size=samples)  # 生成正态分布(μ=0,σ=5)的误差值
10       y = y_real + noise                           #y 真实值加上误差值，得到样本的 y 值
11       return x, y, y_real
```

如果使用函数 data_generator(samples, random_seed=0)生成含有 100 个样本的训练集，并可视化该训练集，同时画出实际特征 x 和标签 y 的关系曲线，则有如下代码。

例 3-5 续： 识别欠拟合与过拟合：绘制训练数据集散点图

```
12   x_train,y_train,y_train_real=data_generator(samples=100, random_seed=10)
13   plt.figure(figsize=(6, 4), dpi=200)
14   # 画出训练集数据的散点图
15   plt.scatter(x_train, y_train, marker='.', c='b', label='训练数据')
16   # 画出实际函数曲线
17   plt.plot(np.sort(x_train), y_train_real[np.argsort(x_train)], color='b', label='实际曲线')
18   plt.legend()
19   plt.show()
```

输出结果如图 3-21 所示。

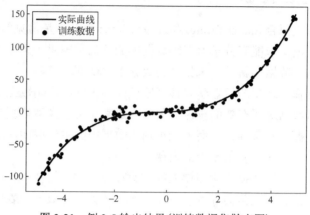

图 3-21　例 3-5 输出结果(训练数据集散点图)

(2)如代码第 24 行所示,构建一个回归模型,该模型运用最小二乘法的多项式拟合算法(即 NumPy 模块中的 polyfit() 函数),使用训练集 (x, y) 进行模型训练,也就是调用 polyfit() 函数进行曲线拟合,根据输入的向量 x、向量 y,以及多项式的阶数 degree 求出多项式的系数,并传递给 poly1d() 函数生成一个多项式拟合函数 polyregf(),完成模型的训练。

(3)如代码第 25 行所示,使用训练好的模型,输入向量 x,对标签 y 值进行预测。可视化原始样本、实际训练集(无噪声)曲线,以及使用模型预测出的数据曲线。

(4)如代码第 34 行所示,返回预测值和训练好的模型。将以上所有功能封装成一个函数 poly_fit_train(),以便后续调用。

例 3-5 续:识别欠拟合与过拟合:构建回归学习模型的函数

```
20    def poly_fit_train(x, y, y_real, degree):
21        """ 对给定数据进行多项式拟合,并绘制出原始数据、拟合结果和理想结果的图像。
22        参数 deg : int, 指示多项式的阶数 """
23
24        polyregf = np.poly1d(np.polyfit(x, y, degree))        # 对数据进行多项式拟合
25        y_pred = polyregf(x)                                  # 使用拟合函数预测 y 值
26
27        # 绘制原始数据(蓝色圆点)、拟合结果(红色实线)和理想结果(蓝色实线)
28
29        plt.scatter(x, y, marker='.', color='b', label='训练数据')        # 画出样本的散点图
30        plt.plot(np.sort(x),y_real[np.argsort(x)],color='b',label='实际曲线')    # 画出实际函数曲线
31        # 画出预测函数曲线
32        plt.plot(np.sort(x), y_pred[np.argsort(x)], color='r', label=f'预测曲线 k={deg}')
33        plt.legend()
34        return y_pred, polyregf
```

调用刚定义的函数 poly_fit_train() 函数,使用训练集 (x, y),设定超参数 degree 分别为 1、3、10、30(即采用 1 阶、3 阶、10 阶、30 阶多项式)执行多项式拟合算法,分别训练出 4 个模型(如代码第 35～44 行),并分别可视化 4 个模型的预测效果。

例 3-5 续:识别欠拟合与过拟合:调用学习算法进行模型训练

```
35    plt.figure(figsize=(18, 4), dpi=200)
36    degrees = [1, 3, 10, 30]                                              # 多项式的阶数
37    titles = ['欠拟合', '正合适', '正合适', '过拟合']                        # 图像的标题
38    y_train_pred = [0,0,0,0]
39    regf = [0,0,0,0]
40    for index, deg in enumerate(degrees):
41       ax=plt.subplot(1, 4, index+1)
42       y_train_pred[index],regf[index]=poly_fit_train(degree=deg,x=x_train,y=y_train,y_real=y_train_real)
43       ax.set_title(titles[index], fontsize=10)
44    plt.show()
```

输出结果如图 3-22 所示。

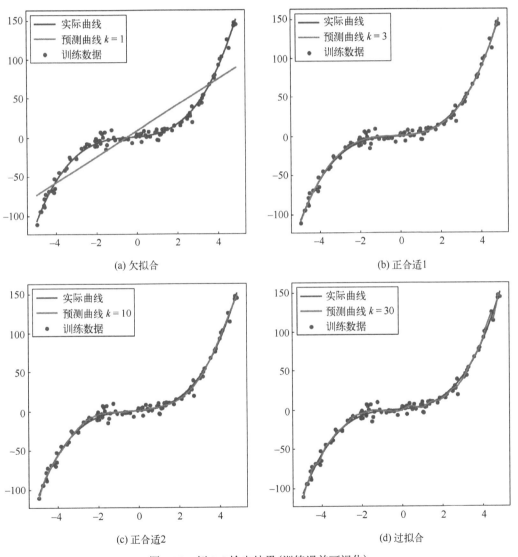

(a) 欠拟合　　　　　　　　　　　　　　　　　　　　(b) 正合适1

(c) 正合适2　　　　　　　　　　　　　　　　　　　　(d) 过拟合

图 3-22　例 3-5 输出结果(训练误差可视化)

从输出结果可以直观地看出,当多项式的阶数为 1(k=1)时,预测结果(红线)与实际值(蓝线)差距较大,即训练误差较大,称为欠拟合。当多项式的阶数为 3($k=3$)和阶数为 10($k=10$)时,预测结果(红线)与实际值(蓝线)几乎吻合,即训练误差较小,则称拟合得较好。当多项式的阶数为 30($k=30$)时,预测结果(红线)与实际值(蓝线)相差也不大,甚至预测结果与更多的蓝点(带有噪声的实际训练样本)相吻合,那么训练误差会不会更小呢?

为了量化评价 4 个回归模型的训练结果(而不是可视化的直观感受),采用 MSE 评估指标计算训练误差。MSE 是误差平方和的平均值,其公式为

$$\text{MSE} = \frac{1}{n}\sum_{i=1}^{n}(\hat{y}_i - y_i)^2 \qquad (3\text{-}17)$$

其中,$\hat{y}_i$ 表示第 i 个样本的预测标签;y_i 表示真实标签。

更多的评估指标会在 4.1.1 节(分类模型评估指标)、5.1 节(聚类模型评估指标)和 6.1 节(回归模型评估指标)详细介绍。

Python 机器学习扩展包 sklearn 库中有可以直接调用的函数 mean_squared_error(),如代码第 45~56 行所示。

例 3-5 续:识别欠拟合与过拟合:计算 4 个模型的训练误差

```
45    from sklearn.metrics import mean_squared_error
46    # 计算 MSE
47    mse_train1=mean_squared_error(y_train_pred[0],y_train)
48    mse_train3=mean_squared_error(y_train_pred[1],y_train)
49    mse_train10=mean_squared_error(y_train_pred[2],y_train)
50    mse_train30=mean_squared_error(y_train_pred[3],y_train)
51    # 打印结果
52    print('MSE:')
53    print('k=1 训练误差: {:.2f}'.format(mse_train1))
54    print('k=3 训练误差: {:.2f}'.format(mse_train3))
55    print('k=10 训练误差: {:.2f}'.format(mse_train10))
56    print('k=30 训练误差: {:.2f}'.format(mse_train30))
```

输出结果:

```
MSE:
k=1 训练误差: 426.74
k=3 训练误差: 23.34
k=10 训练误差: 21.64
k=30 训练误差: 18.07
```

从输出结果可以看出,随着多项式阶数的递增训练误差的递减,可以说模型训练得越来越好。但是机器学习的最终目的不是训练误差越小越好,而是测试误差越小越好,也就是泛化能力要越强越好,为此,我们在测试集上再进行评估。

先定义一个函数 poly_fit_test(),用来对给定的测试数据使用已经训练好的模型进行预测(代码第 57 行),并可视化原始测试数据、理想预测结果、实际预测结果(代码第 63~69 行),返回预测值。

例 3-5 续：识别欠拟合与过拟合：构建函数，使用 4 个学习模型对测试集进行预测

```
57    def poly_fit_test(x, y, y_real, polyregf):
58        """ 对给定数据进行多项式拟合，并绘制出原始数据、拟合结果和理想结果的图像。
59        参数 polyregf，训练好的多项式拟合模型 """
60
61        y_test_pred=polyregf(x)
62
63        # 绘制原始数据(青色圆点)、拟合结果(红色实线)和理想结果(青色实线)
64        plt.scatter(x,y,marker='.',color='c',label='测试数据集')        # 画出样本的散点图
65        # 画出实际函数曲线
66        plt.plot(np.sort(x), y_real[np.argsort(x)], color='c', label='实际曲线')
67        # 画出预测函数曲线
68        plt.plot(np.sort(x), y_test_pred[np.argsort(x)], color='r', label=f'预测曲线 k={deg}')
69        plt.legend()
70        return y_test_pred
```

接下来，仍然调用数据生成函数 data_generator()，生成与训练集分布相同的一组测试集，然后调用刚定义的 poly_fit_test() 函数，使用训练完成的 1 阶、3 阶、10 阶、30 阶多项式拟合模型，分别对测试集进行预测，然后分别可视化 4 个模型的预测效果。

例 3-5 续：识别欠拟合与过拟合：调用训练好的模型，对测试数据进行预测

```
71    x_test,y_test,y_test_real=data_generator(samples=100,random_seed=10)
72    plt.figure(figsize=(18, 4), dpi=200)
73    degrees = [1, 3, 10, 30]                        # 多项式的阶数
74    titles = ['Underfitting', 'Just right', 'Just right', 'Overfitting']    # 图像的标题
75    y_test_pred = [0,0,0,0]
76    for index, deg in enumerate(degrees):
77        ax=plt.subplot(1, 4, index+1)
78        y_test_pred[index]=poly_fit_test(x=x_test,y=y_test,y_real=y_test_real,polyregf=regf[index])
79        ax.set_title(titles[index], fontsize=10)
80    plt.show()
```

输出结果如图 3-23 所示。

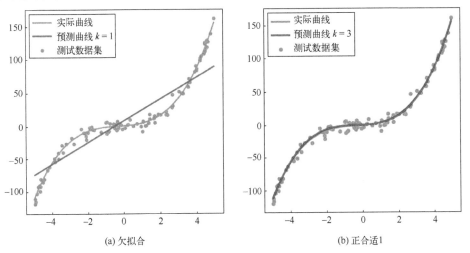

(a) 欠拟合   (b) 正合适1

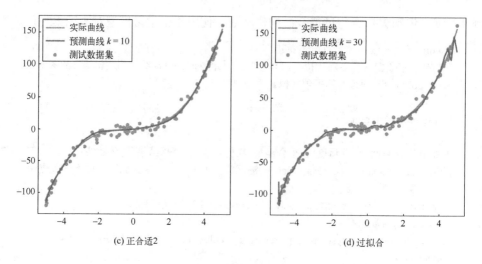

(c) 正合适2　　　　　　　　　　　　　　　(d) 过拟合

图 3-23　例 3-5 输出结果(测试误差可视化)

　　从输出结果可以直观地看出,当模型的多项式阶数为 $1(k=1)$ 时,测试集的预测结果(红线)与实际值(青色线)差距较大,即测试误差较大,由于在之前评估模型的训练误差比较大,本身就欠拟合,所以测试误差大很正常,泛化能力无须评估。

　　当模型的多项式阶数为 $3(k=3)$ 和阶数为 $10(k=10)$ 时,测试集的预测结果(红线)与实际值(青色线)几乎吻合,即测试误差较小。之前评估模型的训练误差时也比较小,所以可以认为模型 3 和模型 4 的泛化能力较好。

　　当模型的多项式阶数为 $30(k=30)$ 时,前面提到,这个模型的训练误差是最小的,但是测试集的预测结果(红线)与实际值(青色线)在两端数据相差很大,看起来测试误差比较大。可以使用 MSE 评估指标,对测试误差进行量化分析。

例 3-5 续:识别欠拟合与过拟合:计算 4 个模型的测试误差

```
81    # 计算 MSE
82    mse_test1=mean_squared_error(y_test_pred[0],y_test)
83    mse_test3=mean_squared_error(y_test_pred[1],y_test)
84    mse_test10=mean_squared_error(y_test_pred[2],y_test)
85    mse_test30=mean_squared_error(y_test_pred[3],y_test)
86    # 打印结果
87    print('测试集的 MSE:')
88    print('1 order polynomial:{:.2f}'.format(mse_test1))
89    print('3 order polynomial:{:.2f}'.format(mse_test3))
90    print('10 order polynomial:{:.2f}'.format(mse_test10))
91    print('30 order polynomial:{:.2f}'.format(mse_test30))
```

输出结果:

```
测试集的 MSE:
1 order polynomial:530.45
3 order polynomial:24.06
10 order polynomial:24.68
30 order polynomial:82.13
```

从输出结果可以看出，当 degree 为 30 时 ($k = 30$)，模型的测试误差比 $k = 3$ 和 $k = 10$ 都大。虽然其训练误差很小 (表明模型拟合训练集非常好)，但是由于模型结构复杂，学到了训练集的噪声，测试误差变大，说明模型的泛化能力变差。

综上所述，欠拟合可以通过以下方式识别。

(1) 训练集性能差：模型在训练集上的表现很差，误差较大。

(2) 训练集和验证集性能相似但都较差：模型在训练集和验证集上都表现不好，且没有显著的过拟合迹象。

过拟合可以通过以下方式识别。

(1) 查看目标函数：如果目标函数在训练集上的下降速度过快，或者在训练集上的损失值过低，这可能是过拟合的征兆。

(2) 检查预测结果：检查模型在验证集或测试集上的预测结果，如果模型对训练集中的数据预测得非常准确，但对验证集或测试集中的数据预测得并不准确，这也可能是过拟合的征兆。

(3) 使用交叉验证：使用交叉验证来评估模型在不同数据集上的性能，如果模型在交叉验证中表现出了过度的拟合，这也可能是过拟合的征兆。

(4) 绘制学习曲线：绘制模型在不同数据集上的学习曲线，如果学习曲线在训练集上表现良好，但在验证集或测试集上的表现没有显著提高，这也可能是过拟合的征兆。

3.4.3　解决欠拟合与过拟合

欠拟合现象往往由以下几个因素造成。

(1) 模型太简单：模型的参数太少，学习能力不足以捕捉数据的复杂性。

(2) 特征量不足：提供给模型的特征量不足，无法充分表示数据的特性。

(3) 训练不足：模型训练时间太短，未能学习到足够的信息。

因此，解决欠拟合通常需要增加模型的复杂度，提供更多的特征，或者增加训练时间。以下是一些常见的解决策略。

(1) 增加模型复杂度：使用更复杂的模型，如使用非线性模型代替线性模型。对于深度学习，可以使用更多层或更多神经元的神经网络。

(2) 增加特征量：进行特征工程，提取更多有用的特征；使用特征选择算法，选择更有信息量的特征。

(3) 增加训练时间：增加训练的迭代次数，直到模型在训练集上的性能不再提升。

(4) 使用更多数据：如果可能的话，收集更多的训练数据。

过拟合可能由以下几个因素造成。

(1) 数据集太小：小数据集可能无法代表整个数据分布，模型可能会学习到这些数据特有的特征，而不是通用特征。

(2) 模型太复杂：模型的参数过多，拥有过高的学习能力，容易捕捉到数据中的噪声。

(3) 训练时间过长：训练时间过长，模型开始记忆训练数据，而不是学习数据的通用特征。

(4) 数据中的噪声：数据集中的噪声和异常值被模型学习，导致模型泛化能力下降。

因此，解决过拟合通常采用数据增强、降低模型复杂度、适时停止模型的训练等，以下是一些常见的策略解决。

(1) 数据增强：通过增加数据的多样性来提高模型的泛化能力。例如，在图像处理中，可以通过旋转、缩放、裁剪等方式来增加数据集的大小和多样性。

(2) 降低模型复杂度：在目标函数中加入正则化项(如 L1 正则化、L2 正则化)来惩罚模型的复杂度，防止模型权重过大，降低模型的复杂性；在深度学习中，通过减少模型的层数、参数数量等方式降低模型复杂度，在训练过程中随机"丢弃"一部分神经元，防止网络对特定的节点过度依赖，增强模型的泛化能力。

(3) 早停法(early stopping)：在训练过程中监控验证集的性能，当验证集的性能不再提升时停止训练，以避免过度拟合训练数据。

(4) 交叉验证：使用交叉验证来评估模型的泛化能力，并选择最佳的模型参数。

第4章 分 类 算 法

4.1 分类性能评估

分类性能评估是确保分类模型有效性和可靠性的关键步骤，对于模型的开发、部署和持续改进至关重要。性能评估提供了量化指标，通过评估不同模型的性能，可以确定哪个模型最适合特定的分类任务，帮助研究人员和数据科学家选择最有效的模型。性能评估的结果可以揭示模型的弱点，可以验证模型的泛化能力，即模型在未见过的数据上的表现。这有助于识别需要改进的特征或模型结构，避免模型过拟合，确保模型在实际应用中的可靠性。下面将从分类模型性能评价指标、评价方法以及利用评价结果进行参数调优等几个方面来详细介绍。

4.1.1 分类模型性能评价指标

评价指标是针对模型性能优劣的一个定量指标。一种评价指标往往只能反映模型某一部分性能，如果选择的评价指标不合理，那么可能会得出错误的结论，故而应该针对具体的数据、模型，选取不同的评价指标。

机器学习分类任务的常用评价指标有：混淆矩阵（confusion matrix）、准确率（accuracy）、精确率（precision）、召回率（recall）、$P\text{-}R$ 曲线（precision-recall curve）、F1 分值（F1-score）、ROC 曲线（receiver operating characteristic curve）、ROC 曲线下面积（area under ROC curve，AUC）等。

1. 混淆矩阵

混淆矩阵是一种直观的可视化工具，用于展示模型对不同类别样本的预测结果。通过观察混淆矩阵，可以了解模型在不同类别上的误分类情况。特别地，针对一个二分类问题，将两个类别定义成正类（positive）和负类（negative），在模型训练、验证和测试阶段，会根据输入样本得到预测分类，那么样本本身的实际类别标签和预测类别会出现以下四种情况。

（1）若一个样本实际标签是正类，并且被预测为正类，则为真正类（true positive，TP）。

（2）若一个样本实际标签是正类，但是被预测为负类，则为假负类（false negative，FN）。

（3）若一个样本实际标签是负类，但是被预测为正类，则为假正类（false positive，FP）。

（4）若一个样本实际标签是负类，并且被预测为负类，则为真负类（true negative，TN）。

如表 4-1 所示，则 TP+FP+FN+TN 是在模型评估阶段的总输入样本数量。

表 4-1 二分类任务分类结果混淆矩阵

真实类别	预测结果	
	正类	负类
正类	真正类（TP）	假负类（FN）
负类	假正类（FP）	真负类（TN）

2. 准确率

准确率是指模型正确预测的样本数与总样本数的比值。它是最常见的评估指标之一，反映了模型的整体性能，具体公式如下：

$$\text{Accuracy} = \frac{\text{TP} + \text{TN}}{\text{TP} + \text{TN} + \text{FP} + \text{FN}} \tag{4-1}$$

使用准确率来评估分类模型有一些局限性和潜在的缺点，例如，如果数据集中两个类别之间的样本数量存在明显的不平衡，准确率可能会受到影响。假如一个测试集有正样本 99 个、负样本 1 个，模型把所有的样本都预测为正样本，那么模型的准确率为 99%，从评价指标来看，模型的效果很好，但实际上该模型对负类样本的预测效果非常差。

另外，准确率只关注正确预测的样本数量，而没有区分不同类型的误分类。将多数类样本误分类为少数类和将少数类样本误分类为多数类在准确率计算中是相同的，但它们的实际影响可能不同。例如，在恶性疾病诊断过程中，将没病的就诊者误分类为患恶性病和将恶性疾病患者诊断为没病，均会严重影响就诊者的进一步诊治工作。

3. 错误率

错误率与准确率是一对矛盾的度量标准，是指模型错误预测的样本数与总样本数的比值，具体公式如下：

$$\begin{aligned}\text{Error} &= 1 - \text{Accuracy} \\ &= \frac{\text{FP} + \text{FN}}{\text{TP} + \text{TN} + \text{FP} + \text{FN}}\end{aligned} \tag{4-2}$$

4. 精确率

精确率又称为查准率，是指在模型预测为正样本的结果中，实际正样本所占的百分比，它关注的是模型对正类的预测准确性，具体公式如下：

$$\text{Precision} = \frac{\text{TP}}{\text{TP} + \text{FP}} \tag{4-3}$$

使用精确率来评估二分类模型时，也可能存在对少数类不敏感的缺点。精确率主要关注的是被分类为正类的样本中真正的正类所占的比例。在类别不平衡的情况下，如果少数类的样本数量远少于多数类，那么即使模型在预测少数类时表现不佳，只要模型能够正确预测多数类，它仍然可能获得较高的精确率。仍然假设一个测试集有正样本 99 个、负样本 1 个，模型把所有的样本都预测为正样本，那么模型的精确率为 99%，然而，这隐藏了模型在少数类上的性能问题。

另外，精确率只关注正类的预测准确性，而没有考虑负类的情况。同样，在恶性疾病诊断过程中，假设患病是正类，没病是负类，如果将所有就诊者都诊断为没病，那么精确率接近 100%，但这种诊断有严重错误，那极少数的恶性疾病没有被诊断出来。

5. 召回率

召回率又称为查全率，是指模型在实际正样本的预测中，被预测为正样本所占的百分比。它关注的是模型找到所有正类的能力，具体公式如下：

$$\text{Recall} = \frac{\text{TP}}{\text{TP} + \text{FN}} \tag{4-4}$$

召回率对负类的预测情况关注较少,这可能导致对模型在负类上的表现缺乏了解。过于追求高召回率可能导致模型倾向于将更多的样本预测为正类,从而增加误分类的风险,特别是在负类较少的情况下。

同样,在恶性疾病诊断过程中,假设患病是正类,没病是负类,如果将所有就诊者都诊断为患病,那么召回率为 100%,但这种诊断同样有严重错误,误诊率非常高。

6. P-R 曲线

在机器学习的二分类问题中,很多情况下,模型首先输出的预测结果并不是明确的正类标签或负类标签,而是预测为正类的概率值,然后根据一个给定的阈值来判定预测结果是否为正类。通常情况下,该阈值默认为 0.5。但是,依旧可以根据实际情况来调整这一阈值从而获得更好的模型预测结果。

对某一模型来说,设定不同的正类概率阈值,会得出不同的精确率 P 和召回率 R。例如,正类概率阈值设为较高的 99%,那么真正类的样本被准确地预测为正类(精确率几乎为 100%),但有大量的真正类样本被错误地判定为负类(召回率很低,接近 0%),随着正类概率阈值逐渐降低,越来越多的真负类被预测为正类,精确率降低,但越来越多的真正类也被预测为正类,召回率提升。

将精确率和召回率随着阈值的变化而变化的曲线绘制出来,称为 P-R 曲线。如图 4-1 中的曲线所示,其中的平衡点(break-even point,BEP)是精确率和召回率相等的度量点,可以通过 BEP 确定概率阈值。

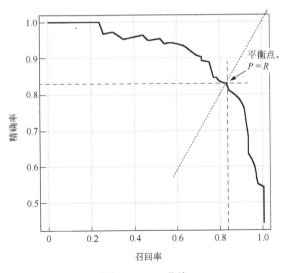

图 4-1 P-R 曲线

对于多个模型的性能评价,也可以采用平衡点的高低,直观地进行评判,平衡点越高,模型的性能越好。

7. F1 分值

F1 分值是精确率和召回率的调和平均值,它综合考虑了精确率和召回率。由于精确率和召回率是一对矛盾的度量标准，一般当精确率较高时，召回率往往偏低；而当召回率较高时，精确率往往偏低。针对精准率和召回率都有其自身的缺点，也都各自体现了模型的部分性能，所以兼顾两者，定义 F1 分值评价指标，具体公式如下：

$$F1 = \frac{1}{\frac{1}{2}\left(\frac{1}{P} + \frac{1}{R}\right)} = \frac{2}{\frac{TP+FP}{TP} + \frac{TP+FN}{TP}} = \frac{2TP}{2TP+FP+FN} \tag{4-5}$$

F1 分值越高，表示模型在精确率和召回率之间的平衡越好。

在一些分类任务中，对精确率和召回率的重视程度有所不同，例如，对于恶性疾病的诊断，我们对召回率比精确率有更高的要求（尽可能地确诊每一例疾病）；对于推荐系统，我们对精确率的重视程度比召回率高（希望更精准地推荐而不是过多地全面推荐）。因此，F1 分值评估指标有了扩展的一般形式：

$$F_\beta = \frac{1}{\alpha\frac{1}{P} + (1-\alpha)\frac{1}{R}} = \frac{(\beta^2+1)PR}{\beta^2 P + R} \tag{4-6}$$

其中，$\beta^2 = \frac{1-\alpha}{\alpha}, \alpha \in [0,1], \beta^2 \in [0,\infty]$，当 $\alpha = \frac{1}{2}$，即 $\beta = 1$ 时，式(4-6)即为 F1 分值指标；当 $\beta > 1$ 时，对精确率有更高的要求；当 $\beta < 1$ 时，对召回率有更高的要求。

8. 真阳性率与假阳性率

真阳性率(true positive rate，TPR)也称为敏感性或灵敏度(sensitivity)，假阳性率(false positive rate，FPR)与特异度(specificity)是互补的关系。真阳性率和假阳性率的概念从医学角度来理解更加形象，其思维逻辑与机器学习有些不同。例如，有人去看病，化验单或报告单会出现(+)或(−)，分别表示化验项为阳性(有问题)或阴性(没问题)。那么，这种检验到底准不准确呢？医学专家在设计这种检验方法时希望知道，如果这个人确实得了病，那么这个方法能检查出来的概率是多少(真阳性率)；如果这个人没有得病，那么这个方法误诊其患病的概率是多少(假阳性率)。

因此，真阳性率为

$$TPR = \frac{TP}{TP+FN} \tag{4-7}$$

其含义是检测出来的真阳性样本数除以所有真实阳性样本数(确诊准确性)。

假阳性率为

$$FPR = \frac{FP}{TN+FP} \tag{4-8}$$

其含义是检测出来的假阳性样本数除以所有真实阴性样本数(误诊率)。

9. ROC 曲线

ROC 曲线又称为接收器操作特性曲线，用于评估二分类问题中模型的性能，它绘制了真阳性率与假阳性率之间的关系。ROC 曲线的绘制方式与 *P-R* 曲线的绘制方式相似，只不过它以 TPR 作为纵轴，FPR 作为横轴。

一个二分类模型的正类概率阈值可能设定得高一点或低一点，每种阈值的设定会得出不同的 TPR 和 FPR，将同一模型每个阈值的(FPR，TPR)坐标都画在二维 ROC 平面中，就成为特定模型的 ROC 曲线。如图 4-2(a)所示的蓝色曲线，就是一个模型的 ROC 曲线，绿色曲线是另一个模型的 ROC 曲线。

ROC 曲线能很容易地查出任意阈值对学习器的泛化性能影响，有助于选择最佳的阈值。ROC 曲线越靠近左上角，模型的灵敏度就越高。最靠近左上角的 ROC 曲线上的点是分类错误最少的最好阈值，其假正类和假反类总数最少。

将多个模型的 ROC 曲线绘制到同一坐标系中，可以直观地比较优劣，最靠近左上角的 ROC 曲线所代表的模型准确性最高。如图 4-2(a)所示，蓝色 ROC 曲线的模型从左上方完全包裹住绿色和橙色 ROC 曲线的模型，所以性能最好。但如图 4-2(b)所示，若两条 ROC 曲线有交叉，则很难通过 ROC 曲线直观判断哪个模型更优秀。此时，可以通过比较不同 ROC 曲线与其下方坐标轴围成的面积大小来评判。

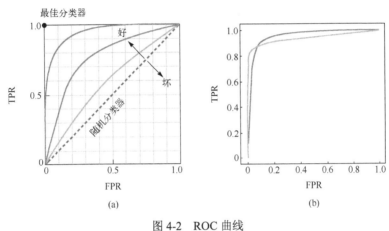

彩图

图 4-2 ROC 曲线

10. ROC 曲线下面积

ROC 曲线下面积(AUC)指标即为 ROC 曲线与其下方坐标轴围成的面积。假定 ROC 曲线是由坐标为 $\{(x_1, y_1), (x_2, y_2), \cdots, (x_m, y_m)\}$ 的点按顺序连接而形成的，其中 $x_1 = 0, x_m = 0$，则 AUC 可估算为

$$\text{AUC} = \frac{1}{2} \sum_{i=1}^{m-1} (x_{i+1} - x_i) \times (y_i + y_{i+1}) \tag{4-9}$$

幸运的是，Python 的 sklearn 扩展库有相应的函数可以计算以上所有的评估指标，甚至可以方便地绘制可视化的 P-R 曲线及 ROC 曲线。下面就以一个实例来说明。

代码第 1~5 行，导入必要的可视化工具：分类算法模块 LogisticRegression、评估模块 metrics、用于加载乳腺癌数据集的函数 load_breast_cancer、数据集拆分工具 train_test_split。

代码第 7~9 行，加载乳腺癌数据集，该数据集是 sklearn 库中一个常用的内置数据集，数据集包含 30 个数值型特征，这些特征描述了乳腺肿瘤的不同测量值，如肿瘤的半径、纹理、对称性等。每个样本都被标记为良性(benign)或恶性(malignant)两个类别，表示乳腺癌的类型。数据集包含 569 个样本，其中良性样本 357 个，恶性样本 212 个。加载数据集后，可以获取特征矩阵 **X** 和目标向量 **y**，其中变量 **X** 是一个二维数组，包含所有样本的 30 个特征，

变量 y 是一个一维数组，对应每个样本的标签。

代码第 10 行，使用 sklearn 机器学习库的数据集拆分函数 train_test_split()，将原始乳腺癌数据集同分布的、按 80%∶20%比例拆分成训练集和测试集（包括数据集的目标标签）。

代码第 12 行，使用了 sklearn 机器学习库的逻辑回归 logistic regression()函数，它是由线性回归演变而来的一个分类算法，我们仅使用该分类函数进行演示，所以使用的都是该函数的缺省参数。

代码第 14 行，向分类算法输入训练集的特征数据和样本标签，训练模型 model。

代码第 16 行，使用训练好的模型，输入测试集特征数据，预测测试集的标签。由于逻辑回归模型在默认情况下使用阈值 0.5 来进行分类，所以该行代码将预测的测试集目标概率大于等于 0.5 的都分类成正类 1，小于 0.5 的目标分类成负类 0。

代码第 18 行，predict_proba()函数，同样输入测试集的特征数据，预测测试集的目标，但是返回的是每个样本可能为负类的概率值和可能为正类的概率值，此时分类算法的默认阈值 0.5 暂时不起作用。

代码第 21 行，调用 sklearn 库中评估模块 metrics 的 confusion_matrix()函数，输入测试集所有样本的真实标签和预测标签，自动计算 TP、FN、FP、TN，输出混淆矩阵。

代码第 22～26 行，调用 sklearn 库中评估模块 metrics 的计算准确率、精确率、召回率、F1 分值的相应函数，同样输入测试集所有样本的真实标签和预测标签，输出计算好的各种评估指标值，并输出。

代码第 28 行，调用 sklearn 库中评估模块 metrics 的计算 AUC 值的函数，输入测试集所有样本的真实标签和相应样本的预测为正类的概率值，自动计算出 AUC 值，并输出。

例 4-1：分类问题的评估指标计算

```
1    import matplotlib.pyplot as plt
2    from sklearn.linear_model import LogisticRegression
3    from sklearn import metrics
4    from sklearn.datasets import load_breast_cancer
5    from sklearn.model_selection import train_test_split
6    # 读取乳腺癌数据，该数据集是二分类数据集
7    breast_cancer = load_breast_cancer()
8    X = breast_cancer.data
9    y = breast_cancer.target
10   trainx, testx, trainy, testy = train_test_split(X, y, test_size=0.2, random_state=34)
11   # 创建分类模型
12   model = LogisticRegression()
13   # 使用训练集数据进行模型训练
14   model.fit(trainx, trainy)
15   # 使用训练好的模型对测试集进行预测，返回值是一维向量：类别 0 或 1
16   pre_testy = model.predict(testx)
17   # 返回值是二维矩阵，包含样本为 0 的概率和为 1 的概率
18   preproba = model.predict_proba(testx)
19
20   print('混淆矩阵')
21   print(metrics.confusion_matrix(testy, pre_testy))    # 打印混淆矩阵
```

```
22    print('准确率 Acc =',metrics.accuracy_score(testy, pre_testy))
23    print('错误率 Err =',1-metrics.accuracy_score(testy, pre_testy))
24    print('精确率 P =',metrics.precision_score(testy, pre_testy))
25    print('召回率 R =',metrics.recall_score(testy, pre_testy))
26    print('F1 分值 =',metrics.f1_score(testy, pre_testy))
27    # 提取 preproba 的第二列，即正样本的概率，roc_auc：ROC 曲线下的面积
28    print('AUC 值 =',metrics.roc_auc_score(testy, preproba[:, 1]))
29
30    plt.figure(figsize=(8, 4), dpi=200)
31    plt.subplot(121)        # 绘制 P-R 曲线
32    p, r, threshold = metrics.precision_recall_curve(testy, preproba[:, 1])
33    plt.xlabel('Recall')
34    plt.ylabel('Precision')
35    plt.title('P-R')
36    plt.plot(r, p)
37
38    plt.subplot(122)        # 绘制 ROC 曲线
39    fpr, tpr, threshold = metrics.roc_curve(testy, preproba[:, 1])
40    plt.xlabel('FPR')
41    plt.ylabel('TPR')
42    plt.title('ROC')
43    plt.plot(fpr, tpr)
44    plt.show()
```

输出结果：

```
混淆矩阵
[[36  2]
 [ 2 74]]
准确率 Acc = 0.9649122807017544
错误率 Err = 0.03508771929824561
精确率 P = 0.9736842105263158
召回率 R = 0.9736842105263158
F1 分值 = 0.9736842105263158
AUC 值 = 0.9954986149584487
```

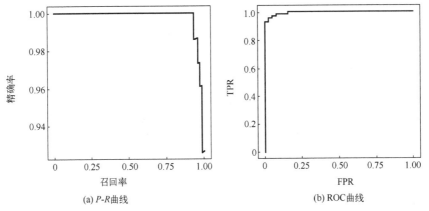

(a) P-R曲线　　　　　　　　　(b) ROC曲线

图 4-3　例 4-1 输出结果(P-R 曲线和 ROC 曲线)

彩图

代码第 30～36 行，调用 sklearn 库中评估模块 metrics 的 precision_recall_curve() 函数，输入测试集所有样本的真实标签和预测为正类的概率值，生成 115 个可分辨的所有 P 值和 R 值，以及对应的阈值，并以 R 值为横坐标，P 值为纵坐标，绘制出 *P-R* 曲线。

代码第 38～44 行，调用 sklearn 库中评估模块 metrics 的 roc_curve() 函数，输入测试集所有样本的真实标签和预测为正类的概率值，生成 10 个可分辨的所有 FPR 值和 TPR 值，以及对应的阈值，并以 FPR 值为横坐标，TPR 值为纵坐标，绘制出 ROC 曲线。

4.1.2　分类模型性能评价方法

由于没有一种机器学习模型是对所有问题普遍适用的，因此机器学习领域中出现许多不同的模型。当用某一模型表示一类问题时，对模型性能的理想刻画是期望风险，即从完整的统计意义上描述模型相对于目标的偏差。但在机器学习领域，缺乏对目标完整的概率描述，因此无法获得期望风险，只能从有限数据(训练数据)中学习模型，评价准则也以经验风险(训练误差)代替期望风险。由于训练数据集的代表能力有限，以经验风险最优确定的模型对真实目标的总体表达能力如何，即泛化能力如何，这是一个非常关键的问题。

1. 训练集、验证集、测试集

3.4 节介绍了机器学习模型欠拟合与过拟合现象，这也是评价模型的两个关键阶段要考虑的，即在模型训练阶段要尽量避免欠拟合，同时也要使用验证集来评估模型的性能，避免过拟合，最后通过测试集评价模型的泛化能力。

为此，训练集、验证集和测试集要具有相同的分布，且互相独立，这样在每个阶段计算出来的评估指标值才有意义。但是，分别采集训练集、验证集和测试集，且保证独立同分布，这是非常困难的，所以一般在一个大数据集中采用一定方式，来拆分出三个数据集。

2. 按比例拆分数据集

如果原始数据集规模巨大，机器学习中的普遍做法是划分出 50%作为训练集，25%作为验证集，25%作为测试集。

如果原始数据集规模较大，为了保证训练集充足，可以划分出 70%作为训练集，20%作为验证集，10%作为测试集。

在按比例拆分数据集时，要保证数据分布的一致性，避免因数据划分过程引入额外的偏差而对最终模型的训练和评估结果产生影响。例如，在分类任务中，要尽力保证样本类别比例平衡，从 4.1.1 节介绍的分类评价指标可以看出，样本类别不均衡带来的评价指标不可信现象非常严重。如果从采样的角度来看待数据集的划分过程，则保留原始数据集类别比例的采样方式一般称为分层采样(stratified sampling)。

train_test_split() 是 Python 机器学习库 sklearn 中 model_selection 模块内的一个函数，用于将数据集划分为训练集和测试集。它有多个参数，体现了按比例拆分独立同分布数据集的特点，下面对一些常见参数进行解释。

X 和 y 是需要划分的样本数据和样本标签。X 可以是数组(一个特征)或矩阵(多个特征)，y 通常是一维数组(标签)。

test_size(或 train_size)是指定划分后测试集的大小，可以是一个浮点数，表示测试集占总数据集的比例；也可以是一个整数，表示测试集的样本数量。如果同时提供了 test_size 和 train_size，那么 test_size 将被忽略。

random_state 是一个随机数种子，用于控制样本数据的随机划分。如果设置了固定的 random_state 值，每次运行时划分的结果将是一致的，有助于实验重现性。

shuffle 是一个布尔值，决定是否在划分前对样本数据进行随机打乱，默认值为 True。

stratify：如果样本数据的 y 是分类标签（离散值），并且希望在划分时保持每个类别的比例，则设定 stratify = y，函数将根据 y 值进行分层抽样。

例 4-2：Python 机器学习库 sklearn 中的数据划分函数 train_test_split() 示例

```
1    from sklearn.model_selection import train_test_split
2
3    # 模拟样本数据
4    X = [1, 2, 3, 4, 5, 6]
5    y = [0, 1, 0, 1, 0, 1]
6
7    # 按 70%：30% 比例划分为训练集和测试集
8    X_train, X_test, y_train, y_test = train_test_split(X, y, test_size=0.3, random_state=42)
9
10   print("训练集：", X_train, y_train)
11   print("测试集：", X_test, y_test)
```

输出结果：

```
训练集：  [6, 3, 5, 4] [1, 0, 0, 1]
测试集：  [1, 2] [0, 1]
```

除了 train_test_split() 函数，sklearn 库中还提供了其他一些函数可用于拆分数据集，例如，StratifiedShuffleSplit() 是一种分层抽样拆分函数，适用于分类问题，它可以确保每个类别的样本在训练集和测试集中的比例与原始数据集中的比例相似，且可以拆分出多组。ShuffleSplit() 是一个简单的随机拆分函数，它可以按照指定的比例或样本数量将数据集拆分为训练集和测试集，也可以拆分出多组。GroupKFold() 和 GroupShuffleSplit() 这些函数适用于处理具有分组信息的数据集，它们可以在拆分时保持组内的一致性。TimeSeriesSplit() 是专门用于时间序列数据的拆分函数，可以按照时间顺序进行拆分。这些函数都在 sklearn.model_selection 模块中，可以根据具体的数据特点和需求选择适合的拆分方法。

3. 留一交叉验证法

上述按比例拆分数据集的方法，一方面适用于较大数据集，如果原始数据集规模较小，当对原始数据集按照比例进行拆分时，训练集的规模不足以训练出适合的模型参数，以形成训练误差较小的模型；验证集也太小，不足以区分出我们所尝试的不同超参数算法之间的性能差异。

另一方面，最终模型与超参数的选取将极大程度依赖于对训练集和测试集的划分方法。图 4-4(a) 所示为某一模型在不同阶多项式拟合情况下的理想评估结果 MSE 的值。图 4-4(b) 是采用 10 种不同训练集和验证集划分方法后得到的测试集的 MSE 评估值。可以看出，在不同的数据集划分方法下，测试集的 MSE 波动比较大，与理想评估结果也相差较大。

彩图

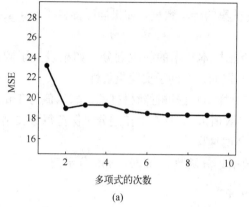
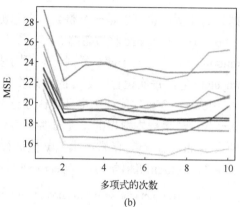

图 4-4　不同数据集的划分产生不同的模型效果

为此，在数据集较小的情况下，可以采用留一交叉验证法(leave-one-out cross validation，LOOCV)，该方法也是将数据集分成训练集和验证集，但只留一个样本作为验证集，其他 $n-1$ 个样本作为训练集(假设原始数据集有 n 个样本)。这样在数据集较小的情况下，极大地保证了训练集的规模。但是由于验证集只有一个样本，模型验证的有效性变化大，评估值受到验证集这个单独样本的影响大。因此，迭代 n 次，每次留不同的样本作为验证集，就会有 n 个评估结果。最后，取 n 个评估结果的平均值作为最终的模型评估结果，如图 4-5 所示。

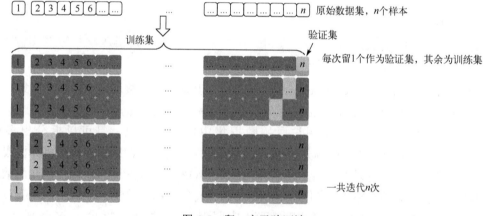

图 4-5　留一交叉验证法

如果每次验证集都采用 MSE 作为评估指标，则最终评估结果为

$$\text{LOOCV}_n = \frac{1}{n}\sum_{i=1}^{n}\text{MSE}_i \tag{4-10}$$

下面以鸢尾花数据集为例，说明留一交叉验证法的使用。

例 4-3：留一交叉验证法示例

代码

```
1    import numpy as np
2    from sklearn.model_selection import train_test_split
3    from sklearn.model_selection import LeaveOneOut
4    from sklearn.svm import SVC
5    from sklearn.datasets import load_iris
```

```
6
7      # 加载数据集
8      iris = load_iris()
9      X = iris.data
10     y = iris.target
11
12     # 首先对原始数据集层次化按比例拆分出 80%训练集+验证集，20%测试集
13     X_train_V, X_test, y_train_v, y_test = train_test_split(X, y, test_size=0.2, random_state=42,stratify=y)
14
15     # 使用 LOOCV 评估模型性能
16     loo = LeaveOneOut()
17
18     for i in [0.1, 0.2, 0.3, 0.4, 0.5, 0.6, 0.7, 0.8, 0.9, 1.0]:
19     # 本实例模型 1 采用 SVM(内核 poly)分类算法
20     初始化 SVM 分类器(C 参数分别设置[0.1-1.0])
21       clf = SVC(kernel='poly',C=i)
22       scores = []
23       # 在每个折上训练和验证模型
24       for train_index, validate_index in loo.split(X_train_V):
25         X_train, X_validate = X_train_V[train_index], X_train_V[validate_index]
26         y_train, y_validate = y_train_v[train_index], y_train_v[validate_index]
27         clf.fit(X_train, y_train)
28         scores.append(clf.score(X_validate, y_validate))
29       # 输出模型 1 验证性能评分
30       print(f'SVM(poly,C={i}) train Accuracy:{sum(scores)/len(scores):.2f}, (+/- {2*np.std(scores):.2f})')
31       # 使用全部 80%训练+验证集训练模型
32       clf.fit(X_train_V, y_train_v)
33       # 输出模型 1 的测试性能评分
34       print(f'SVM(poly,C={i}) test Accuracy:{clf.score(X_test, y_test):.2f}')
35
36     for i in [0.1, 0.2, 0.3, 0.4, 0.5, 0.6, 0.7, 0.8, 0.9, 1.0]:
37     # 本实例模型 2 采用 SVM(内核 linear)分类算法
38     初始化 SVM 分类器(C 参数分别设置[0.1-1.0])
39       clf = SVC(kernel='linear',C=i)
40       scores = []
41       # 在每个折上训练和验证模型
42       for train_index, validate_index in loo.split(X_train_V):
43         X_train, X_validate = X_train_V[train_index], X_train_V[validate_index]
44         y_train, y_validate = y_train_v[train_index], y_train_v[validate_index]
45         clf.fit(X_train, y_train)
46         scores.append(clf.score(X_validate, y_validate))
47       # 输出模型 1 验证性能评分
48       print(f'SVM(linear,C={i}) train Accuracy:{sum(scores)/len(scores):.2f}, (+/- {2*np.std(scores):.2f})')
49       # 使用全部 80%训练+验证集训练模型
50       clf.fit(X_train_V, y_train_v)
51       # 输出模型 1 的测试性能评分
52       print(f'SVM(linear,C={i}) test Accuracy:{clf.score(X_test, y_test):.2f}')
```

输出结果：

```
SVM(poly,C=0.1) train Accuracy:0.96, (+/− 0.40)
SVM(poly,C=0.1) test Accuracy:1.00
SVM(poly,C=0.2) train Accuracy:0.97, (+/− 0.31)
SVM(poly,C=0.2) test Accuracy:1.00
SVM(poly,C=0.3) train Accuracy:0.97, (+/− 0.31)
SVM(poly,C=0.3) test Accuracy:0.97
SVM(poly,C=0.4) train Accuracy:0.97, (+/− 0.36)
SVM(poly,C=0.4) test Accuracy:0.97
SVM(poly,C=0.5) train Accuracy:0.97, (+/− 0.36)
SVM(poly,C=0.5) test Accuracy:1.00
SVM(poly,C=0.6) train Accuracy:0.97, (+/− 0.36)
SVM(poly,C=0.6) test Accuracy:0.97
SVM(poly,C=0.7) train Accuracy:0.97, (+/− 0.36)
SVM(poly,C=0.7) test Accuracy:0.97
SVM(poly,C=0.8) train Accuracy:0.97, (+/− 0.36)
SVM(poly,C=0.8) test Accuracy:0.97
SVM(poly,C=0.9) train Accuracy:0.97, (+/− 0.36)
SVM(poly,C=0.9) test Accuracy:0.97
SVM(poly,C=1.0) train Accuracy:0.96, (+/− 0.40)
SVM(poly,C=1.0) test Accuracy:0.97
SVM(linear,C=0.1) train Accuracy:0.97, (+/− 0.36)
SVM(linear,C=0.1) test Accuracy:0.97
SVM(linear,C=0.2) train Accuracy:0.97, (+/− 0.31)
SVM(linear,C=0.2) test Accuracy:0.97
SVM(linear,C=0.3) train Accuracy:0.97, (+/− 0.31)
SVM(linear,C=0.3) test Accuracy:1.00
SVM(linear,C=0.4) train Accuracy:0.98, (+/− 0.26)
SVM(linear,C=0.4) test Accuracy:1.00
SVM(linear,C=0.5) train Accuracy:0.98, (+/− 0.26)
SVM(linear,C=0.5) test Accuracy:1.00
SVM(linear,C=0.6) train Accuracy:0.97, (+/− 0.31)
SVM(linear,C=0.6) test Accuracy:1.00
SVM(linear,C=0.7) train Accuracy:0.98, (+/− 0.26)
SVM(linear,C=0.7) test Accuracy:1.00
SVM(linear,C=0.8) train Accuracy:0.98, (+/− 0.26)
SVM(linear,C=0.8) test Accuracy:1.00
SVM(linear,C=0.9) train Accuracy:0.97, (+/− 0.31)
SVM(linear,C=0.9) test Accuracy:1.00
SVM(linear,C=1.0) train Accuracy:0.97, (+/− 0.31)
SVM(linear,C=1.0) test Accuracy:1.00
```

留一交叉验证法适合小样本数据集，训练集利用了所有的数据点，因此训练偏差将很低。但是，由于它重复验证 n 次，因此导致更长的执行时间。另外，每次验证模型的评估值受到单个数据点很大影响，如果某数据点被证明是一个离群值，它可能导致更大的变化。

4. k 折交叉验证法

另外一种折中的办法称为 k 折交叉验证法(k-fold cross validation),它和留一交叉验证法的不同之处在于,每次的测试集不再只包含一个样本数据,而是 n/k 个,具体数目将根据 k 的选取决定,如图 4-6 所示。

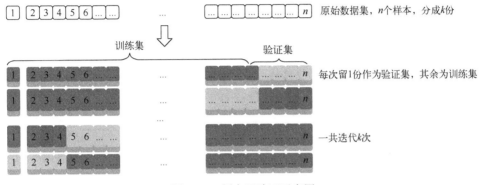

彩图

图 4-6 k 折交叉验证示意图

例如,如果 $k=5$,那么利用五折交叉验证的步骤是:将所有原始数据集分成 5 份,不重复地每次取其中一份作验证集,用其他 4 份作训练集训练模型,假设采用 MSE 评估指标使用验证集对模型进行评估,计算该模型在验证集上的 MSE_i,将 5 次的 MSE_i 取平均得到最后模型的评估结果:

$$\mathrm{CV}_k = \frac{1}{k}\sum_{i=1}^{k}\mathrm{MSE}_i \tag{4-11}$$

例 4-4:k 折交叉验证法示例

```
1    from sklearn.model_selection import KFold
2    from sklearn.ensemble import RandomForestClassifier
3
4    # 加载数据集
5    iris = load_iris()
6    X = iris.data
7    y = iris.target
8
9    # 首先对原始数据集层次化按比例拆分出 80%训练集+验证集,20%测试集
10   X_train_V, X_test, y_train_v, y_test = train_test_split(X, y, test_size=0.2, random_state=42,stratify=y)
11
12   # 创建 k 折交叉验证对象
13   k_fold = KFold(n_splits=5)
14   scores=[]
15   i=1
16   # 遍历每一折
17   for fold in k_fold.split(X_train_V):
18      # 获取当前折的训练集和验证集索引
19      train_index, validate_index = fold
```

代码

```
20      print (validate_index)
21      # 提取训练集和验证集数据
22      X_train = [X_train_V[i] for i in train_index]
23      y_train = [y_train_v[i] for i in train_index]
24      X_validate = [X_train_V[i] for i in validate_index]
25      y_validate = [y_train_v[i] for i in validate_index]
26      # 创建随机森林分类器
27      clf = RandomForestClassifier ()
28      # 在训练集上训练模型
29      clf.fit (X_train, y_train)
30      # 在验证集上进行预测
31      y_pred = clf.predict (X_validate)
32      # 打印当前折的准确率
33      accuracy = sum (y_pred == y_validate) / len (y_validate)
34      scores.append (accuracy)
35      print (f"Accuracy for Fold {i}: {accuracy:.4f}")
36      i=i+1
37      # 打印平均验证准确率
38  print (f'average accuracy of 5-CV: {sum (scores) /len (scores) :.4f}, (+/- {2*np.std (scores) :.4f})')
```

输出结果：

```
[ 0 1 2 3 4 5 6 7 8 9 10 11 12 13 14 15 16 17 18 19 20 21 22 23]
Accuracy for Fold 1: 0.9167
[24 25 26 27 28 29 30 31 32 33 34 35 36 37 38 39 40 41 42 43 44 45 46 47]
Accuracy for Fold 2: 0.9583
[48 49 50 51 52 53 54 55 56 57 58 59 60 61 62 63 64 65 66 67 68 69 70 71]
Accuracy for Fold 3: 0.9583
[72 73 74 75 76 77 78 79 80 81 82 83 84 85 86 87 88 89 90 91 92 93 94 95]
Accuracy for Fold 4: 0.9583
[ 96 97 98 99 100 101 102 103 104 105 106 107 108 109 110 111 112 113 114 115 116 117 118 119]
Accuracy for Fold 5: 0.9583
average accuracy of 5-CV: 0.9500, (+/- 0.0333)
```

从 k 折交叉验证的原理可以看出，留一交叉验证法是一种特殊的 k 折交叉验证法 $(k = n)$，但 k 折交叉验证比留一交叉验证法计算成本更低、耗时更少、效果一致。

4.1.3　分类模型参数调优

模型参数调优是机器学习中一个至关重要的环节，它旨在找到最佳的模型参数配置，以提高模型的性能和泛化能力。本节将介绍几种常用的模型评估与调优技术，包括网格搜索、随机搜索和贝叶斯优化。

1. 网格搜索

网格搜索 (grid search) 是一种通过在指定的参数网格中进行穷举搜索的方法来寻找最佳参数组合的技术。对于每一组参数组合，通过交叉验证来评估模型性能，然后选择表现最佳的参数组合作为最终模型参数。

以下是一个示例代码，演示了如何使用 sklearn 库中的 GridSearchCV 来进行网格搜索。

例 4-5：使用 Python 的 sklearn 库实现网格搜索

```
1    from sklearn.model_selection import GridSearchCV
2    from sklearn.ensemble import RandomForestClassifier
3    from sklearn.datasets import load_iris
4    iris = load_iris()
5    X, y = iris.data, iris.target
6    # 初始化随机森林分类器
7    model = RandomForestClassifier()
8    # 定义参数网格
9    param_grid = {
10       'n_estimators': [50, 100, 200],
11       'max_depth': [None, 10, 20],
12       'min_samples_split': [2, 5, 10]
13   }
14   # 模型调优
15   grid_search = GridSearchCV(estimator=model, param_grid=param_grid, cv=5, scoring='accuracy')
16   grid_search.fit(X, y)
17   print("Best Parameters:", grid_search.best_params_)
18   print("Best Score:", grid_search.best_score_)
```

输出结果：

```
Best Parameters: {'max_depth': None, 'min_samples_split': 2, 'n_estimators': 200}
Best Score: 0.9666666666666668
```

在这个示例中，首先加载鸢尾花数据集，然后初始化随机森林分类器。接着，定义参数网格 param_grid，包含了随机森林分类器的三个参数的候选值：n_estimators（指定随机森林估计器使用的树的数量）、max_depth（指定树的最大深度。如果设置为整数，即使决策树还可以进一步分裂以改善纯度或减少损失，也会在达到该深度时停止增长；如果设置为 None，则树将不受限制地增长，直到所有叶子结都是纯的，或者所有叶子结都包含少于 min_samples_split 个样本）和 min_samples_split（指定结点分裂所需的最小样本数。如果一个结点包含的样本数少于 min_samples_split，则该结点将不再分裂，而是成为一个叶子结，该参数用于控制树的生长）。最后，使用 GridSearchCV 对模型进行网格搜索，并输出最佳参数组合和对应的性能指标。

2. 随机搜索

随机搜索（random search）是一种用于模型调优的方法，它通过在参数空间中随机抽样来寻找最佳参数组合。相比于网格搜索，随机搜索不会尝试所有可能的参数组合，而是在指定的参数分布中随机选择一组参数进行评估。随机搜索的优势在于它能够在更少的迭代次数内找到较好的参数组合，尤其适用于参数空间较大或连续的情况。

以下是一个示例代码，演示了如何使用 sklearn 库中的 RandomizedSearchCV 类来进行随机搜索。

例 4-6：使用 Python 的 Sklearn 库实现随机搜索

```
1   from sklearn.model_selection import RandomizedSearchCV
2   from scipy.stats import randint
3   from sklearn.ensemble import RandomForestClassifier
4   from sklearn.datasets import load_iris
5   iris = load_iris()
6   X, y = iris.data, iris.target
7   # 初始化随机森林分类器
8   model = RandomForestClassifier()
9   # 定义参数分布
10  param_dist = {
11    'n_estimators': randint(50, 200),        # 树的数量在 50 到 200 之间随机选择
12    'max_depth': [None, 10, 20],             # 最大深度在 None、10 和 20 中随机选择
13    'min_samples_split': randint(2, 10)      # 最小分割样本数在 2 到 10 之间随机选择
14  }
15  # 模型调优
16  random_search = RandomizedSearchCV(estimator=model, param_distributions=param_dist, n_iter=100, cv=5)
17  random_search.fit(X, y)
18  print("Best Parameters:", random_search.best_params_)
19  print("Best Score:", random_search.best_score_)
```

输出结果：

```
Best Parameters: {'max_depth': None, 'min_samples_split': 7, 'n_estimators': 178}
Best Score: 0.9666666666666668
```

在这个示例中，首先加载鸢尾花数据集，然后定义参数分布 param_dist，其中包含了随机森林分类器的三个参数的候选值范围。最后，使用 RandomizedSearchCV 对模型进行随机搜索，并输出最佳参数组合和对应的性能指标。

3. 贝叶斯优化

贝叶斯优化(Bayesian optimization)是一种基于贝叶斯推断的优化方法，它通过在参数空间中建立一个概率模型来寻找最佳参数组合。相比于传统的网格搜索和随机搜索，贝叶斯优化通常能够在较少的迭代次数内找到较好的参数组合，因此在调优复杂模型或大规模数据集时具有很好的效果。

贝叶斯优化的核心思想是在每一次迭代中，在已知的参数-性能观测数据集上建立一个代理模型(通常是高斯过程或随机森林)，然后利用这个代理模型对参数空间进行探索，以找到可能的最佳参数。在选择下一个参数进行评估时，贝叶斯优化通过在不同参数组合的后验分布上计算期望改进来指导下一次的搜索，从而实现对参数空间的智能探索。

以下是一个示例代码，演示了如何使用 scikit-optimize 库中的 BayesSearchCV 类来进行贝叶斯优化。

例 4-7：使用 Python 的 scikit-optimize 库实现贝叶斯优化

```
1   from skopt import BayesSearchCV
2   from sklearn.datasets import load_iris
```

```
3    from sklearn.ensemble import RandomForestClassifier
4    iris = load_iris()
5    X, y = iris.data, iris.target
6    # 定义参数搜索空间
7    param_space = {
8      'n_estimators': (50, 200),
9      'max_depth': (1, 20),
10     'min_samples_split': (2, 10)
11   }
12   # 模型调优
13   bayes_search = BayesSearchCV(
14     estimator=RandomForestClassifier(),
15     search_spaces=param_space,
16     n_iter=50,# 搜索迭代次数
17     cv=5              # 交叉验证折数
18   )
19   bayes_search.fit(X, y)
20   print("Best Parameters:", bayes_search.best_params_)
21   print("Best Score:", bayes_search.best_score_)
```

输出结果：

Best Parameters: OrderedDict([('max_depth', 4), ('min_samples_split', 4), ('n_estimators', 82)])
Best Score: 0.9666666666666668

在这个示例中，首先定义参数搜索空间 param_space，然后使用 BayesSearchCV 进行贝叶斯优化搜索，指定搜索的迭代次数和交叉验证折数。最后，输出最佳参数组合和对应的性能指标。

4.2　决策树算法

在预测有关非结构化数据（如图像、文本等）问题时，目前流行的人工神经网络往往表现得比其他机器学习算法更出色，但在有关中小型结构化数据方面，特别是在分类问题上，基于决策树的算法仍然具有更大的优势，这是因为决策树的结构和规则容易理解、可解释性强，能够清晰地展示决策的过程和依据，对数据的适应性较好，对数据的分布和特征要求相对较低。

4.2.1　树模型的发展历程

决策树算法在机器学习的分类任务中有着广泛的应用，在深度学习还没有流行时，基于极限梯度提升（extreme gradient boosting，XGBoost）训练的模型因其训练速度快、效果好，且适用于海量数据训练，在工业界备受欢迎。实际上，XGBoost 在原理上并不是一个全新的算法，它在梯度提升决策树（gradient boosting decision tree，GBDT）算法的基础上进行了工业化应用的优化改进和创新。GBDT 是一种基于梯度提升的集成学习算法，它通过迭代拟合决策树来构建最终的模型。每棵决策树都是基于前一棵决策树的残差进行训练的，通过不断拟合残差，模型的预测能力逐渐增强。

寻根溯源，如图 4-7 所示，20 世纪 80 年代后期，J.Ross Quinlan 提出了 ID3 算法，掀起了决策树研究的高潮，让决策树成为机器学习主流算法。后来，J.Ross Quinlan 又提出了 C4.5 算法，成为新的监督学习算法。1984 年，几位统计学家提出了 CART 分类算法，它不同于以往的基于信息论的决策树算法，而是从统计建模的角度来构建，应用范围更为广泛，既可以应用于分类任务，也可以应用于回归任务。

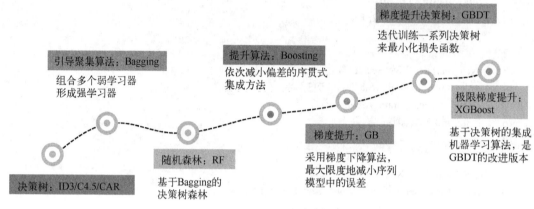

图 4-7　树模型的发展历程

引导聚集(bootstrap aggregating，Bagging)算法是机器学习领域的一种集成学习算法，它可以独立并行地训练多个学习器(称为基学习器)，每个基学习器就像领域内的专家，容易过拟合，方差较大。通过将多个不同的、相对较弱的基学习器进行综合集成，可以在提高准确率、降低方差的同时，避免过拟合的发生，从而变成一个强学习器。

随机森林(random forest，RF)是 Bagging 的一种变形，基学习器指定为决策树。RF 训练单个决策树基学习器时，不是在训练样本的所有特征中选择最优属性，而是先选择一部分特征作为该决策树的特征子集，在决策树构建过程于特征子集中选择最优特征作为分裂结点，这样增加了每个决策树的多样性，最后集成时可以降低总的方差。

提升(boosting)算法也是一种集成学习算法，它与 Bagging 算法一个重要区别是，对于多个弱学习器的训练不是独立并行的，而是序列依赖的，即每一个弱学习器的训练基于前一个弱学习器的训练结果。如果使用前一个弱学习器对训练样本进行预测发生错误，则加大该训练样本的权重，继续下一个弱学习器的训练，从而使学习器的偏差越来越小，最终将所有弱学习器进行集成综合，得到一个强学习器。

梯度提升(gradient boosting，GB)的核心思想是利用损失函数的负梯度作为残差的近似值，然后用一个基学习器拟合这个残差，再将其加到之前的模型上，从而不断地减小损失函数的值。GB 算法可以用任何基学习器，如决策树、神经网络、支持向量机等，这使得它比其他基于单一类型的基学习器的算法更加强大和多样化。

梯度提升决策树(GBDT)将决策树与梯度提升集成思想进行了有效的结合，在每一轮迭代中，GBDT 都会训练一棵新的决策树，目标是减小前一轮模型的残差(或误差)。残差是实际观测值与当前模型预测值之间的差异，新的树将学习如何纠正这些残差。最后，GBDT 将所有决策树的预测结果进行综合，得到最终的集成预测结果。这个过程使得模型能够不断修正前一轮模型的错误，从而提高预测精度。

极限梯度提升(XGBoost)算法的基本思想和 GBDT 相同，但是做了一些优化，例如，增加目标函数中损失函数的二次泰勒展开项以及描述复杂度的正则项，提高了精度，避免过拟合；使用块存储以及 CPU 的多线程进行并行计算，提高运算速度等。XGBoost 使提升树突破自身极限，被广泛应用于工业界。

4.2.2　决策树分类的基本流程

决策树(decision tree)是一种基本的分类和回归方法。第 6 章将介绍它如何解决回归问题，而本章主要讨论用于分类任务的决策树。用于分类的决策树是一种逼近离散值目标函数的方法，希望从给定的训练数据集学到一个模型，用以对新实例进行分类。在这种方法中学习到的模型(函数)被表示为一棵决策树。学习获得的决策树模型也能被表示为多个 if-then 规则，具有很好的可读性。

下面以 kaggle 平台(一个在线数据科学竞赛平台)上，一个用于入门级竞赛的著名数据集——泰坦尼克数据集为例，介绍决策树分类的流程。这个数据集记录了 1912 年泰坦尼克号沉船事件中乘客的个人信息以及他们是否生还的信息，包含乘客的 12 个属性特征，如乘客 ID、乘客姓名、性别、年龄、舱位等级、是否独自旅行(同船兄弟姐妹/配偶数量、同船父母/子女数量)、登船港口、船票编号、票价、舱位等，以及乘客是否生还的标签。表 4-2 给出了部分属性特征的数据样例。

表 4-2　泰坦尼克数据集部分属性特征的样例

乘客 ID	生还情况	舱位等级	性别	年龄	同船兄弟姐妹/配偶数量	同船父母/子女数量	票价	舱位	登船港口
1	0	3	男性	22	1	0	7.25	—	S
2	1	1	女性	38	1	0	71.2833	C85	C
3	1	3	女性	26	0	0	7.925	—	S
4	1	1	女性	35	1	0	53.1	C123	S
5	0	3	男性	35	0	0	8.05	—	S
6	0	3	男性	—	0	0	8.4583	—	Q
7	0	1	男性	54	0	0	51.8625	E46	S
8	0	3	男性	2	3	1	21.075	—	S
9	1	3	女性	27	0	2	11.1333	—	S
...	...	...	...	...	...	...	...	...	...

决策树模型是基于树结构来进行决策的，这恰是人类在面临决策问题时一种很自然的处理机制。假设当我们要对"泰坦尼克号乘客是否生还？"这样的问题进行决策时，通常会进行一系列的判断或"子决策"。例如，先看乘客的"性别"，如果是"女性"，则再看她的"船舱等级"，如果是"一等"或"二等"，再判断她的年龄，如果是"在 25～40 岁之间"，则得出最终决策：这名乘客生还的概率很大。

这个决策过程如图 4-8 所示，看起来是一棵树状的结构，称为决策树。通常一棵决策树包含一个根结点(root node)、若干个内部结点和若干个叶结点。每个结点包含相应的样本集，如图 4-8 所示的根结点"性别"，包含了含有男性和女性性别的全部样本；内部结点"船舱等级"包含了样本集中位于一等船舱且为女性的所有样本。决策树中的叶结点对应于决策结果，其他每个结点则对应于一个属性特征(简称特征)的判断，根据特征判断的结果，将该结点包含的样本集划分到相应子结点中。

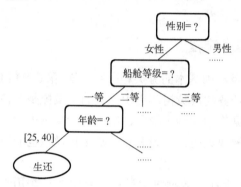

图 4-8　泰坦尼克号乘客是否生还二分类问题的一棵决策树

假设一棵决策树已构建完成，使用该决策树进行分类时，从根结点开始，依据结点对应的特征对该结点所包含的全部样本实例进行特征值判断，根据判断结果，将样本实例分配到其子结点。如此递归地对实例进行测试并分配，直至达到叶结点。最后，将每个样本实例分到叶结点中，叶结点所对应的决策类，就是该样本的分类结果。

从上述决策树分类预测流程可以看出，分类结果的关键在于从根结点到每个叶结点所对应的特征判断路径，也就是决策树中进行决策判断的特征顺序。因此，决策树学习(训练)的目的之一是构建最优的特征判断顺序。当然，另一个目的是，使该决策树的泛化能力足够强，即处理新的未见样本的能力足够强。

4.2.3　特征选择问题

决策树的分类原则是希望每个分支结点所包含的样本尽可能属于同一类别，即结点的"纯度"(purity)越高越好，而代表集合纯度的指标有信息熵(information entropy)、信息增益(information gain)、信息增益率(information gain ratio)等。

1. 信息熵

信息熵是度量样本集纯度最常用的一种指标。假设对于 k 分类任务($k \geq 2$)，构建决策树模型，对根结点来说，它含有全部训练样本集，而对某个分支结点来说，它含有全部训练样本集的一个子集。假设当前训练样本集或子集(用符号 D 来表示)含有 k 个类别(也有可能某子集中缺少某类别)，而每个类别样本所占的比例为 $p_i(i = 1, 2, \cdots, k)$，则样本集或子集 D 的信息熵定义为

$$\text{Ent}(D) = -\sum_{i=1}^{k} p_i \log_2 p_i \tag{4-12}$$

其中，若 $p_i = 0$，则 $p_i \log_2 p_i = 0$。信息熵的定义表明，$\text{Ent}(D)$ 的值越小，则样本集 D 的纯度越高。

下面通过一个实例来说明信息熵的计算。表 4-3 展示了由泰坦尼克数据集中抽出 15 个样

本实例组成的一个训练集合 D，每个实例有 6 个特征，表中最后一列是生还情况的二分类数据标签。

表 4-3 泰坦尼克数据集部分样例

乘客 ID	舱位等级	性别	年龄	亲属数量	登船港口	生还情况
1	3	1	22	1	0	0
2	1	0	38	1	1	1
3	3	0	26	0	0	1
4	1	0	35	1	0	1
5	3	1	35	0	0	0
6	1	1	54	0	0	0
7	3	1	2	4	0	0
8	3	0	27	2	0	1
9	2	0	14	1	1	1
10	3	0	4	2	0	1
11	1	0	58	0	0	1
12	3	1	20	0	0	0
13	3	1	39	6	0	0
14	3	1	14	0	0	0
15	2	0	55	0	0	1

表 4-3 中，性别信息转换为数值型数据，"0"代表女性，"1"代表男性；登船港口信息也转换为数值型数据，"0"代表英国南安普敦（Southampton，S 港），"1"代表法国瑟堡（Cherbourg，C 港），"2"代表爱尔兰昆士顿（Queenstown，Q 港）。

假设用该集合训练一棵二分类决策树，预测训练模型时未见乘客信息的生还情况。在训练初始，根结点包含训练集合 D 中所有样本，类别数量 $k=2$，其中"生还"类样本占比 $p_1=8/15$，"未生还"类样本占比 $p_2=7/15$，则根据式(4-12)计算根结点的信息熵为

$$\text{Ent}(D) = -\left(\frac{8}{15}\log_2\frac{8}{15} + \frac{7}{15}\log_2\frac{7}{15}\right) = 0.997 \tag{4-13}$$

假设用特征"舱位等级"对样本集 D 进行划分，由于离散属性"舱位等级"有 3 个可能的取值，则会产生 3 个子集，分别记为：D_1(舱位等级=1)、D_2(舱位等级=2)、D_3(舱位等级 =3)，其中 D_1 含有乘客编号为 {2,4,6,11} 的样本，且"生还"类样本占比 $p_1=3/4$，"未生还"类样本占比 $p_1=1/4$；D_2 含有乘客编号为 {9,15} 的样本，且"生还"类样本占比 $p_1=1$，"未生还"类样本占比 $p_2=0$；D_3 含有乘客编号为 {1,3,5,7,8,10,12,13,14} 的样本，且"生还"类样本占比 $p_1=3/9$，"未生还"类样本占比 $p_2=6/9$，则可以根据式(4-12)计算出用"舱位等级"划分之后所获得的 3 个子集的信息熵：

$$\text{Ent}(D_1) = -\left(\frac{3}{4}\log_2\frac{3}{4} + \frac{1}{4}\log_2\frac{1}{4}\right) = 0.811$$

$$\text{Ent}(D_2) = -\left(1\log_2 1 + 0\log_2 0\right) = 0 \tag{4-14}$$

$$\text{Ent}(D_3) = -\left(\frac{3}{9}\log_2\frac{3}{9} + \frac{6}{9}\log_2\frac{6}{9}\right) = 0.918$$

由以上实例看出，使用"舱位等级"这个特征对样本进行划分时，会产生 3 个分支结点，但每个分支结点所包含的样本数量有很大差异。考虑到不同分支结点所包含的样本数量不同，对纯度的影响也不同，因此给不同的分支结点赋予不同的权重 $w_i = |D_i| / |D|$，使样本数量越多的分支结点对整个样本集划分之后的纯度影响越大，进而提出"信息增益"的定义。

2. 信息增益

一般地，假定离散属性 a 有 m 个取值，若使用属性 a 对样本集 D 进行划分，则会产生 m 个分支结点，每个分支结点会包含样本集 D 的一个子集样本，记为 D^i，$i = 1, 2, \cdots, m$。可以根据式 (4-12) 计算出每一个分支结点所包含的子集 D^i 的信息熵 $\mathrm{Ent}(D^i)$，同时为了体现每个分支结点对样本集 D 划分之后纯度的影响，赋予不同的权重 $w_i = |D^i| / |D|$，从而得到划分所获得的"信息增益"，计算公式如下：

$$\mathrm{Gain}(D, a) = \mathrm{Ent}(D) - \sum_{i=1}^{m} \frac{|D^i|}{|D|} \mathrm{Ent}(D^i) \tag{4-15}$$

信息增益的定义希望：其值越大，则说明使用属性 a 来进行划分所获得的"纯度提升"越大。因此，可以使用信息增益来进行决策树训练时划分属性的选择，即对训练样本集针对所有属性逐一选取进行划分，对于计算划分后所获得的信息增益，取信息增益最大值的属性特征作为本次划分的属性，建立分支结点。然后，对每个分支结点迭代划分，直到：①当前分支结点包含的样本全属于同一类别，无须划分；②当前属性集为空集，或是所有样本在所有属性上取值相同，无法划分；③当前结点包含的样本集为空集，不能划分。

继续以表 4-3 所示数据集为例，计算其 6 个属性划分下的信息增益值。首先根据式 (4-15)，使用式 (4-13) 和式 (4-14) 的数据，可计算出使用"舱位等级"划分之后的信息增益为

$$\begin{aligned}
\mathrm{Gain}(D, 舱位等级) &= \mathrm{Ent}(D) - \sum_{i=1}^{3} \frac{|D_i|}{|D|} \mathrm{Ent}(D_i) \\
&= 0.997 - \left(\frac{4}{15} \times 0.811 + \frac{2}{15} \times 0 + \frac{9}{15} \times 0.918 \right) \\
&= 0.230
\end{aligned}$$

类似地，可以计算出其他几个属性的信息增益：

$$\mathrm{Gain}(D, 乘客\mathrm{ID}) = 0.997 - 0 = 0.997$$

$$\mathrm{Gain}(D, 性别) = 0.997 - \left\{ \frac{9}{15} \times \left[-\left(\frac{8}{9} \log_2 \frac{8}{9} + \frac{1}{9} \log_2 \frac{1}{9} \right) \right] + \frac{6}{15} \times 0 \right\} = 0.695$$

$$\mathrm{Gain}(D, 年龄) = 0.997 - \left\{ \frac{2}{15} \times \left[-\left(\frac{1}{2} \log_2 \frac{1}{2} + \frac{1}{2} \log_2 \frac{1}{2} \right) \right] + \frac{2}{15} \left[-\left(\frac{1}{2} \log_2 \frac{1}{2} + \frac{1}{2} \log_2 \frac{1}{2} \right) \right] \right\} = 0.730$$

$$\mathrm{Gain}(D, 亲属数量) = 0.997 - \left\{ \frac{7}{15} \times \left[-\left(\frac{4}{7} \log_2 \frac{4}{7} + \frac{3}{7} \log_2 \frac{3}{7} \right) \right] + \frac{4}{15} \left[-\left(\frac{1}{4} \log_2 \frac{1}{4} + \frac{3}{4} \log_2 \frac{3}{4} \right) \right] \right\} = 0.321$$

$$\mathrm{Gain}(D, 登船港口) = 0.997 - \left\{ \frac{13}{15} \times \left[-\left(\frac{7}{13} \log_2 \frac{7}{13} + \frac{6}{13} \log_2 \frac{6}{13} \right) \right] + \frac{2}{15} \times 0 \right\} = 0.134$$

相比之下发现，以"乘客 ID"作为划分属性，信息增益值最高，其次是以"年龄"作为划分

属性，信息增益值也很高，但这两个属性不适合作为候选划分属性。因为"乘客 ID"属性会产生 15 个分支，每个分支结点仅包含一个样本，可以说纯度已达最大；"年龄"属性会产生 13 个分支，除了 14 岁和 35 岁两个结点含有 2 个样本外，其他每个分支也仅包含 1 个样本。但是，这样的决策树不具有泛化能力，无法对新样本进行有效的预测。因此，C4.5 决策树算法不直接使用信息增益，而是使用"信息增益率"来选择最优划分属性。

那么先去除"乘客 ID"和"年龄"这两个属性，可知"性别"属性的划分信息增益最大，于是它被选为划分属性。

接下来，决策树训练算法再对每个分支结点做进一步的划分。划分方法如前所述，只不过这一层划分不再考虑"性别"这个属性。如图 4-9 左侧分支结点所含有的样本子集，记为 $D^{女性}$，分别计算基于属性"舱位等级""亲属数量""登船港口"进行划分的信息增益：

$$\text{Ent}(D^{女性}) = -\left(\frac{8}{9}\log_2\frac{8}{9} + \frac{1}{9}\log_2\frac{1}{9}\right) = 0.503$$

$$\text{Gain}(D^{女性},舱位等级) = 0.503 - \left\{\frac{3}{9}\times 0 + \frac{2}{9}\times 0 + \frac{4}{9}\times\left[-\left(\frac{3}{4}\log_2\frac{3}{4}+\frac{1}{4}\log_2\frac{1}{4}\right)\right]\right\} = 0.142$$

$$\text{Gain}(D^{女性},亲属数量) = 0.503 - \left\{\frac{4}{9}\times\left[-\left(\frac{3}{4}\log_2\frac{3}{4}+\frac{1}{4}\log_2\frac{1}{4}\right)\right] + \frac{3}{9}\times 0 + \frac{2}{9}\times 0\right\} = 0.142$$

$$\text{Gain}(D^{女性},登船港口) = 0.503 - \left\{\frac{7}{9}\times\left[-\left(\frac{6}{7}\log_2\frac{6}{7}+\frac{1}{7}\log_2\frac{1}{7}\right)\right] + \frac{2}{9}\times 0\right\} = 0.043$$

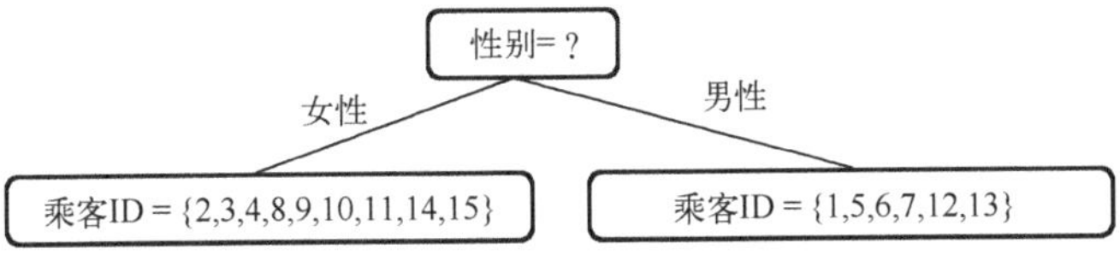

性别=？

女性   男性

乘客ID = {2,3,4,8,9,10,11,14,15}   乘客ID = {1,5,6,7,12,13}

图 4-9　使用"性别"属性对训练集进行初始划分

可以看出，以"舱位等级"和"亲属数量"两个属性进行划分，可以获得最大的信息增益，可以选择其一作为划分属性，然后继续迭代，最终可以得到如图 4-10 所示的决策树。

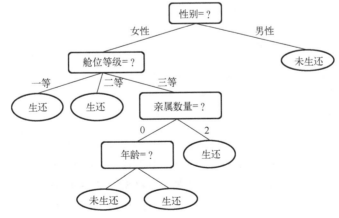

图 4-10　基于泰坦尼克数据集部分样本采用信息增益进行特征选择而生成的决策树

3. 信息增益率

信息增益值的大小是相对于训练数据集而言的，也就是说如果属性可取值种类多，则信息增益值会有所偏好，如"乘客 ID"属性，每个样本对应一个种类，如果把"年龄"属性看成每一岁对应一个种类，则可取值种类也很多，因此使用这两种属性对训练数据集进行划分，都会带来高信息增益，但并不意味着这两个特征对分类很有用。为此，使用特征的固有值（intrinsic value）来衡量特征本身的信息量，而不考虑该特征与目标变量的关系。换句话说，固有值是对特征内部信息的度量，它基于特征取值的分布情况，特征的不同取值在数据集中分布得越均匀，则说明特征本身的信息量越少，固有值也表现得越高。例如，"乘客 ID"虽然有很多不同取值，但这些取值在数据集中出现频率都一样，分布得很均匀，所以固有值很高。某属性 a 固有值的定义为

$$\text{IV}(a) = -\sum_{v \in \text{values of } a} \frac{|a=v|}{|D|} \log_2 \frac{|a=v|}{|D|} \tag{4-16}$$

其中，$|a=v|$ 是特征 a 取值为 v 的样本数量；$|D|$ 是样本数量。

固有值虽然有助于理解特征本身的信息含量，但它并没有说明特征对预测目标变量的有用程度。因此，通过将信息增益与固有值相结合，评估特征在决策树中的有用性，可以有效减小像"乘客 ID"这种对高信息增益值偏好带来的不利影响。信息增益率的定义为

$$\text{Gain\_ratio}(D, a) = \frac{\text{Gain}(D, a)}{\text{IV}(a)} \tag{4-17}$$

例如，表 4-3 中几个特征的固有值计算为

$$\text{IV}(乘客\text{ID}) = -\left(\frac{1}{15}\log_2\frac{1}{15}\right) \times 15 = 3.907$$

$$\text{IV}(舱位等级) = -\left(\frac{4}{15}\log_2\frac{4}{15} + \frac{2}{15}\log_2\frac{2}{15} + \frac{9}{15}\log_2\frac{9}{15}\right) = 1.338$$

$$\text{IV}(性别) = -\left(\frac{9}{15}\log_2\frac{9}{15} + \frac{6}{15}\log_2\frac{6}{15}\right) = 0.971$$

$$\text{IV}(年龄) = -\left(\frac{1}{15}\log_2\frac{1}{15} \times 11 + \frac{2}{15}\log_2\frac{2}{15} \times 2\right) = 3.640$$

$$\text{IV}(亲属数量) = -\left(\frac{7}{15}\log_2\frac{7}{15} + \frac{4}{15}\log_2\frac{4}{15} + \frac{2}{15}\log_2\frac{2}{15} + \frac{1}{15}\log_2\frac{1}{15} \times 2\right) = 1.930$$

$$\text{IV}(登船港口) = -\left(\frac{13}{15}\log_2\frac{13}{15} + \frac{2}{15}\log_2\frac{2}{15}\right) = 0.567$$

则它们的信息增益率为

$$\text{Gain\_ratio}(D, 乘客\text{ID}) = 0.997 / 3.907 = 0.255$$

$$\text{Gain\_ratio}(D, 舱位等级) = 0.230 / 1.338 = 0.172$$

$$\text{Gain\_ratio}(D, 性别) = 0.695 / 0.971 = 0.716$$

$$\text{Gain\_ratio}(D, 年龄) = 0.730 / 3.640 = 0.201$$

$$\text{Gain\_ratio}(D, 亲属数量) = 0.321 / 1.930 = 0.166$$

$$\text{Gain\_ratio}(D, 登船港口) = 0.134 / 0.567 = 0.236$$

从计算结果看出，以"性别"属性的划分信息增益率最大，可选择此属性作为训练样本集 D 的首要划分属性。

4.2.4 经典决策树模型

1. ID3 算法

ID3 算法是一种决策树学习的基本算法，其核心思想是以信息增益作为衡量标准来选择最优的分裂属性，进而递归地构建决策树。具体方法是：首先需要确定一个数据集，其中每个样本都包含多个属性特征和一个类别标签，然后从根结点开始，对结点计算所有可能的特征的信息增益，选择信息增益最大的特征作为结点的特征，由该特征的不同取值建立子结点；再对子结点递归地调用以上方法，构建决策树；直到所有特征的信息增益均很小或没有特征可以选择，最后得到一个决策树。算法描述如下。

输入：训练数据集 D，特征集 A，阈值 ε

输出：决策树 DT

(1) 若训练集 D 中所有实例属于同一类，则 DT 为单结点树，并将类 C_k 作为该结点的类标记，返回 DT；

(2) 若特征集 $A = \varnothing$，则 DT 为单结点树，并将训练集 D 中实例数最大的类 C_k 作为该结点的类标记，返回 DT；

(3) 否则，按式 (4-15) 计算 A 中各特征对 D 的信息增益，选择信息增益最大的特征 a_{Gain}；

(4) 如果 a_{Gain} 的信息增益小于阈值 ε，则置 DT 为单结点树，并将 D 中实例数最大的类 C_k 作为该结点的类标记，返回 DT；

(5) 否则，对 a_{Gain} 的每一可能值 a_i，依 $a_{\mathrm{Gain}} = a_i$ 将数据集 D 分割为若干非空子集 D_i，将 D_i 中实例数最大的类作为标记，构建子结点，由结点及其子结点构成树 DT，返回 DT；

(6) 对第 i 个子结点，以 D_i 为训练集，以 $A - \{a_{\mathrm{Gain}}\}$ 为特征集，递归地调用步骤 (1)～步骤 (5)，得到子树 T_i，返回 T_i。

以上伪代码是一个简化版本，实际 ID3 算法需要考虑更多的细节，如处理连续型属性、处理缺失值等。此算法不能在搜索中进行回溯，因而不能判断有多少其他的决策树与现有的训练数据一致，这样算法只能收敛到局部最优的答案，而不能得到全局最优的答案，且此算法依赖于属性值数目较多的属性(以信息增益作为划分准则)，但是属性值较多的属性不一定是分类最优的属性。

2. C4.5 算法

C4.5 算法是在 ID3 算法的基础上改进的一种决策树算法。它与 ID3 算法相似，但对 ID3 算法进行了改进。其使用信息增益率来选择最优的划分属性，以减小 ID3 算法在选择属性时偏向于具有大量值的属性的趋势。另外，C4.5 算法可以处理连续和缺失的属性值，并且可以通过剪枝来提高决策树的泛化能力。算法描述如下。

输入：训练数据集 D，特征集 A，阈值 ε

输出：决策树 DT

(1) 若训练集 D 中所有实例属于同一类，则 DT 为单结点树，并将类 C_k 作为该结点的类标记，返回 DT；

（2）若特征集 $A = \varnothing$，则 DT 为单结点树，并将训练集 D 中实例数最大的类 C_k 作为该结点的类标记，返回 DT；

（3）否则，按式(4-17)计算 A 中各特征对 D 的信息增益率，选择信息增益率最大的特征 a_{Gain}；

（4）如果 a_{Gain} 的信息增益小于阈值 ε，则置 DT 为单结点树，并将 D 中实例数最大的类 C_k 作为该结点的类标记，返回 DT；

（5）否则，对 a_{Gain} 的每一可能值 a_i，依 $a_{\text{Gain}} = a_i$ 将数据集 D 分割为若干非空子集 D_i，将 D_i 中实例数最大的类作为标记，构建子结点，由结点及其子结点构成树 DT，返回 DT；

（6）对第 i 个子结点，以 D_i 为训练集，以 $A - \{a_{\text{Gain}}\}$ 为特征集，递归地调用步骤(1)～步骤(5)，得到子树 T_i，返回 T_i。

可以发现，以上伪代码与 ID3 算法唯一的区别是步骤(3)，以信息增益率代替信息增益。另外，C4.5 还有优化方法没有在上述伪代码中体现出来。例如，接下来将在 4.2.5 节介绍连续值的处理和剪枝方法。

4.2.5　提升决策树模型性能

1. 连续值问题

以上介绍的决策树算法，在决策树生成过程中，都是基于离散属性来划分分支的。现实分类任务中的数据集常常含有连续值特征，如 4.2.2 节中提到的泰坦尼克数据集，其中的年龄属性就带有连续值的特征，所以有必要讨论如何在决策树学习中使用连续属性。

由于连续属性的可取值数目不再有限，因此不能直接根据连续属性的可取值对结点进行划分，因此有必要对连续属性进行离散化处理。通常具有以下几种处理策略。

1）二分法

二分法(binary splitting)是最简单的一种策略，C4.5 决策树算法中采用的正是这种机制。该策略的核心思想是：选择一个切分点，将连续值分成两部分，但可能会产生不平衡的子集，因此切分点需要进行最优选择。

例如，给定样本集 D 和连续属性 a，假定 a 在 D 上出现了 n 个不同的取值，将这些值从小到大进行排序，记为 $\{a_1, a_2, \cdots, a_n\}$。如果基于某划分点 t，则可将 D 分为两个子集 D_t^- 和 D_t^+，其中 D_t^- 包含那些在属性 a 上取值不大于 t 的样本，而 D_t^+ 则包含那些在属性 a 上取值大于 t 的样本。显然 t 的取值可以为区间 (a_1, a_n) 内的任意值。已知在两个相邻取值区间任意取一个值对样本进行划分，划分结果是相同的。例如，表 4-3 中"年龄"属性有 13 个不同的取值，对它们进行递增排序，可得到集合 $\{2, 4, 14, 20, 22, 26, 27, 35, 38, 39, 54, 55, 58\}$，如果在区间[35,38)中无论取什么值，对样本的划分是一样的，那么在区间[39,54)中无论取什么值，对样本的划分也是一样的。因此，对于"年龄"属性，可考察 12 个不同取值区间的 12 个候选划分点，且这 12 个划分点取值可以是区间内的任意值，不妨取区间的中间值。因此，一般地，对于上述连续属性 a，可考察包含 $n-1$ 个元素的候选划分点集合：

$$T_a = \left\{ \frac{a_i + a_{i+1}}{2} \mid 1 \leq i \leq n-1 \right\} \tag{4-18}$$

　　然后，就可像离散属性值一样来考察这些划分点，选取最优的划分点进行集合的划分。此时，信息增益公式修改为

$$\text{Gain}(D,a) = \max_{t \in T_a} \text{Gain}(D,a,t) = \max_{t \in T_a} \text{Ent}(D) - \sum_{\lambda \in \{-,+\}} \frac{|D_t^{\lambda}|}{|D|} \text{Ent}(D_t^{\lambda}) \tag{4-19}$$

其中，$\text{Gain}(D,a,t)$ 是样本集 D 基于划分点 t 二分后的信息增益，可选择使 $\text{Gain}(D,a,t)$ 最大化的划分点。

例 4-8：利用 Python 的 sklearn 库对连续特征使用二分法进行离散化处理并计算信息增益

```
1    import pandas as pd
2    from sklearn.feature_selection import mutual_info_classif
3    from sklearn.tree import DecisionTreeClassifier
4    import numpy as np
5
6    # 加载数据
7    file_path = '泰坦尼克数据集部分数据.xlsx'          # 替换为您的文件路径
8    data = pd.read_excel(file_path)
9
10   # 计算年龄的中位数作为普通二分法的划分点
11   median_age = data['年龄'].median()
12
13   # 使用中位数划分点将年龄二值化
14   data['Age_Bin'] = np.where(data['年龄'] <= median_age, 0, 1)
15
16   # 提取特征和目标变量
17   X = data['Age_Bin'].values.reshape(-1, 1)          # 年龄作为二值特征
18   y = data['生还情况'].values                          # 生还情况作为目标变量
19
20   # 计算二值化年龄的信息增益
21   info_gain_bin = mutual_info_classif(X, y, discrete_features=True)
22
23   # 使用 C4.5 算法机制寻找最佳划分点
24   clf = DecisionTreeClassifier(max_depth=1)
25   clf.fit(data[['年龄']], data['生还情况'])
26   best_threshold = clf.tree_.threshold[0]
27
28   # 使用最佳划分点计算信息增益
29   X_thresholded = np.where(data['年龄'] <= best_threshold, 0, 1).reshape(-1, 1)
30   info_gain_thresholded = mutual_info_classif(X_thresholded, y, discrete_features=True)
31
32   # 输出结果
33   print(f"普通二分法的年龄特征信息增益：{info_gain_bin[0]}")
34   print(f"C4.5 算法的年龄特征最佳划分点：{best_threshold}")
35   print(f"C4.5 算法的年龄特征信息增益：{info_gain_thresholded[0]}")
```

输出结果：

普通二分法的年龄特征信息增益：0.002554364154960187

C4.5 算法的年龄特征最佳划分点：54.5
C4.5 算法的年龄特征信息增益：0.0927623900975213

由以上代码的输出结果可以看出，对于"年龄"这种连续特征，简单地选择中位数作为划分点，相较于采用 C4.5 算法寻找最优划分点，对连续特征二值化计算后的信息增益要小得多。

2）等频分桶

使用二分法对连续属性离散化是将连续属性二值化。等频分桶（equal frequency binning）是将连续特征值划分为若干区间（桶），使得每个桶内含有相同数量的数据点。这种方法可以确保每个区间内的数据分布较为均匀，有助于模型学习数据的真实分布，但可能会忽略一些有意义的边界值。与二分法相比，因为它不依赖于单个切分点，而是将数据分布在多个桶中，这有助于模型泛化。

例 4-9：利用 Python 的 sklearn 库对连续特征使用等频分桶进行离散化处理并计算信息增益

代码

```
1    import numpy as np
2    from sklearn.model_selection import train_test_split
3    from sklearn.tree import DecisionTreeClassifier
4    from sklearn.preprocessing import KBinsDiscretizer
5
6    # 加载数据，替换为您数据的文件路径
7    file_path = '泰坦尼克数据集部分数据.xlsx'
8    data = pd.read_excel(file_path)
9
10   y = data['生还情况'].values          # 以"生还情况"作为目标变量
11
12   # 选择一个连续特征(年龄)进行分桶
13   X = data['年龄'].values.reshape(-1, 1)
14
15   # 使用 KBinsDiscretizer 函数进行等频分桶，参数 strategy='quantile'表示使用等频分桶
16   disc = KBinsDiscretizer(n_bins=3, encode='ordinal', strategy='quantile')
17   disc.fit(X)
18   X_binned = disc.transform(X)
19   data['Age_EFB']=X_binned # 给数据添加一个离散化的年龄特征
20   # 打印"年龄"特征等频分桶离散化之后的数据
21   print(data.sort_values(by='年龄'))
22   # 计算离散化年龄特征的信息增益
23   info_gain_bin = mutual_info_classif(X_binned, y, discrete_features=True)
24   # 输出结果
25   print(f"等频分桶法的年龄特征信息增益：  {info_gain_bin[0]}")
```

输出结果：

	乘客 ID	舱位等级	性别	年龄	亲属数量	登船港口	生还情况	Age_EFB
6	7	3	1	2	4	0	0	0.0
9	10	3	0	4	2	0	1	0.0
8	9	2	0	14	1	1	1	0.0
13	14	3	0	14	0	0	0	0.0

11	12	3	1	20	0	0	0	0.0
0	1	3	1	22	1	0	0	1.0
2	3	3	0	26	0	0	1	1.0
7	8	3	0	27	2	0	1	1.0
3	4	1	0	35	1	0	1	1.0
4	5	3	1	35	0	0	0	1.0
1	2	1	0	38	1	1	1	2.0
12	13	3	1	39	6	0	0	2.0
5	6	1	1	54	0	0	0	2.0
14	15	2	0	55	0	0	1	2.0
10	11	1	0	58	0	0	1	2.0

等频分桶法的信息增益：0.017911642304561687

3）等宽分桶

等宽分桶（equal width binning）是将连续值划分为宽度相等的几个区间（桶），每个桶的宽度是通过计算变量的最大值和最小值之差，然后除以桶的数量来确定的。这种方法易于实现，由于每个桶的宽度相同，这使得每个特征值在模型中的重要性大致相同，但如果数据分布不均匀，可能会导致某些桶中的数据点数量远多于其他桶，从而影响模型的性能。

例 4-10：利用 Python 的 sklearn 库对连续特征使用等宽分桶进行离散化处理并计算信息增益

```
1    import numpy as np
2    from sklearn.model_selection import train_test_split
3    from sklearn.tree import DecisionTreeClassifier
4    from sklearn.preprocessing import KBinsDiscretizer
5
6    # 加载数据，替换为您数据的文件路径
7    file_path = '泰坦尼克数据集部分数据.xlsx'
8    data = pd.read_excel(file_path)
9
10   y = data['生还情况'].values        # 以"生还情况"作为目标变量
11
12   # 选择一个连续特征(年龄)进行分桶
13   X = data['年龄'].values.reshape(-1, 1)
14
15   # 使用 KBinsDiscretizer 函数进行等频分桶，参数 strategy=uniform 表示使用等宽分桶
16   disc = KBinsDiscretizer(n_bins=3, encode='ordinal', strategy=uniform)
17   disc.fit(X)
18   X_binned = disc.transform(X)
19   data['Age_EFB']=X_binned        # 给数据添加一个离散化的年龄特征
20   # 打印"年龄"特征等宽分桶离散化之后的数据
21   print(data.sort_values(by='年龄'))
22   # 计算离散化年龄特征的信息增益
23   info_gain_bin = mutual_info_classif(X_binned, y, discrete_features=True)
24   # 输出结果
25   print(f"等频分桶法的年龄特征信息增益： {info_gain_bin[0]}")
```

代码

输出结果：

	乘客 ID	舱位等级	性别	年龄	亲属数量	登船港口	生还情况	Age_EFB
6	7	3	1	2	4	0	0	0.0
9	10	3	0	4	2	0	1	0.0
8	9	2	0	14	1	1	1	0.0
13	14	3	0	14	0	0	0	0.0
11	12	3	1	20	0	0	0	0.0
0	1	3	1	22	1	0	0	1.0
2	3	3	0	26	0	0	1	1.0
7	8	3	0	27	2	0	1	1.0
3	4	1	0	35	1	0	1	1.0
4	5	3	1	35	0	0	0	1.0
1	2	1	0	38	1	1	1	2.0
12	13	3	1	39	6	0	0	2.0
5	6	1	1	54	0	0	0	2.0
14	15	2	0	55	0	0	1	2.0
10	11	1	0	58	0	0	1	2.0

等宽分桶法的年龄特征信息增益：0.0205928044582164

由以上代码可以看到，将 KBinsDiscretizer 函数的参数 strategy 设置为 uniform，即可实现等宽分桶。

2. 剪枝方法

决策树是一种强大的模型，能够捕捉数据中的复杂关系。但是，在进行模型训练时，树可能生长得过于复杂，以至于它不仅学习了数据的真实分布，还学习了噪声和异常值，这种情况称为过拟合。解决过拟合的方法是对决策树进行剪枝处理。通过减小模型的复杂度，提高模型的泛化能力。剪枝处理也可以简化决策树的结构，提高计算效率，同时可以去除那些对模型性能提升不大的结点，获得更高的准确率，但过度的剪枝可能导致模型欠拟合，因此准确地判断剪枝前后决策树的泛化性能，进而选择合适的剪枝策略，对于构建有效的决策树模型至关重要。使用 4.1.2 节介绍的分类模型性能评价方法，无论使用留一交叉验证法还是 k 折交叉验证法，都可以进行评估。

决策树的剪枝有两种主要方法：预剪枝(pre-pruning)和后剪枝(post-pruning)。

1) 预剪枝

预剪枝是在构造决策树的同时进行剪枝。在决策树的构建过程中，如果无法进一步降低信息准则(信息增益、信息增益率等)，就会停止创建分支。为了避免过拟合，可以设定一个阈值，信息准则减小的数量小于这个阈值，即使还可以继续降低熵，也会停止继续创建分支，这种方法称为预剪枝。还有一些简单的预剪枝方法，如限制叶子结的样本个数，当样本个数小于一定的阈值时，不再继续创建分支。

尽管预剪枝方法看起来很直接，但是在实践中，后剪枝方法被证明更成功。这是因为预剪枝需要精确地估计何时停止树的增长，这非常困难。

2）后剪枝

后剪枝是指决策树构造完成后进行剪枝。剪枝的过程是对拥有同样父结点的一组结点进行检查，判断如果将其合并，信息准则的增加量是否小于某一阈值。如果小于阈值，则这一组结点可以合并为一个结点，后剪枝是目前较普遍的做法。后剪枝的过程是删除一些子树，然后用子树的根结点代替，来作为新的叶结点。这个新的叶子结所标识的类别通过大多数原则来确定，即把此叶子结里样本最多的类别作为它所标识的类别。

后剪枝算法有很多种，其中常用的一种称为降低错误率剪枝法（reduced-error pruning）。其思路是：自底向上，从已经构建好的完全决策树中找出一个子树，然后用子树的根结点代替这棵子树，作为新的叶子结。叶子结所标识的类别通过大多数原则来确定，这样就构建出一个新的简化版的决策树，然后使用验证数据集来测试简化版本的决策树，观察其错误率是否降低。如果错误率降低，则可以使用这个简化版的决策树代替完全决策树，否则还是采用原来的决策树。通过遍历所有的子树，到针对交叉验证数据集，无法进一步降低错误率为止。

4.3　k-近邻算法

4.3.1　k-近邻算法原理和流程

k-近邻（k-nearest neighbors，kNN）算法是一种基本的机器学习算法，在分类和回归问题中都有应用，它的核心思想是通过测量不同特征值之间的距离来对数据进行分类或回归。距离的计算如 1.4 节介绍的欧氏距离、曼哈顿距离等所示。假设 X_test 为待预测的数据样本，X_train 为带标签的训练数据集，kNN 算法的基本流程有以下几点。

（1）选择距离度量方式：通常会使用欧氏距离计算样本之间的距离，但也可以使用其他距离度量方法，如曼哈顿距离或汉明距离。遍历 X_train 中的所有样本，计算每个样本与 X_test 待测样本的距离，并把距离保存在 Distance 数组中。

（2）选择邻居数量 k：对 Distance 数组进行排序，取距离最近的 k 个点，记为 X_knn。k 是一个超参数，表示在训练集中基于步骤（1）选定的距离度量方式找出最近的 k 个邻居。k 值的选择对模型的性能有很大的影响，4.3.3 节将详细介绍该超参数的选择。

（3）进行分类或回归：如果是分类问题，kNN 算法会查看这 k 个邻居的标签，并使用多数投票的方式，将 k 个邻居样本中出现最多的类别标签预测为新样本的类别；如果是回归问题，kNN 算法会计算这 k 个邻居目标值的平均值，将其作为新样本的预测值。具体地，对于分类问题，在 X_knn 中统计每个类别的个数，如类别 0 在 X_knn 中有几个样本，类别 1 在 X_knn 中有几个样本，以此类推，直到统计完全部类别。而待预测样本的类别，就是在 X_knn 中样本个数最多的类别。

从以上流程可以看出，k-近邻算法似乎没有训练过程，它是"懒惰学习"（lazy learning）的代表，此类模型的训练过程被延迟到必须进行预测时才进行。在训练阶段仅仅是存储或索引训练数据，训练时间几乎开销为零，而实际的模型参数直到接收新的预测样本后再进行处理和确定。这与"急切学习"（eager learning）形成对比，它们在训练阶段就会对样本进行学习处理，建立一个预测模型，之后使用这个模型进行预测。

在 kNN 算法中，训练数据被存储起来，当一个新的数据点需要被分类或回归时，算法会在训练数据中找到与这个新数据点最接近的 k 个数据点(邻居),并根据这些邻居的信息来进行预测。

懒惰学习由于是在预测阶段动态计算训练集,所以可以更好地适应训练数据中的变化,但通常在处理非常大的数据集时会有性能瓶颈,也需要较大的内存空间,当数据集很大时,不适合需要快速响应的应用。

4.3.2 使用 k-近邻算法进行分类应用

在 Python 的机器学习库 sklearn 中,sklearn.neighbors.KNeighbors Classifier 类是实现 k-近邻算法的类。这个类可以用来执行为带有一个或多个标签的数据集进行分类的任务。

k-近邻算法代码示例如例 4-11 所示。

代码第 1~8 行,使用 sklearn.datasets.samples_generator 模块的 make_blobs() 函数来生成数据集,生成 60 个训练样本,这 60 个样本分布在以 centers 参数指定的中心点周围。cluster_std 是标准差,用来指明生成的训练集样本点分布的松散程度。生成的训练数据集放在变量 X 中,数据集的类别标记放在变量 y 中。这些样本点的分布一目了然,其中三角形的点即各个类别的中心节点。

代码第 9~20 行,可视化生成的训练数据集。

代码第 21~24 行,使用 KNeighbors Classifier 对算法进行训练,设定参数 k =5。关于 k 值选择问题,将在 4.3.3 节介绍。

代码第 25~28 行,对一个新的样本进行预测,预测的样本设定为[0, 2],使用 kneighbors() 方法,把样本周围距离最近的 5 个点计算出来并返回。返回值 neighbors 是计算出来最近的点在训练样本 X 中的索引,索引从 0 开始标记。

代码第 29~39 行,把预测的样本类别(以颜色标记)以及和其最近的 5 个点标记出来。可以看出"×"标记的预测样本周围近邻的 5 个样本点有 3 个是紫色的,2 个是绿色的,因此按照投票方法,预测样本的类别是占多数的紫色。

例 4-11:使用 Python 的 sklearn 库实现 k-近邻算法

代码

```
1    import numpy as np
2    from sklearn.neighbors import KNeighborsClassifier
3    from sklearn.datasets import make_blobs
4    from sklearn.model_selection import train_test_split
5    import matplotlib.pyplot as plt
6    # 生成简单的三分类数据集,且指定三个类别数据的质心
7    centers = [[-2, 2], [2, 2], [0, 4]]
8    X, y = make_blobs(n_samples=60, centers=centers, random_state=0, cluster_std=0.60)
9    # 画出训练数据和中心点
10   plt.figure(figsize=(10, 6), dpi=144)
11   plt.rcParams['font.family'] = ['SimSun']           # 或者使用其他中文字体
12   plt.rcParams['axes.unicode_minus'] = False         # 确保负号可以正确显示
13   plt.subplots_adjust(hspace=0.3, wspace=0.3)
14   plt.subplot(121)
15   c = np.array(centers)
16   plt.scatter(X[:, 0], X[:, 1], c=y, s=20, cmap='rainbow')   # 画出样本
17   plt.scatter(c[:, 0], c[:, 1], s=50, marker='^', c='orange')  # 画出中心点
18   plt.title('训练数据和中心点')
```

```
19    plt.xlabel('特征 1')
20    plt.ylabel('特征 2')
21    # 模型训练
22    k = 5
23    knn = KNeighborsClassifier(n_neighbors=k)
24    knn.fit(X, y)
25    # 设定测试样本并进行预测
26    X_test = np.array([0, 2]).reshape(1, -1)
27    y_pred = knn.predict(X_test)
28    neighbors = knn.kneighbors(X_test, return_distance=False)
29    # 画出示意图
30    plt.subplot(122)
31    plt.scatter(X[:,0],X[:,1],c=y,s=20,cmap='rainbow')
32    plt.scatter(X_test[0][0],X_test[0][1],marker="x",c=y_pred,s=20,cmap='rainbow')
33    # 预测点与距离最近的 5 个样本的连线
34    for i in neighbors[0]:
35      plt.plot([X[i][0], X_test[0][0]], [X[i][1], X_test[0][1]], 'k--', linewidth=0.6)
36      plt.title(f'k-近邻示意图')
37    plt.xlabel('特征 1')
38    plt.ylabel('特征 2')
39    plt.show()
```

输出结果如图 4-11 所示。

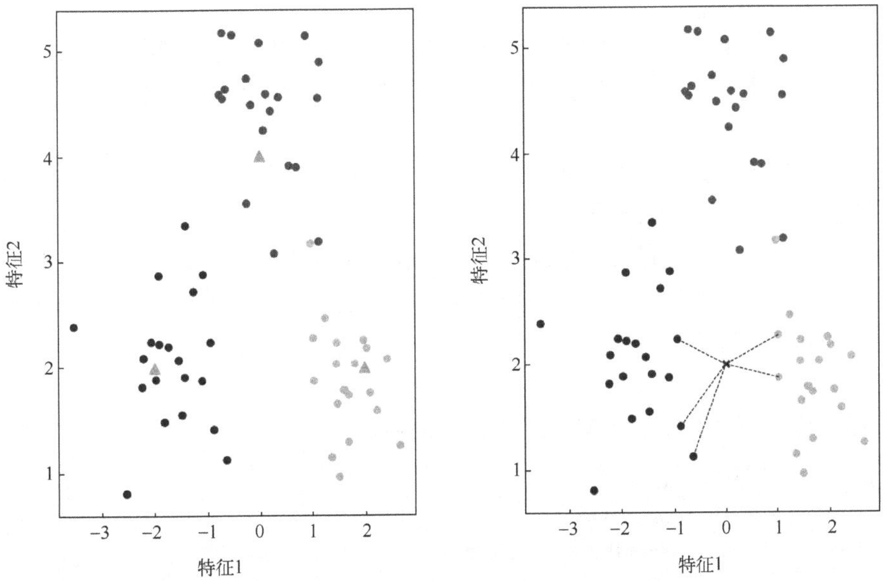

(a) 训练数据和中心点　　　　　　(b) k-近邻分类示意图

图 4-11　例 4-11 输出结果

4.3.3　k 值选择问题

图 4-12(a)给出了可视化的含有两类标签的训练样本数据，红色圆点数据为一类(简称红类)，蓝色三角数据为另一类(简称蓝类)，黑色点为预测样本数据。

由图 4-12（b）可以看出，当 k 取不同值时，分类结果会有显著不同。

彩图

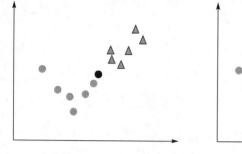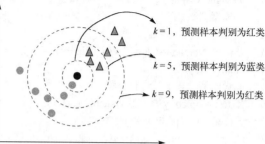

(a) 训练样本数据和预测样本数据　　　　　(b) 不同 k 取值的等距线

图 4-12　k-近邻分类示意图

如果选择较小的 k 值，就相当于用较小邻域中的训练样本进行预测，"学习"的近似误差（approximation error）会减小，只有与测试样本较近的（相似的）训练样本才会对预测结果起作用，但缺点是"学习"的估计误差（estimation error）会增大，预测结果会对邻近的样本点非常敏感。如果邻近的样本点恰巧是噪声，预测就会出错。换句话说，容易发生过拟合。

如果选择较大的 k 值，就相当于用较大邻域中的训练样本进行预测，其优点是可以减小学习的估计误差，但缺点是学习的近似误差会增大，这时与测试样本较远的（不相似的）训练样本也会对预测起作用，使预测发生错误。k 值的增大就意味着整体的模型变得简单，容易发生欠拟合。

极端情况下，如果 k 取值为训练样本总数量，那么无论输入的测试样本是什么，都将简单地预测为训练样本中数量最多的类别。这时，模型完全忽略训练实例中的大量有用信息，是不可取的。

在应用中，k 值一般取一个比较小的数值。通常采用交叉验证法来选取最优的 k 值。

交叉验证通过定义一个合理的 k 值候选范围，并对每个 k 值进行 k 折交叉验证，计算平均交叉验证准确率，最终选择准确率最高的 k 值作为最优 k 值，这是一种很有效的方法，以选择 k-近邻算法中最合适的 k 值。这种方法可以避免过拟合或欠拟合的问题，同时也可以通过可视化准确率与 k 值的关系曲线来更直观地选择 k 值。

举例说明，代码如下所示。

例 4-12： 使用交叉验证法确定 k-近邻算法的最佳 k 值

代码

```
1    import matplotlib.pyplot as plt
2    from sklearn.datasets import load_iris
3    from sklearn.neighbors import KNeighborsClassifier
4    from sklearn.model_selection import cross_val_score
5    # 加载 iris 数据集
6    iris = load_iris()
7    X, y = iris.data, iris.target
8    # 先划定 k 值的选取范围
9    k_range = [1, 3, 5, 7, 9, 11, 13, 15]
10   # 创建 k-近邻分类器模型
11   knn = KNeighborsClassifier()
12   # 进行交叉验证
```

```
13   scores = []
14   for k in k_range:
15     knn.n_neighbors = k
16     # 使用 5 折交叉验证计算准确率
17     score = cross_val_score(knn, X, y, cv=5, scoring='accuracy').mean()
18     scores.append(score)
19   # 找到最优的 k 值
20   best_k = k_range[np.argmax(scores)]
21   print(f"最佳 k 值: {best_k}")
22   # 绘制折线图
23   plt.figure(figsize=(8, 6))
24   plt.rcParams['font.family'] = ['SimSun']        # 或者使用其他中文字体
25   plt.rcParams['axes.unicode_minus'] = False      # 确保负号可以正确显示
26   plt.plot(k_range, scores)
27   plt.xlabel('k 值')
28   plt.ylabel('交叉验证准确率')
29   plt.title('k-近邻算法: 准确率与 k 值关系')
30   plt.axvline(x=best_k, color='r', linestyle='--', label=f'最佳 k = {best_k}')
31   plt.legend()
32   plt.grid()
33   plt.show()
```

输出结果如图 4-13 所示。

最佳 k 值: 7

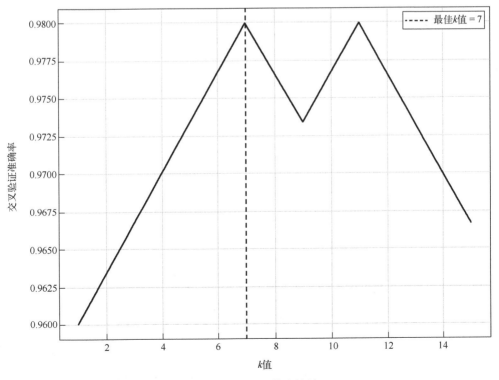

图 4-13   例 4-12 输出结果

上述示例中，首先，代码第 6～9 行加载了 iris（鸢尾花）数据集并定义了 k 值的候选范围。然后，代码第 11 行创建了一个 k-近邻分类器模型，代码第 14～18 行对预先设定的每个 k 值进行 5 折交叉验证，计算平均准确率。即将 iris 数据集随机分成 5 份，每次使用 4 份作为训练集，1 份作为测试集，对测试集进行预测，并根据原有测试集数据标签进行预测准确率的计算。这样共进行 5 轮预测，得到 5 次准确率，求平均值 score。依据设定的 8 个 k 值，会得到 8 个平均值 score。最后，代码第 20 行，找到准确率最高的 k 值作为最优 k 值。代码第 23～33 行绘制了一个折线图来可视化不同 k 值下模型性能的变化趋势。显然，$k = 7$ 时，交叉验证的准确率最高。

4.4　支持向量机

支持向量机（support vector machine，SVM）是一种监督学习算法，也是由 Vapnik 等在 20 世纪 90 年代提出的一种机器学习算法。它是一种判别模型，可以用于分类或回归任务。它的发展源于统计学习理论和结构风险最小化原则。在分类问题中，SVM 分类器尝试找到一个能够最优地将不同类别的数据点分开的超平面。这个划分超平面通过最大化类别之间的间隔（margin）来实现。间隔是超平面到最近的数据点（即支持向量）的距离的两倍。在回归问题中，支持向量回归（support vector regression，SVR）不是试图找到一个能够分隔数据的划分超平面，而是寻找一个尽可能包含所有数据点的最优超平面，同时允许一定的误差，但需最小化预测误差。

想要理解支持向量机，必须理解下面两个定义。

划分超平面：如图 4-14(a) 所示，在二维空间中，一条直线可以将两类数据划分开；而在三维空间中，划分开两类数据的是一个平面，如图 4-14(b) 所示。在更高维空间中，分割数据的边界（boundary）称为划分超平面。

支持向量：在训练数据集中，最接近划分超平面的数据点称为支持向量。这些点是定义划分超平面的决定因素。

彩图

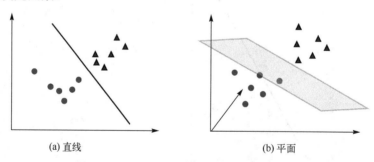

　　　　　　(a) 直线　　　　　　　　　　　　　　(b) 平面

图 4-14　超平面定义示意图

SVM 属于判别模型，而基于判别式的分类（discriminant-based classification）是对类之间的判别形成进行假设，却不对密度、输入是否相关等知识做任何假设。例如，为判别式定义一个模型 $g_i(x|\theta_i)$，该模型显式地用参数对把类分开的边界形式进行假设，而不对类密度的形式进行假设，因为估计类密度比估计类判别式更困难。

当数据集线性可分时，最简单的判别式是 x 的线性函数，也称为线性判别式（linear discriminant）。使用线性判别式的支持向量机称为线性支持向量机（linear support vector machine)。对该判别式的参数求解就是在特征空间中找到一个最优的划分超平面，将不同类别的样本分开，并且使得间隔(即支持向量到超平面的距离)最大化。

在现实问题中，完全的线性可分是罕见的。软间隔支持向量机(soft margin support vector machine)允许一些数据点违反间隔约束，通过引入一个松弛变量(slack variable) ξ_i 和正则化惩罚参数 C 来控制这些违反的程度。

当数据集不是线性可分时，可以使用非线性核函数(如多项式核、径向基函数(radial basis function，RBF)核、Sigmoid 核等)将数据映射到高维空间，使其在高维空间中线性可分。接下来将详细介绍这三种支持向量机。

4.4.1　线性支持向量机

在线性支持向量机中，假设训练数据集是线性可分的，即存在一个划分超平面可以将两类样本完全分开。这个划分超平面可以用方程(4-20)表示：

$$g(\boldsymbol{w},b) = \boldsymbol{w} \cdot \boldsymbol{x} + b = 0 \tag{4-20}$$

其中，$\boldsymbol{w}$ 是超平面的法向量，决定了超平面的方向；b 是偏置项，决定了超平面与原点的距离。该划分超平面将特征空间划分为两部分，一部分是正类，另一部分是负类。法向量指向的一侧为正类，另一侧为负类，如图 4-15(a)所示。

一般地，当训练数据集线性可分时，存在无穷多个划分超平面可将两类数据正确分开，如图 4-15(b)所示。为了找到最优的超平面，线性 SVM 实际解决的是一个凸二次规划问题，即最大化间隔，同时满足以下约束条件：

$$y_i(\boldsymbol{w} \cdot \boldsymbol{x}_i + b) \geqslant 1, \quad i = 1, 2, \cdots, n \tag{4-21}$$

其中，y_i 是第 i 个样本的类别标签(对于二分类任务取值为 1 或 –1)；$\boldsymbol{x}_i$ 是第 i 个样本的特征向量；n 是样本总数。方程(4-21)指出 $\boldsymbol{w}$ 是超平面的法向量，也是权重向量(weight vector)，它的每个分量对应于特征空间中的一个特征维度，它的方向和长度共同决定了分割两类数据的超平面。

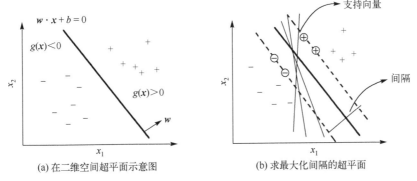

彩图

(a) 在二维空间超平面示意图　　　　　(b) 求最大化间隔的超平面

图 4-15　线性支持向量机

在模型训练过程中，SVM 的一个关键目标是最大化数据点到超平面的间隔，使得正类和负类数据点分别位于超平面的两侧。权重向量 $\boldsymbol{w}$ 的长度与间隔的大小直接相关。样本空间中任意样本 $\boldsymbol{x}_i$ 到超平面 $g(\boldsymbol{w},b)$ 的距离为

$$d = \frac{|\boldsymbol{w} \cdot \boldsymbol{x}_i + b|}{\|\boldsymbol{w}\|} \tag{4-22}$$

其中，$\|\boldsymbol{w}\|$ 是权重向量的欧几里得范数。

由式（4-21）可知，两个异类支持向量到超平面的距离之和为

$$\text{margin} = \frac{|\boldsymbol{w} \cdot \boldsymbol{x}_i + b|}{\|\boldsymbol{w}\|} + \frac{|\boldsymbol{w} \cdot \boldsymbol{x}_j + b|}{\|\boldsymbol{w}\|} \leqslant \frac{2}{\|\boldsymbol{w}\|} \tag{4-23}$$

可以看出，权重向量越小，间隔越大，模型的泛化能力通常越好。因此，SVM 训练过程就是找到具有最大间隔的划分超平面，即找到满足式（4-21）约束条件的参数 $\boldsymbol{w}$ 和 b，使得式（4-23）中的 margin 最大，即

$$\max_{\boldsymbol{w},b} \frac{2}{\|\boldsymbol{w}\|} \tag{4-24}$$
$$\text{s.t.} \quad y_i(\boldsymbol{w} \cdot \boldsymbol{x}_i + b) \geqslant 1, \quad i = 1, 2, \cdots, n$$

在式（4-24）的优化问题中，发现其不容易解出，而将其转化为最小化问题，且为凸问题，更容易求解，所以优化的目标函数变为

$$\min_{\boldsymbol{w},b} \frac{1}{2}\|\boldsymbol{w}\|^2 \tag{4-25}$$
$$\text{s.t.} \quad y_i(\boldsymbol{w} \cdot \boldsymbol{x}_i + b) \geqslant 1, \quad i = 1, 2, \cdots, n$$

在 SVM 训练过程中，只有那些位于间隔边界上的样本点（支持向量）对超平面的位置有影响，这些支持向量的特征向量与权重向量的点积决定了它们与超平面的相对位置。因此，可以看出 SVM 模型训练得到的参数解是稀疏的，大多数数据点的权重为零，所以只有支持向量的特征向量会影响到权重向量 $\boldsymbol{w}$ 的计算。这意味着模型训练通常只与支持向量有关，而与其他数据点无关，所以比较适合小样本量数据集。

在 Python 机器学习库 sklearn 的 SVM 模块中，有相应的类 SVC 可以方便地进行求解。接下来，使用 sklearn.svm 模块中的 SVC 类进行线性支持向量机的应用，找到某线性可分训练数据集的具有最大边界间隔的线性平面，并绘制出来。

例 4-13：sklearn.svm 模块中的 SVC 类进行线性支持向量机的应用

```
1    # 导入必要的模块
2    import numpy as np
3    import matplotlib.pyplot as plt
4    from sklearn.datasets import make_classification
5    from sklearn.svm import SVC
6
7    # 生成线性可分的数据集
8    X, y = make_classification(n_samples=50, n_features=2, n_redundant=0, n_classes=2, n_informative=2,
random_state=1, flip_y=0)
9    # 训练线性 SVM 模型
10   clf = SVC(kernel='linear')
11   clf.fit(X, y)
12
```

```
13    # 获取模型参数
14    w = clf.coef_[0]
15    b = clf.intercept_[0]
16
17    # 绘制数据点和线性平面
18    plt.figure(figsize=(8, 6))
19    plt.rcParams['font.family'] = ['SimSun']        # 或者使用其他中文字体
20    plt.rcParams['axes.unicode_minus'] = False      # 确保负号可以正确显示
21    plt.xlim(X[:, 0].min(), X[:, 0].max())
22    plt.ylim(X[:, 1].min(), X[:, 1].max())
23
24    plt.scatter(X[:, 0], X[:, 1], s=20, c=y, marker='o')
25
26    # 计算线性平面上的点, 用于绘制线性平面
27    x1 = np.linspace(X[:, 0].min(), X[:, 0].max(), 100)
28    x2 = -(w[0] * x1 + b) / w[1]
29    plt.plot(x1, x2, 'r--', label='线性划分面')
30
31    # 绘制支持向量
32    sv = clf.support_vectors_
33    plt.scatter(sv[:, 0], sv[:, 1], s=50, c='r', marker='+', label='支持向量')
34    plt.xlabel('特征 1',fontsize=16)
35    plt.ylabel('特征 2',fontsize=16)
36    plt.title('线性 SVM',fontsize=20)
37    plt.legend()
38    plt.show()
```

输出结果如图 4-16 所示。

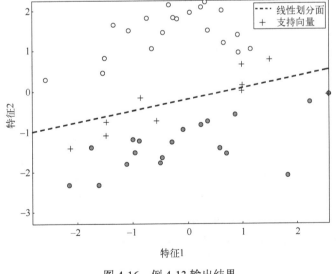

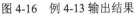

图 4-16　例 4-13 输出结果

彩图

　　代码第 8 行, 使用 skleam.datasets 模块下的 make_classification() 函数生成模拟的二分类
数据集。这个函数可以生成具有特定特征和分布的合成数据集, 常用于机器学习算法的测试

和演示。以下是 make_classification()函数的一些关键参数。

n_samples：生成的样本数量。

n_features：每个样本的特征数量。

n_informative：有信息量的特征数量，即对分类有影响的特征数量。

n_redundant：冗余特征的数量，这些特征是其他特征的线性组合。

n_classes：类别的数量，对于二分类问题，这个值通常是 2。

random_state：随机状态，用于控制数据生成的随机性，确保可重复性。

flip_y：随机翻转标签的比例，这个参数可以用来创建一些噪声，使得数据集更加复杂。

代码第 9～15 行，基于模拟数据使用 sklearn.svm 模块中的 SVC()函数训练一个线性 SVM 模型(参数 kernel 设置为'linear')，并获取模型参数 $\boldsymbol{w}$ 和 b。

代码第 17～24 行，使用 matplotlib.pyplot 模块中的函数可视化模拟的训练数据集。

代码第 26～29 行，计算线性平面上的点，用于绘制线性平面。对于模拟数据集，每个样本含有二维特征，线性平面是一条线，由式(4-20)可知：

$$\boldsymbol{w} \cdot \boldsymbol{x} + b = 0 \Rightarrow [w_0 \quad w_1] \cdot \begin{bmatrix} x_1 \\ x_2 \end{bmatrix} + b = 0 \Rightarrow w_0 \cdot x_1 + w_1 \cdot x_2 + b = 0$$

$$x_2 = \frac{-(w_0 \cdot x_1 + b)}{w_1}$$

因此，在模拟数据的特征 1 范围内取 100 个点，计算这 100 点在超平面内的特征 2 投影，从而绘制出划分线。

代码第 31～33 行，绘制出支持向量。在 sklearn 库中，SVC 类有一个称为 support_vectors_ 的属性。这个属性返回支持向量的索引，这些支持向量是那些对超平面位置有影响的样本点。

4.4.2　软间隔支持向量机

软间隔支持向量机是针对线性不可分问题的一种扩展。在现实世界中，完全线性可分的数据集是非常罕见的，因此需要一种方法来处理那些不能完全分离的数据点，修改硬间隔最大化，使其成为软间隔最大化。如果训练数据集中有一些特异点，将这些特异点除去后，剩下大部分的样本点组成的集合是线性可分的，那么还是可以使用 4.4.1 节介绍的线性支持向量机进行分类。

假设给定一个特征空间上的训练数据集 $T = \{(\boldsymbol{x}_1, y_1), (\boldsymbol{x}_2, y_2), \cdots, (\boldsymbol{x}_n, y_n)\}$，其中 $\boldsymbol{x}_i \in \mathbb{R}^n, y_i \in \{-1, +1\}, i = 1, 2, \cdots, n$，$\boldsymbol{x}_i$ 为第 i 个特征向量，y_i 为 $\boldsymbol{x}_i$ 的类标记，n 为样本总量。数据集 T 线性不可分意味着某些样本点 $(\boldsymbol{x}_i, y_i)$ 不能满足式(4-21)所描述的间隔约束条件。

为了解决这个问题，可以对每个样本点 $(\boldsymbol{x}_i, y_i)$ 引进一个松弛变量 $\xi_i \geqslant 0$，在一定范围内放松约束条件，允许一些数据点违反间隔约束。这样，约束条件变为

$$y_i(\boldsymbol{w} \cdot \boldsymbol{x}_i + b) \geqslant 1 - \xi_i, \quad i = 1, 2, \cdots, n \tag{4-26}$$

软间隔 SVM 的目标函数从式(4-25)变成允许一定程度误分类的情况下最大化间隔，所以软间隔 SVM 目标函数表示为

$$\min_{\boldsymbol{w}, b, \xi} \left(\frac{1}{2} \|\boldsymbol{w}\|^2 + C \sum_{i=1}^{n} \xi_i \right) \tag{4-27}$$

其中，$C > 0$，称为惩罚参数（或正则化参数），用于控制间隔损失与误分类之间的权衡。较大的 C 值对误分类的惩罚增大，导致减小松弛变量的总和，从而使模型更加倾向于找到一个更完美的超平面，但可能会导致过拟合。较小的 C 值对误分类的惩罚减小，会允许更多的松弛变量，使模型更加鲁棒，但可能会降低模型的性能。一般 C 值的确定取决于具体应用问题的需求和数据特征，C 值的取值范围通常是正实数，没有绝对的上限，但通常下限至少为 1。

最小化目标函数包含两层含义：使 $\frac{1}{2}\|w\|^2$ 尽量小，即间隔尽量大，同时使误分类点的个数尽量小，C 是调和二者的系数。

有了上述思路，可以和训练线性可分数据集一样来考虑基于不完全线性可分数据集训练软间隔支持向量机。

例 4-14：sklearn.svm 模块中的 SVC 类进行软间隔支持向量机的应用

```
1    # 导入必要的模块
2    import numpy as np
3    import matplotlib.pyplot as plt
4    from sklearn.datasets import make_classification
5    from sklearn.svm import SVC
6
7    # 生成不完全线性可分的数据集，flip_y=0.2
8    X, y = make_classification(n_samples=50, n_features=2, n_redundant=0, n_classes=2, n_informative=2,
random_state=2, flip_y=0.2)
9    # 训练软间隔 SVM 模型，参数 C=5
10   clf = SVC(kernel='linear', C=5)
11   clf.fit(X, y)
12
13   # 获取模型参数
14   w = clf.coef_[0]
15   b = clf.intercept_[0]
16
17   # 绘制数据点和线性平面
18   plt.figure(figsize=(12, 6))
19   plt.rcParams['font.family'] = ['SimSun']          # 或者使用其他中文字体
20   plt.rcParams['axes.unicode_minus'] = False         # 确保负号可以正确显示
21   plt.xlim(X[:, 0].min(), X[:, 0].max())
22   plt.ylim(X[:, 1].min(), X[:, 1].max())
23   plt.subplots_adjust(hspace=0.3, wspace=0.3)
24   plt.subplot(121)
25   plt.scatter(X[:, 0], X[:, 1], s=20, c=y, marker='o')
26   plt.xlabel('特征 1',fontsize=16)
27   plt.ylabel('特征 2',fontsize=16)
28   plt.title('原始数据',fontsize=20)
29   plt.legend()
30   plt.subplot(122)
31   plt.xlim(X[:, 0].min(), X[:, 0].max())
32   plt.ylim(X[:, 1].min(), X[:, 1].max())
33   plt.scatter(X[:, 0], X[:, 1], s=20, c=y, marker='o')
```

```
34    # 计算线性平面的两个点，用于绘制线性平面
35    x1 = np.linspace (X[:, 0].min (), X[:, 0].max (), 100)
36    x2 = -(w[0] * x1 + b) / w[1]
37    plt.plot (x1, x2, 'r--', label='线性划分面')
38
39    # 绘制支持向量
40    sv = clf.support_vectors_
41    plt.scatter (sv[:, 0], sv[:, 1], s=50, c='r', marker='+', label='支持向量')
42    plt.xlabel ('特征 1',fontsize=16)
43    plt.ylabel ('特征 2',fontsize=16)
44    plt.title ('软间隔 SVM',fontsize=20)
45    plt.legend ()
46    plt.show ()
```

输出结果如图 4-17 所示。

彩图

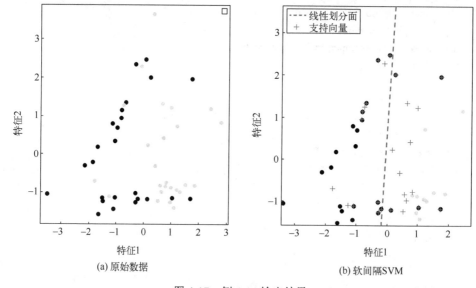

图 4-17　例 4-14 输出结果

上述代码大部分都与例 4-11 相似，只有代码第 8 行，通过对 make_classification () 函数的参数 flip_y (随机翻转标签的比例) 设置为 0.2，创建一些噪声，使得数据集不完全线性可分。代码第 10 行，在使用 SVC 构建 SVM 模型时，设置正则化参数 C 为 5，加大误分类的权重，减小模型的复杂度，实现软间隔 SVM 模型训练。至于 C 的取值可以通过交叉验证来选择最佳的 C 值。

4.4.3　核函数和非线性支持向量机

在 4.4.1 节和 4.4.2 节中介绍的训练样本基本上属于线性可分，所以可以找到一个划分超平面将训练样本正确分类。但在现实问题中，在原始样本空间可能无法找到一个能正确划分两类样本的超平面。如图 4-18 所示，对于在二维空间的两类数据，无法找到一条直线可以较合理地分开它们，也就是说它们不是线性可分的。

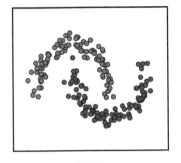
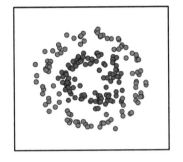

彩图

　　　(a) 原始数据1　　　　　　　　　　　　　　(b) 原始数据2

图 4-18　非线性可分数据示意图

　　但是，如果将样本从原始的二维空间映射到三维空间，如图 4-19 所示，发现这些样本数据在三维空间可以找到一个平面将它们划分开。虽然该实例比较特殊，但可以证明，如果原始样本空间是有限维，那么一定存在一个高维特征空间使样本线性可分。

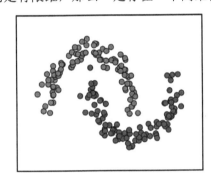
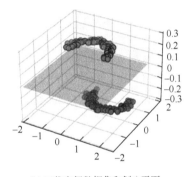

彩图

　　(a) 二维空间数据集　　　　　　　　　　　(b) 三维空间数据集和划分平面

图 4-19　二维空间映射到三维空间

　　这就需要将原始样本空间中的特征向量 $\boldsymbol{x}$ 通过非线性映射变换为 $\phi(\boldsymbol{x})$。此时，如同式 (4-20)，在新特征空间中划分超平面表示为

$$g(\boldsymbol{w},b) = \boldsymbol{w} \cdot \phi(\boldsymbol{x}) + b \tag{4-28}$$

其中，$\boldsymbol{w}$ 和 b 是模型参数。类似于式 (4-25)，目标函数为

$$\min_{\boldsymbol{w},b} \frac{1}{2} \| \boldsymbol{w} \|^2 \tag{4-29}$$
$$\text{s.t.} \quad y_i[\boldsymbol{w} \cdot \phi(\boldsymbol{x}_i) + b] \geqslant 1, \quad i = 1,2,\cdots,n$$

1. 核函数

　　在求解式 (4-29) 得到模型参数 $\boldsymbol{w}$ 和 b 的过程中，可以使用高效方法，即拉格朗日乘子法得到其"对偶问题"(dual problem)，将目标函数变换为

$$L(\boldsymbol{w},b,\boldsymbol{\alpha}) = \frac{1}{2} \| \boldsymbol{w} \|^2 + \sum_{i=1}^{n} \alpha_i \{1 - y_i[\boldsymbol{w} \cdot \phi(\boldsymbol{x}_i) + b]\} \tag{4-30}$$

其中，$\boldsymbol{\alpha} = [\alpha_1, \alpha_2, \cdots, \alpha_n]^{\mathrm{T}}$ 是拉格朗日乘子。令 $L(\boldsymbol{w},b,\boldsymbol{\alpha})$ 对参数 $\boldsymbol{w}$ 和 b 的偏导为零，可得

$$\frac{\partial L}{\partial \boldsymbol{w}} = \boldsymbol{w} - \sum_{i=1}^{n} \alpha_i y_i \phi(\boldsymbol{x}_i) = 0$$

$$\therefore \boldsymbol{w} = \sum_{i=1}^{n} \alpha_i y_i \phi(\boldsymbol{x}_i)$$

$$\frac{\partial L}{\partial b} = -\sum_{i=1}^{n} \alpha_i y_i = 0$$ (4-31)

$$\therefore \sum_{i=1}^{n} \alpha_i y_i = 0$$

将式(4-31)代入式(4-30)，目标函数 $L(\boldsymbol{w}, b, \boldsymbol{\alpha})$ 中的参数 $\boldsymbol{w}$ 和 b 消去，得到式(4-29)的对偶问题：

$$\max_{\boldsymbol{\alpha}} \ \sum_{i=1}^{n} \alpha_i - \frac{1}{2} \sum_{i=1}^{n} \sum_{j=1}^{n} \alpha_i \alpha_j y_i y_j \phi(\boldsymbol{x}_i)^{\mathrm{T}} \phi(\boldsymbol{x}_j)$$

$$\text{s.t.} \ \sum_{i=1}^{n} \alpha_i y_i = 0, \ \alpha_i \geqslant 0, \ i = 1, 2, \cdots, n$$ (4-32)

解出拉格朗日乘子 $\boldsymbol{\alpha}$ 后，使用式(4-31)可求出参数 $\boldsymbol{w}$ 和 b，从而得到式(4-28)表达的划分超平面。然而，解式(4-32)需要计算 $\phi(\boldsymbol{x}_i)^{\mathrm{T}} \phi(\boldsymbol{x}_j)$，这是样本 $\boldsymbol{x}_i$ 和 $\boldsymbol{x}_j$ 通过非线性映射之后，在高维新特征空间内的特征向量的内积。维数可能很高，因此直接计算 $\phi(\boldsymbol{x}_i)^{\mathrm{T}} \phi(\boldsymbol{x}_j)$ 通常很困难。为此，定义一个函数：

$$k(\boldsymbol{x}_i, \boldsymbol{x}_j) = \phi(\boldsymbol{x}_i)^{\mathrm{T}} \cdot \phi(\boldsymbol{x}_j)$$ (4-33)

即映射后的高维新特征空间内的特征向量的内积等于它们在原始样本空间中通过函数 $k(\cdot, \cdot)$ 计算所得结果。有了这个函数，就不必直接计算高维特征空间中的内积，函数 $k(\cdot, \cdot)$ 就是核函数(kernel function)。如果已知映射函数 $\phi(\cdot)$，则可以得到核函数 $k(\cdot, \cdot)$ 的具体表达。但是在实际任务中，通常不能确定映射函数 $\phi(\cdot)$ 是什么形式，因此也不容易确定核函数的具体形式。

但事实上，有定理表明，只要一个对称函数所对应的核矩阵半正定，它就能作为核函数使用。换言之，对于一个半正定核矩阵，总能找到一个与之对应的映射 $\phi(\cdot)$。因此，任何一个核函数都隐式定义了一个"再生核希尔伯特空间"的特征空间。

回到支持向量机的最初原理，我们希望样本在特征空间内线性可分，那么将非线性可分的特征空间映射到线性可分的特征空间的映射性能好坏，对支持向量机的性能非常重要。在未知特征映射的具体形式时，核函数的具体形式并不容易选择，所以"核函数的选择"问题成为支持向量机模型训练最大的问题。

在 sklearn.svm 库中的 SVC 类提供了几个常用的核函数，如表 4-4 所示。

表 4-4　常用核函数

SVC 类的 kernel 参数	核函数名称	核函数表达式
'linear'	线性核函数	$k(\boldsymbol{x}_i, \boldsymbol{x}_j) = \boldsymbol{x}_i^{\mathrm{T}} \boldsymbol{x}_j$
'poly'	多项式核函数	$k(\boldsymbol{x}_i, \boldsymbol{x}_j) = (\gamma \boldsymbol{x}_i^{\mathrm{T}} \boldsymbol{x}_j + c)^d$，　$\gamma > 0, c \geqslant 0, d \geqslant 1$，为多项式的次数

续表

SVC 类的 kernel 参数	核函数名称	核函数表达式
'rbf'	高斯核函数	$k(\boldsymbol{x}_i, \boldsymbol{x}_j) = \exp\left(-\dfrac{\|\boldsymbol{x}_i - \boldsymbol{x}_j\|^2}{2\sigma^2}\right)$, $\quad \sigma > 0$, 为高斯核的宽带
'sigmoid'	Sigmoid 核函数	$k(\boldsymbol{x}_i, \boldsymbol{x}_j) = \mathrm{Tanh}(\beta \boldsymbol{x}_i^{\mathrm{T}} \boldsymbol{x}_j + \theta)$, $\quad \beta > 0, \theta < 0$

多项式核函数在 $d = 1$ 时，退化为线性核函数；$d > 1$ 时，表示更复杂、非直线的超平面。

对于高斯核函数，如果输入特征是一维标量，那么高斯核函数对应的形状就是一个反钟形的曲线，其参数 σ 控制反钟形的宽度（即高斯核的带宽）如图 4-20 所示。

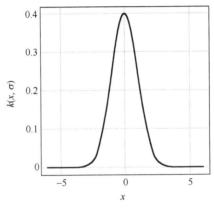

图 4-20 高斯核函数（$\sigma = 1$）

2. 非线性支持向量机

接下来，使用三组数据集，运用不同的核函数对支持向量机进行训练，并使用测试集评估模型的性能。

例 4-15：sklearn.svm 模块中的 SVC 类不同核函数的应用

```python
1   # 导入必要的模块
2   import matplotlib.pyplot as plt
3   import numpy as np
4   from matplotlib.colors import ListedColormap
5   from sklearn.datasets import make_circles, make_classification, make_moons
6   from sklearn.pipeline import make_pipeline
7   from sklearn.preprocessing import StandardScaler
8   from sklearn.gaussian_process import GaussianProcessClassifier
9   from sklearn.gaussian_process.kernels import RBF
10  from sklearn.inspection import DecisionBoundaryDisplay
11  from sklearn.model_selection import train_test_split
12  from sklearn.svm import SVC
13  names = [
14      "线性 SVM",
15      "多项式 SVM",
16      "高斯核 SVM",
17      "Sigmoid SVM",
```

代码

```
18      ]
19
20      classifiers = [
21        SVC(kernel="linear", C=0.025, random_state=42),
22        SVC(kernel="poly", gamma=2, C=0.025, random_state=42),
23        SVC(kernel="rbf", gamma=2, C=1, random_state=42),
24        SVC(kernel="sigmoid", gamma=2, C=1, random_state=42),
25      ]
26
27      X, y = make_classification(n_samples=200, n_features=2, n_redundant=0, n_informative=2,
     random_state=42, n_clusters_per_class=1, flip_y=0)
28      rng = np.random.RandomState(42)
29      X += 2 * rng.uniform(size=X.shape)
30      linearly_separable = (X, y)
31
32      datasets = [
33        linearly_separable,
34        make_moons(n_samples=200, noise=0.1, random_state=42),
35        make_circles(n_samples=200, noise=0.1, factor=0.5, random_state=42),
36      ]
37
38      figure = plt.figure(figsize=(10, 5))
39      plt.rcParams['font.family'] = ['SimSun']            # 或者使用其他中文字体
40      plt.rcParams['axes.unicode_minus'] = False          # 确保负号可以正确显示
41      i = 1
42
43      for ds_cnt, ds in enumerate(datasets):# 对一系列数据集进行遍历，返回数据集索引和数据集
44        # 预处理数据集，将数据集拆分成训练集和测试集
45        X, y = ds
46        X_train, X_test, y_train, y_test = train_test_split(X, y, test_size=0.8, random_state=42)
47
48        x_min, x_max = X[:, 0].min() - 0.5, X[:, 0].max() + 0.5
49        y_min, y_max = X[:, 1].min() - 0.5, X[:, 1].max() + 0.5
50
51        # 可视化原始数据集
52        cm = plt.cm.RdBu                  # Matplotlib 库中用于颜色映射(colormap)的一个引用
53        cm_bright = ListedColormap(["#FF0000", "#0000FF"])
54        ax = plt.subplot(len(datasets), len(classifiers) + 1, i)
55        if ds_cnt == 0:
56          ax.set_title("原始数据")
57        # 可视化训练集
58        ax.scatter(X_train[:, 0], X_train[:, 1], c=y_train, s=10, cmap=cm_bright, edgecolors="k")
59        # 可视化测试集
60        ax.scatter(X_test[:, 0], X_test[:, 1], c=y_test, s=20, cmap=cm_bright, alpha=0.6, edgecolors="k")
61        ax.set_xlim(x_min, x_max)
62        ax.set_ylim(y_min, y_max)
63        ax.set_xticks(())
```

```
64     ax.set_yticks(())
65     i += 1
66
67   # 遍历应用不同分类器
68   for name, clf in zip(names, classifiers):
69       ax = plt.subplot(len(datasets), len(classifiers) + 1, i)
70
71       clf = make_pipeline(StandardScaler(), clf)
72       clf.fit(X_train, y_train)
73       score = clf.score(X_test, y_test)
74       DecisionBoundaryDisplay.from_estimator(clf, X, cmap=cm, alpha=0.8, ax=ax, eps=0.5)
75
76       # 可视化训练集
77       ax.scatter(X_train[:, 0], X_train[:, 1], c=y_train, s=10, cmap=cm_bright, edgecolors="k")
78       # 可视化测试集
79       ax.scatter(X_test[:, 0], X_test[:, 1], c=y_test, s=20, cmap=cm_bright, edgecolors="k", alpha=0.6)
80
81       ax.set_xlim(x_min, x_max)
82       ax.set_ylim(y_min, y_max)
83       ax.set_xticks(())
84       ax.set_yticks(())
85       if ds_cnt == 0:
86           ax.set_title(name)
87       ax.text(x_max-0.3, y_min+0.2, "准确率"+("%.2f" % score).lstrip("0"), size=10,
                horizontalalignment="right")
88       i += 1
89   plt.tight_layout()
90   plt.show()
```

输出结果如图 4-21 所示。

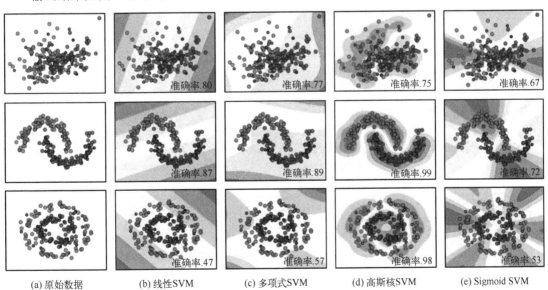

(a) 原始数据　　　(b) 线性SVM　　　(c) 多项式SVM　　　(d) 高斯核SVM　　　(e) Sigmoid SVM

图 4-21　例 4-15 输出结果

4.4.4　多分类支持向量机

支持向量机原本是为了解决二分类问题而设计的，但可以通过多种方法扩展到多分类问题。例如，一对一 (one-vs-one) 方法为每个类别对创建一个二分类器。假如有三个类别，那么会创建三个二分类器：类别 1 与类别 2 分类器、类别 1 与类别 3 分类器、类别 2 与类别 3 分类器。在预测时，使用所有二分类器的输出结果来确定最终的类别。这种方法简单，但分类器的数量是 $C(n,2)$，其中 n 是类别总量，分类器数量会随着类别的增加而呈指数级增长。还有一对余 (one-vs-rest) 方法，这个方法为每个类别创建一个二分类器，其中一个类别与所有其他类别对齐。假如有四个类别，会创建四个二分类器：类别 1 与类别 2+类别 3+类别 4 分类器、类别 2 与类别 1+类别 3+类别 4 分类器、类别 3 与类别 1+类别 2+类别 4 分类器、类别 4 与类别 1+类别 2+类别 3 分类器。在预测时，使用所有二分类器的输出结果来确定最终的类别。这种方法也比较简单，分类器的数量等于类别数量，与一对一方法相比，分类器的数量较少。除此以外，还有分层 SVM (hierarchical SVM) 方法、序列最小优化 (sequential minimal optimization，SMO) 方法、提升 (boosting) 技术、核技巧 (kernel trick) 等。

下面介绍一个多分类支持向量机的实例。

例 4-16：多分类支持向量机实例

代码

```
1    # 导入必要的模块
2    import matplotlib.pyplot as plt
3    import numpy as np
4    def plot_hyperplane(clf, X, y, h=0.02, draw_sv=True, title='hyperplan'):
5        # 创建绘图网格
6        x_min, x_max = X[:, 0].min() - 1, X[:, 0].max() + 1
7        y_min, y_max = X[:, 1].min() - 1, X[:, 1].max() + 1
8        xx, yy = np.meshgrid(np.arange(x_min, x_max, h), np.arange(y_min, y_max, h))
9
10       plt.title(title)
11       plt.xlim(xx.min(), xx.max())
12       plt.ylim(yy.min(), yy.max())
13       plt.xticks(())
14       plt.yticks(())
15
16       Z = clf.predict(np.c_[xx.ravel(), yy.ravel()])
17       # 绘制等高线图
18       Z = Z.reshape(xx.shape)
19       plt.contourf(xx, yy, Z, cmap='hot', alpha=0.5)
20
21       markers = ['o', 's', '^']
22       colors = ['b', 'r', 'c']
23       labels = np.unique(y)
24       for label in labels:
25           plt.scatter(X[y==label][:, 0], X[y==label][:, 1], s=20, c=colors[label], marker=markers[label])
26       if draw_sv:
27           sv = clf.support_vectors_
28           plt.scatter(sv[:, 0], sv[:, 1], s=10, c='y', marker='x')
```

```
29
30   from sklearn import svm
31   from sklearn.datasets import make_blobs
32   x,y=make_blobs(n_samples=100, centers=3, random_state=0, cluster_std=0.8)
33   clf_linear=svm.SVC(C=1.0, kernel='linear')
34   clf_poly=svm.SVC(C=1.0, kernel='poly', degree=3)
35   clf_rbf=svm.SVC(C=1.0, kernel='rbf', gamma=0.5)
36   clf_rbf2=svm.SVC(C=1.0, kernel='rbf', gamma=0.1)
37   plt.figure(figsize=(10,10),dpi=300)
38   plt.rcParams['font.family'] = ['SimSun']   # 或者使用其他中文字体
39   plt.rcParams['axes.unicode_minus'] = False  # 确保负号可以正确显示
40   clfs=[clf_linear, clf_poly, clf_rbf, clf_rbf2]
41   titles=['线性核 SVM',
42     '3 阶多项式核 SVM',
43     '高斯核 SVM, gamma=0.5',
44     '高斯核 SVM, gamma=0.1']
45   for clf,i in zip(clfs,range(len(clfs))):
46     clf.fit(x,y)
47     plt.subplot(2,2,i+1)
48     plot_hyperplane(clf,x,y,title=titles[i])
```

输出结果如图 4-22 所示。

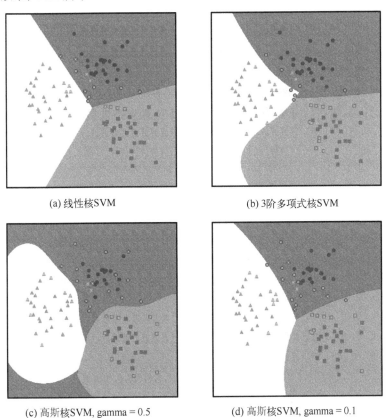

(a) 线性核SVM　　　　　　　　　　(b) 3阶多项式核SVM

(c) 高斯核SVM, gamma = 0.5　　　　(d) 高斯核SVM, gamma = 0.1

图 4-22　例 4-16 输出结果

　　上述代码定义了 plot_hyperplane()函数，用来绘制不同类别数据的散点图、不同类别的划分超平面以及用于生成划分超平面的支持向量。具体说明如下。

　　代码第 5～8 行，创建绘图网格。首先，定义两个变量 x_min 和 x_max，分别代表横轴的最小值和最大值。同理，y_min 和 y_max 代表纵轴的最小值和最大值。这些值是通过从输入特征矩阵 X 的每个特征中找出最小值和最大值，然后减 1 和加 1 来得到的。这样做是为了在绘图时留出一定的空白区域。然后，使用 np.meshgrid()函数，创建一个二维网格，这个网格在上述横轴和纵轴区间内，以 $h = 0.02$ 为间隔建立网格。

　　代码第 10～14 行，设置图的标题和横轴纵轴的范围。

　　代码第 16～19 行，预测网格上的值，并绘制等高线热力图。使用分类器 clf 的 predict()方法，预测网格(xx, yy)上的值，并将结果存储在变量 Z 中。为了在热力图上展示预测结果，代码将 Z 数组重塑为与 xx 和 yy 相同的形状，然后使用 plt.contourf()函数创建一个等高线热力图。cmap='hot'参数指定一个颜色映射，alpha=0.5 参数设置颜色的透明度。

　　代码第 21～25 行，绘制数据点：代码使用 plt.scatter()函数绘制数据点。不同的标记和颜色用于表示不同的类别。

　　代码第 26～28 行，绘制支持向量：如果 draw_sv 参数设置为 True，代码会使用 plt.scatter()函数绘制支持向量，这些点以黄色 x 标记显示。

　　接下来，训练一个非线性 SVM 模型，调用 plot_hyperplane()函数来绘制决策平面，具体如下。

　　代码第 32 行，首先使用 make_blobs()函数生成一个线性不可分的数据集，然后代码 第 33～36 行，使用 SVC 类训练四个非线性 SVM 模型，并分别指定'poly'核函数的阶次参数 degree = 3，以及 'rbf' 核函数的 gamma 参数值。

　　代码第 45～48 行，分别调用 plot_hyperplane()函数，传递给它四个非线性 SVM 模型，绘制四个模型对样本数据的分类结果以及划分超平面和支持向量。

第5章 聚类算法

聚类是一种运用广泛的探索性数据分析技术。纵观各类学科，从社会学到生物学再到计算机科学，人们对数据的第一直觉和认知往往是通过对数据进行有意义的分组而产生的。例如，社会学家根据人们的居住地域、特征和行为模式对他们进行社会群体的划分，发现社群结构；生物学家根据在不同实验中基因表达的相似性对基因进行聚类；零售商根据顾客概况对客户进行聚类，从而完成定向市场营销；天文学家根据星星的空间距离对其进行聚类等。

直观上讲，聚类是将数据进行分组的一项任务，使相似的数据归为一类，不相似的数据归为不同类。但这种描述有些模糊和不准确，一方面原因是上述提及的两个目标在很多情况下是冲突的。从数学角度来讲，虽然聚类分析中数据点之间共享某种相似的聚类特征或归属关系，甚至这种共享关系具有等价性乃至传递性，但相似性不具有传递关系。

举例来说，我们希望将图 5-1(a)所示的数据点聚为两类。一种聚类算法强调不要将紧邻的点分离开来，这种聚类算法会将输入数据划分为上下两类，如图 5-1(b)所示。但这种聚类方法从某种意义上说并没有同时满足两个目标(相似的数据归为一类,不相似的数据归为不同类)，因为对数据点的紧邻性这种相似性来说，每个相邻的数据点确实具有紧邻性，但是上面一排最左边的点与最右边的点并不紧邻，所以不应该归为一类；另一种聚类算法强调同一类的数据点彼此不要远离,这类算法会用一条垂直的线将输入数据划分为左右两类,如图 5-1(c)所示，但上面一排数据中间的两个点距离也比较近，却分到两个类别中，所以聚类的直观说法并不严谨。

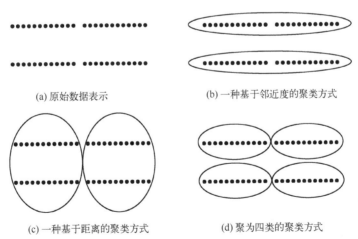

(a) 原始数据表示　　　　　　(b) 一种基于邻近度的聚类方式

(c) 一种基于距离的聚类方式　　　　(d) 聚为四类的聚类方式

图 5-1　聚类定义歧义性说明图

另一方面，由于聚类属于无监督学习，缺乏标签属性，没有明确的聚类成功的评估过程，即使已知数据分布的全部知识，也很难明确聚类结果的正确性，或者无法确定地评估聚类效果。如图 5-1(d)所示，也可以将输入的数据点聚类成四类。究竟是将数据聚成两类还是四类，不一定是人为设定的，有可能需要在实际应用中确定。

也就是说，一个给定的对象集合，可以有多种有意义的聚类方式。例如，将影评数据根据影片主题聚类或者根据评论情感聚类等。因此，多种聚类算法，对相同输入数据产生的聚类存在很大的差异。下面将介绍常见的聚类算法评估手段和指标，以及几种常用的聚类算法。

5.1 聚类算法评估

聚类算法评估是聚类分析中的一个关键环节。评估方法能够帮助判断聚类结果是否有意义，是否能够揭示数据的内在结构以及不同聚类算法或参数设置的优劣。

为了评估聚类效果，需要使用一些指标来衡量聚类的质量。聚类评价指标大致有两类：内部指标和外部指标。内部指标直接考察聚类结果而不利用基准数据集或任何外部参考模型，外部指标则是将聚类结果与某个参考标准进行比较。

本节将探讨如何使用不同的评价指标和评价方法来评估聚类算法，并提供 Python 代码示例。

5.1.1 内部评价指标

内部指标是基于聚类结果本身的数据结构来评价聚类质量的。它们不需要外部信息，如真实的类标签等。内部指标主要关注簇内的内聚度和簇间的分离度，主要有以下三种指标：轮廓系数、CH 指数和 DB 指数。

1. 轮廓系数

轮廓系数(silhouette coefficient)可以理解为描述聚类后各个类别的轮廓清晰度的指标。其取值范围是[–1, 1]，接近 1 表示一个类别中样本内聚性好且类别间分离性也良好，接近–1 表示样本类别间的轮廓不清晰。该指标结合了内聚度和分离度两个因素，内聚度(cohesion)是指样本与同一簇中其他样本的平均距离，分离度(resolution)是指样本与最近的其他簇中的样本的平均距离。

如图 5-2 所示，假设有若干样本数据，被分成 3 类，其中某样本 x_i 与同一簇中其他样本 x_j 距离如图 5-2 (a) 中蓝色实线所示，则该样本与同一簇中其他样本的平均距离为

$$a_i = \frac{1}{m-1} \sum_{j \neq i}^{m} \text{distance}(x_i, x_j) \tag{5-1}$$

其中，m 是样本 x_i 所在簇内的样本数量；$\text{distance}(x_i, x_j)$ 是两个样本向量的距离，例如，可以采用欧氏距离进行计算。

计算某样本的分离度时，首先计算除样本所在簇以外的其他簇中心，如图 5-2 (b) 所示的三角形簇和菱形簇的两个绿色标记所代表的簇中心，然后通过计算样本与各个簇中心的距离，找到与该样本最近的簇，最后计算该样本与最近簇中每个样本的平均距离，如图 5-2 (b) 中绿色虚线所表示的距离的平均值：

$$b_i = \frac{1}{r} \sum_{k \in C}^{r} \text{distance}(x_i, x_k) \tag{5-2}$$

其中，C 是距离样本 x_i 最近簇的样本集；r 是距离样本 x_i 最近簇的样本数量，则每个样本的

轮廓系数的计算公式为

$$s_i = \frac{b_i - a_i}{\max(a_i, b_i)} \qquad (5\text{-}3)$$

则总样本聚类后的轮廓系统为

$$s = \frac{1}{n} \sum_{i=1}^{n} s_i \qquad (5\text{-}4)$$

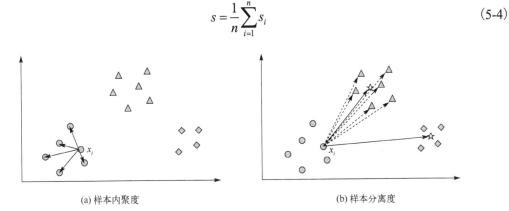

(a) 样本内聚度   (b) 样本分离度

图 5-2 样本内聚度和分离度

下面展示 Python 定义轮廓系数的计算方法。

例 5-1：使用 Python 的 NumPy 库定义轮廓系数计算方法

```
1    import numpy as np
2    def get_silhouette_coefficient(X, labels):
3      n_clusters = np.unique(labels).shape[0]
4      s = []
5      for k in range(n_clusters):              # 遍历每一个簇
6    index = (labels == k)              # 取对应簇所有样本的索引
7    x_in_cluster = X[index]              # 取对应簇中的所有样本
8    for sample in x_in_cluster:                  # 计算每个样本的轮廓系数
9      a = ((sample - x_in_cluster) ** 2).sum(axis=1)
10     a = np.sqrt(a).sum() / (len(a) - 1)      # 去掉当前样本点计数和同一点间的 0 距离
11     nearest_cluster_id = None
12     min_dist2 = np.inf
13     for c in range(n_clusters):          # 寻找距离当前样本点最近的簇
14       if k == c:
15   continue
16       centroid = X[labels == c].mean(axis=0)
17       dist2 = ((sample - centroid) ** 2).sum()
18       if dist2 < min_dist2:
19   nearest_cluster_id = c
20   min_dist2 = dist2
21     x_nearest_cluster = X[labels == nearest_cluster_id]
22     b = ((sample - x_nearest_cluster) ** 2).sum(axis=1)
23     b = np.sqrt(b).mean()
24     s.append((b - a) / np.max([a, b]))
25       return np.mean(s)
```

在上述代码中，第 2 行 X 和 labels 分别是原始训练集和聚类得到的标签；第 3 行是获取聚类结果的簇数量；第 5～7 行是遍历每个簇并获取对应簇中所有的样本；第 8 行开始是遍历每一个样本点来计算轮廓系数；第 9、10 行是计算当前样本与其簇中每个样本点之间的平均距离，其中第 10 行分母减 1 是因为要去掉当前样本与当前样本之间距离为 0 的情况；第 11～20 行是计算得到距离当前样本点最近的簇，其中第 16 行是计算簇中心；第 21 行是取距离当前样本点最近的簇对应的所有样本点；第 22、23 行是计算当前样本点到其最近簇中所有样本的平均距离；第 24 行是计算当前样本点对应的轮廓系数并保存；第 25 行是返回所有样本对应的轮廓系数的均值。

当然，在实际应用中，可以直接使用 sklearn 库中的 silhouette_score() 方法进行计算，下面展示已定义好的方法和 sklearn 库自带方法的效果。

例 5-2：使用 Python 的 sklearn 库计算轮廓系数

```
1    from sklearn.cluster import kMeans
2    from sklearn.datasets import make_blobs
3    from sklearn.metrics import silhouette_score
4    # 创建模拟数据
5    X, _ = make_blobs(n_samples=300, centers=4, cluster_std=0.60, random_state=0)
6    # 应用 k-Means 聚类
7    kmeans = KMeans(n_clusters=4)
8    kmeans.fit(X)
9    labels = kmeans.labels_
10   # 计算轮廓系数
11   silhouette_avg1 = get_silhouette_coefficient(X, labels)
12   silhouette_avg2 = silhouette_score(X, labels)
13   print(f'轮廓系数 by ours: {silhouette_avg1:.2f}')
14   print(f'轮廓系数 by sklearn: {silhouette_avg2:.2f}')
```

输出结果：

```
轮廓系数 by ours: 0.68
轮廓系数 by sklearn: 0.68
```

2. CH 指数

CH 指数(Calinski-Harabasz index，CHI)的本质是簇间距离与簇内距离的比值，用于衡量聚类结果的紧密度(簇内相似度)与分离度(簇间差异度)，且整体计算过程与方差计算方式类似，所以又将其称为方差比准则。CH 指数的计算过程相较于轮廓系数更加简单，只需要计算出所有簇的簇内方差和所有簇的簇间方差的比值即可。

簇间距离(inter-cluster distance，在 CH 指数中用 B 表示)表示不同簇之间样本点的距离总和，用于衡量不同簇之间的分离度。簇间距离的计算通常采用以下方式。

(1)计算每个簇的中心点(例如，可以使用各簇内样本点的均值)。

(2)计算各簇中心点之间的距离，通常使用欧氏距离或其他距离度量。

(3)将所有簇中心点之间的距离相加，得到簇间距离的总和。

簇内距离(intra-cluster distance，在 CH 指数中用 W 表示)表示同一簇内样本点之间的距离总和，用于衡量簇内的紧密度。簇内距离的计算通常采用以下方式。

(1)对于每个簇，计算该簇中所有样本点之间的距离总和，通常使用欧氏距离或其他距离度量。

(2)将所有簇的内部距离相加，得到簇内距离的总和。

CH 指数的计算公式如下：

$$\mathrm{CHI} = \frac{B}{W} \times \frac{N-K}{K-1} \tag{5-5}$$

其中，B 是簇间距离的总和(组间方差)；W 是簇内距离的总和(组内方差)；N 是样本总数；K 是簇的个数。

整体代码实现如下。

例 5-3：使用 Python 的 NumPy 库定义 CH 指数

```
1   import numpy as np
2   def get_calinski_harabasz(X, labels):
3       n_samples = X.shape[0]
4       n_clusters = np.unique(labels).shape[0]
5       betw_disp = 0.                              # 所有的簇间距离和
6       within_disp = 0.                            # 所有的簇内距离和
7       global_centroid = np.mean(X, axis=0)        # 全局簇中心
8       for k in range(n_clusters):                 # 遍历每一个簇
9       x_in_cluster = X[labels == k]               # 取当前簇中的所有样本
10      centroid = np.mean(x_in_cluster, axis=0)    # 计算当前簇的簇中心
11      within_disp += np.sum((x_in_cluster - centroid) ** 2)
12      betw_disp += len(x_in_cluster) * np.sum((centroid - global_centroid) ** 2)
13          return (1. if within_disp == 0. else
14      betw_disp * (n_samples - n_clusters) / (within_disp * (n_clusters - 1.)))
```

在上述代码中，第 2 行 X 和 labels 分别是原始训练集和聚类得到的标签；第 7 行是计算全局簇中心；第 8~10 行是开始遍历每一个簇并计算得到每个簇对应的簇中心；第 11 行是累计每个簇对应簇内距离的总和；第 12 行是累计每个簇中心到全局中心的距离总和；第 13、14 行则是返回最终计算得到方差比结果。

当然，在实际应用中，可以直接使用 sklearn 库中的 calinski_harabasz_score()方法进行计算，下面展示已定义好的方法和 sklearn 库自带方法的效果。

例 5-4：使用 Python 的 sklearn 库计算 CH 指数

```
1   from sklearn.metrics import calinski_harabasz_score
2   from sklearn.cluster import KMeans
3   from sklearn.datasets import load_iris
4   X, y = load_iris(return_X_y=True)
5   model = KMeans(n_clusters=3)
6   model.fit(X)
7   y_pred = model.predict(x)
8   print(f"CH 指数 by sklearn: {calinski_harabasz_score(X, y_pred)}")
9   print(f"CH 指数 by ours: {get_calinski_harabasz(X, y_pred)}")
```

输出结果：

CH 指数 by sklearn: 561.62775662962
CH 指数 by ours: 561.62775662962

3. DB 指数

DB 指数（Davies-Bouldin index，DBI）是另一种内部评估指标，它基于簇内相似性和簇间不相似性的比率。簇内相似性是簇内所有点到簇中心的平均距离，簇间不相似性是不同簇中心之间的距离。DB 指数的值越低，表示聚类效果越好。

DB 指数计算公式为

$$\text{DBI} = \frac{1}{n} \sum_{i=1}^{n} \max_{j \neq i} \frac{\text{avg}(R_i) + \text{avg}(R_j)}{\text{distance}(c_i, c_j)} \tag{5-6}$$

其中，n 是簇的数量；c_i 是簇 i 的中心点；$\text{distance}(c_i, c_j)$ 是簇 i 和簇 j 中心点之间的距离；$\text{avg}(R_i)$ 表示簇 i 中所有点到簇中心的距离的平均值。

整体代码实现如下。

例 5-5：使用 Python 的 NumPy 库定义 DB 指数

```
1    import numpy as np
2    def get_davies_bouldin(X, labels):
3        n_clusters = np.unique(labels).shape[0]
4        centroids = np.zeros((n_clusters, len(X[0])), dtype=float)
5        s_i = np.zeros(n_clusters)
6        for k in range(n_clusters):                              # 遍历每一个簇
7    x_in_cluster = X[labels == k]                               # 取当前簇中的所有样本
8    centroids[k] = np.mean(x_in_cluster, axis=0)               # 计算当前簇的簇中心
9    s_i[k] = pairwise_distances(x_in_cluster, [centroids[k]]).mean()    #
10       centroid_distances = pairwise_distances(centroids)      # [K, K]
11       combined_s_i_j = s_i[:, None] + s_i                     # [K, K]
12       centroid_distances[centroid_distances == 0] = np.inf
13       scores = np.max(combined_s_i_j / centroid_distances, axis=1)
14       return np.mean(scores)
```

在上述代码中，第 2 行 X 和 labels 分别是原始训练集和聚类得到的标签；第 4、5 行是分别初始化一个簇中心矩阵和簇内直径向量；第 6～8 行是遍历每一个簇，并计算得到对应的簇中心；第 9 行是同时计算当前簇中所有样本 x_in_cluster 到对应簇中心 centroids[k] 的距离，然后取平均得到 $\text{avg}(R_i)$；第 10 行是计算 centroids 中任意两个簇中心之间的距离，得到的是一个形状为[K, K]的对称矩阵，对角线均为 0（自己与自己的距离）；第 11 行是构造得到一个形状同为[K, K]的矩阵便于后续计算。

当然，在实际应用中，可以直接使用 sklearn 库中的 calinski_harabasz_score() 方法进行计算，下面展示已定义好的方法和 sklearn 库自带方法的效果。

例 5-6：使用自定义方法计算 DB 指数

```
1    from sklearn.metrics import davies_bouldin_score, pairwise_distances
2    X, _ = make_blobs(n_samples=300, centers=4, cluster_std=0.60, random_state=0)
3    db_score1 = davies_bouldin_score(X, labels)
4    db_score2 = get_davies_bouldin(X, labels)
```

```
5      print(f'DB 指数 by ours: {db_score1:.2f}')
6      print(f'DB 指数 by sklearn: {db_score1:.2f}')
```

输出结果：

DB 指数 by ours: 0.44
DB 指数 by sklearn: 0.44

5.1.2　外部评价指标

外部指标使用数据集的真实标签，通过比较聚类结果和真实标签之间的相似性来评价聚类模型的效果，主要有以下三种指标：纯度、兰德指数和互信息。

1. 纯度

纯度(purity)是通过将聚类结果中的每个簇分配给最频繁出现的真实类别来计算的。举例说明，某聚类算法对样本数据进行聚类，结果如图 5-3 所示。

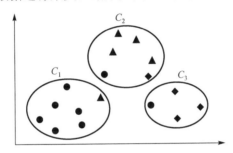

图 5-3　纯度评价指标示意图

聚类算法把样本划分为三个簇：C_1、C_2、C_3。C_1 中红圆点最多，所以把 C_1 看作红圆点的簇，其中被正确聚类的样本数量是 6 个；C_2 中蓝三角最多，所以把 C_2 看作蓝三角的簇，其中被正确聚类的样本数量是 4 个；C_3 中紫菱形最多，所以把 C_3 看作紫菱形的簇，其中被正确聚类的样本数量是 3 个。总样本数量是 17，所以此聚类结果的纯度为

$$\text{purity} = \frac{6+4+3}{17} \approx 0.765$$

纯度的取值范围是[0, 1]，纯度值越高，表示聚类结果与真实标签的一致性越好，也说明聚类算法的效果越好。虽然纯度理解起来非常简单，但是这个评估指标在一些场景下可能不太适用，例如，当在聚类模型分成的某簇中，真实类别有不同种类，但数目相同时，纯度计算则不容易区分。因此，出现了兰德系数等指标进行更加细致的区分。

例 5-7：使用 Python 的 sklearn 库计算纯度

```
1      import numpy as np
2      from sklearn import metrics
3      y_true = [0, 0, 0, 0, 0, 0, 0, 0, 1, 1, 1, 1, 1, 2, 2, 2, 2]      # 真实标签
4      labels = [0, 0, 0, 0, 0, 0, 1, 2, 0, 1, 1, 1, 1, 2, 2, 2]      # 聚类标签
5      def purity_score(y_true, y_pred):
6        # 计算纯度，参数 1 为真实标签，参数 2 为聚类模型预测标签
7        contingency_matrix = metrics.cluster.contingency_matrix(y_true, y_pred)
```

```
8      return np.sum(np.amax(contingency_matrix, axis=0)) / np.sum(contingency_matrix)
9
10     purity = purity_score(y_true, labels)
11     print(f'纯度: {purity:.2f}')
```

输出结果:

纯度: 0.76

2. 兰德指数

兰德指数(Rand index，RI)度量了聚类结果和真实类别信息这两组数据的一致性。假定 C 是真实类别信息，K 是聚类结果，定义 a 的值是在 C 和 K 中都属于同一类别的样本对数，定义 b 的值是在 C 和 K 中都属于不同类别的样本对数，则兰德指数的计算公式为

$$RI = \frac{a+b}{C_n^2} \tag{5-7}$$

其中，a 是在聚类结果和真实类别中都在相同簇的样本对数；b 是在聚类结果和真实类别中都在不同簇的样本对数；n 是样本总数；C_n^2 是 n 个样本中任选 2 个的组合数。

兰德指数取值范围为[0, 1]，值越大意味着聚类结果与真实情况越吻合，值越小意味着聚类结果越不理想，接近于随机聚类情况。但是，对于随机结果，兰德指数并不能保证分数接近于零。为了实现"在聚类结果随机产生的情况下，指标应该接近于零"，调整兰德指数(adjusted Rand index，ARI)被提出，它具有更高的区分度：

$$ARI = \frac{RI - E(RI)}{\max(RI) - E(RI)} \tag{5-8}$$

ARI 实际上是兰德指数去均值归一化的形式，它的取值范围为[−1, 1]，值越小表示聚类结果越不理想，值越大意味着聚类结果与真实情况越吻合。

例 5-8：使用 Python 的 sklearn 库计算兰德指数、调整兰德指数

```
1      from sklearn.metrics import adjusted_rand_score, rand_score
2      from sklearn.datasets import load_iris
3      from sklearn.cluster import KMeans
4      X, y_true = load_iris(return_X_y=True)
5      model = KMeans(n_clusters=3, random_state=42)
6      model.fit(X)
7      y_pred = model.predict(X)
8      # 计算兰德指数
9      ri_score = rand_score(y_true, y_pred)
10     print(f'兰德指数: {ri_score:.2f}')
11     # 计算调整兰德指数
12     ari_score = adjusted_rand_score(y_true, y_pred)
13     print(f'调整兰德指数: {ari_score:.2f}')
```

输出结果:

兰德指数: 0.88
调整兰德指数: 0.73

3. 互信息

互信息(mutual information，MI)是信息论中用以评价两个随机变量之间依赖程度的一个度量，即度量两个变量之间共享信息的量。在聚类模型的评价中，互信息可以用来衡量聚类结果和真实标签之间共享信息的量。为了更进一步说明互信息这个评估指标，需要先了解几个信息论相关的概念。

信息量：通过对某个事件发生的概率的度量，以表达已知事件发生而获得信息的多少。一般情况下，若一个事件发生的概率越低，则这个事件包含的信息量越大，这与人们直观上的认知是吻合的。例如，越罕见的新闻包含的信息量越大，因为这种新闻出现的概率低。

当用概率来表达事件信息量时，要寻找一个函数 $I(x)$，其需要满足以下几个性质。

(1) $I(x)$ 是先验概率 $p(x)$ 的单调递减函数，即当 $p(x_1) < p(x_2)$ 时，$I(x_1) > I(x_2)$。

(2) $I(x) \geqslant 0$，因为 $I(x)$ 表示的是得到的信息量的多少，应该是个非负数。

(3) $I(x_1, x_2) = I(x_1) + I(x_2)$，假设有两个独立不相关事件 x_1 和 x_2，那么这两个事件同时发生时获得的信息量应该等于观察到的事件各自发生时获得的信息之和。

因为 x_1 和 x_2 是两个独立不相关事件，则 $p(x_1, x_2) = p(x_1) \times p(x_2)$，由此判断 $I(x)$ 与 $p(x)$ 的对数有关。

基于满足上述三个性质，定义信息量函数：

$$I(x) = \log_2 \frac{1}{p(x)} = -\log_2 p(x) \tag{5-9}$$

信息熵(information entropy)：用于衡量整个事件空间包含的平均信息量，即信息量的平均期望。只需要将事件空间中所有事件发生的概率乘以该事件的信息量，即可得到信息熵：

$$\text{Ent}(D) = -\sum_{i=1}^{|C|} p_i \log_2 p_i \tag{5-10}$$

其中，D 表示整个事件空间，在聚类任务中表现为当前样本集；p_i 表示每个事件发生的概率，在聚类任务中表示第 i 类样本所占的比例；C 表示事件集合，在聚类任务中表现为聚类集合；$|C|$ 表示类别数量。

进而推出互信息计算公式为

$$\text{MI}(C, L) = \sum_{i=1}^{|C|} \sum_{j=1}^{|L|} p_{i,j} \log_2 \frac{p_{i,j}}{p_i p_j} \tag{5-11}$$

其中，$|C|$ 是聚类结果的类别数量；$|L|$ 是真实标签的类别数量；$p_{i,j}$ 是同时属于聚类结果中第 i 个类别和真实标签中第 j 个类别的样本的比例；p_i 是属于聚类结果中第 i 个类别的样本的比例；p_j 是属于真实标签中第 j 个类别的样本的比例。

与 ARI 类似，调整互信息(adjusted mutual information，AMI)定义为

$$\text{AMI}(C, L) = \frac{\text{MI}(C, L) - E[\text{MI}(C, L)]}{\max[\text{Ent}(C), \text{Ent}(L)] - E[\text{MI}(C, L)]} \tag{5-12}$$

例 5-9：使用 Python 的 sklearn 库计算互信息

```
1    from sklearn.metrics import mutual_info_score
2    from sklearn.metrics import adjusted_mutual_info_score
3    from sklearn.datasets import load_iris
```

```
4     X, y_true = load_iris(return_X_y=True)
5     model = KMeans(n_clusters=3)
6     model.fit(X)
7     y_pred = model.predict(X)
8     # 计算互信息和调整互信息
9     mi_score = mutual_info_score(y_true, y_pred)
10    ami_score = adjusted_mutual_info_score(y_true, y_pred)
11    print(f'互信息: {mi_score:.2f}')
12    print(f'调整互信息: {ami_score:.2f}')
```

输出结果：

互信息: 0.83
调整互信息: 0.76

5.1.3　直观评估方法

直观评估主要通过可视化方法来评价聚类结果。常用的可视化方法包括散点图、热图、树状图等。

散点图是最直接的方法，它可以帮助我们直观地看到每个点的分布，以及它们是如何被聚类的。

通过如图 5-4 所示的散点图，可以直观地看到某聚类算法将样本聚成不同簇的分布情况，图中每个簇的中心用红色圆点表示。

彩图

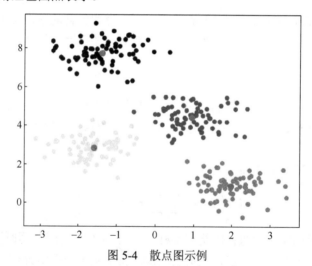

图 5-4　散点图示例

5.2　划分法聚类算法

聚类算法大致可以分为划分法、层次法、基于密度的方法、图聚类法、基于网格的方法、基于模型的方法等。

k-Means 聚类算法是一种经典的划分法的聚类分析方法，它的目标是将 n 个观测样本划分到 k 个簇中（k 需要提前确定），使得每个观测样本属于最近的簇中心（均值）对应的簇，从而使得簇内的方差最小化。本节以 k-Means 算法为例，详细介绍划分法聚类算法的原理、调参、优化等问题。

5.2.1 k-Means 算法原理和流程

假设有 n 个样本的样本集 $D = \{\boldsymbol{x}_1, \boldsymbol{x}_2, \cdots, \boldsymbol{x}_n\}$，$k$-Means 聚类的基本原理是通过迭代的方式寻找 k 个簇的一种划分方式（表达为 $C = \{C_1, C_2, \cdots, C_k\}$，其中 C_i 是 k 个簇中的一个簇）使得所有样本 $\boldsymbol{x}_i$, $i = 1, 2, \cdots, n$ 到所在簇中心的距离之和最小，即簇内误差平方和（sum of squared errors within cluster，SSE）最小，所以定义优化目标为

$$\text{SSE} = \sum_{i=1}^{k} \sum_{\boldsymbol{x} \in C_i} \|\boldsymbol{x} - \boldsymbol{\mu}_i\|_2^2 \tag{5-13}$$

其中

$$\boldsymbol{u}_i = \frac{1}{|C_i|} \sum_{\boldsymbol{x} \in C_i} \boldsymbol{x}$$

是第 i 个簇 C_i 的簇中心（均值向量）；$\|\boldsymbol{x} - \boldsymbol{\mu}_i\|_2^2$ 是簇内样本到簇中心的欧氏距离。式 (5-13) 刻画了簇内样本围绕簇中心的紧密程度，SSE 值越小则簇内样本相似度越高。

下面以图形化的方式来介绍 k-Means 算法流程，假定原始样本集如图 5-5 (a) 所示，首先确定 $k = 2$，即将样本聚成 2 类（关于 k 值设定方法将在 5.2.2 节详细介绍），则 k-Means 算法的流程如下。

(1) 初始化：确定 k 个初始的簇中心。初始簇中心的选择会影响聚类的效果，一种简单的初始化方式是随机选择 k 个数据点作为初始簇中心，如图 5-5 (b) 所示，选中绿色三角和红色三角所表示的两个数据点。

(2) 分配步骤：对于每个数据点 $\boldsymbol{x}_i$，计算它与每个簇中心的距离，并将其分配到最近的簇中心所在的簇。如图 5-5 (c) 所示，经过计算，判断出绿色的三个数据点与绿色簇中心的距离比与红色簇中心的距离近，因此划分到绿色簇中心所在的簇，而其他六个红色的数据点与红色簇中心的距离比与绿色簇中心的距离近，因此划分到红色簇中心所在的簇，图中以不同颜色指示出划分的结果。

(3) 更新步骤：重新计算每个簇的中心点，通常是取簇中所有点的均值，如图 5-5 (d) 所示，更新了簇中心点。

(4) 重复步骤 (2) 和 (3)，直到簇中心不再发生变化或者变化非常小（即算法收敛），或者达到预设的迭代次数，如图 5-5 (e)、(f) 所示。

认定算法收敛的方式通常是设置一个阈值，当簇中心的移动小于这个阈值时，认为算法已经收敛。

k-Means 聚类算法简单、快速，对于处理大数据集，该算法能保持可伸缩性和较高的效率，当簇近似为高斯分布时，它的效果较好。但只有在簇的平均值可被定义的情况下才能适用，因此可能不适用于某些应用。另外，必须事先确定聚类的数量，即簇数 k。

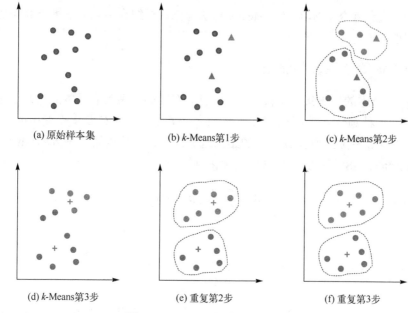

彩图

（a）原始样本集　　　　　　　（b）k-Means第1步　　　　　　（c）k-Means第2步

（d）k-Means第3步　　　　　　（e）重复第2步　　　　　　　　（f）重复第3步

图 5-5　*k*-Means 算法流程示意图

k-Means 聚类算法代码示例如下所示。

例 5-10：使用 Python 的 sklearn 库实现 *k*-Means 聚类算法

```
1    import numpy as np
2    import matplotlib.pyplot as plt
3    from sklearn.datasets import make_blobs
4    from sklearn.cluster import KMeans
5    # 生成随机数据
6    X, _ = make_blobs(n_samples=300, centers=3, cluster_std=0.6, random_state=0)
7    # 初始化 KMeans 实例，设置簇数 k
8    kmeans = KMeans(n_clusters=3, random_state=0)
9    # 应用 KMeans 算法
10   kmeans.fit(X)
11   # 获取簇中心
12   centers = kmeans.cluster_centers_
13   # 获取每个点的簇标签
14   labels = kmeans.labels_
15   # 可视化数据和聚类结果
16   plt.rcParams['font.sans-serif'] = ['SimSun']   # 指定使用宋体
17   plt.scatter(X[:, 0], X[:, 1], c=labels, cmap='viridis', s=50, alpha=0.5)
18   plt.scatter(centers[:, 0], centers[:, 1], c='red', s=200, alpha=0.8)
19   plt.title('k-Means 聚类')
20   plt.xlabel('特征 1')
21   plt.ylabel('特征 2')
22   plt.show()
```

输出结果如图 5-6 所示。

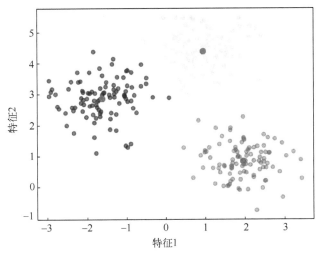

图 5-6 例 5-10 输出结果(可视化数据和聚类结果)

在上述代码中，首先使用 make_blobs()函数生成一个包含三个簇的随机二维数据集 X，如代码第 6 行所示。这里设置了簇的数量为 3，簇的标准差为 0.6，以及随机种子 random_state 为 0。然后，初始化一个 KMeans 实例 kmeans，并将簇数 n_clusters 设置为 3，即分成三个簇，如代码第 8 行所示。接下来，使用 fit()方法将数据 X 应用于 k-Means 算法，进行聚类操作，从而找到最优的簇中心，如代码第 10～14 行所示。通过 cluster_centers_ 属性可以获取聚类得到的簇中心，通过 labels_ 属性可以获取每个数据点的簇标签。最后，如代码第 15～22 行所示，使用散点图将数据集的每个数据点根据其簇标签着色，并用红色圆圈表示找到的簇中心。

5.2.2 k 值选择问题

确定最佳的簇数 k 是 k-Means 聚类中的一个关键问题，k 是 k-Means 聚类算法的一个超参数。在实际工作中，可以结合业务的场景和需求来决定聚几类，以确定 k 值，这属于经验法。当业务场景不能较明确地指定聚类的数量时，可以使用以下两种常用的超参数确定方法。

1. 肘部法则

肘部法则(elbow method)是一种选择最佳簇数的启发式方法。它通过绘制不同簇数对应的聚类误差(通常是簇内误差平方和，简称 SSE)，寻找误差下降最快的点，即"肘部"，以该肘部的簇数为最佳 k 值。在实践中，通常做法是计算每个簇数对应的聚类误差，并绘制出随着簇数增加而变化的 SSE 趋势图，即肘部图。通过分析肘部图，可以选择一个使聚类误差下降趋势变化率显著降低的簇数作为最佳的簇数 k。

举例说明，代码如下所示。

例 5-11：使用 Python 的 matplotlib 库绘制肘部图

```
1    import matplotlib.pyplot as plt
2    from sklearn.cluster import KMeans
3    # 生成随机数据
```

```
4    X, _ = make_blobs(n_samples=300, centers=4, cluster_std=0.6, random_state=0)
5    # 计算不同 k 值对应的簇内误差
6    sse = []
7    for k in range(2, 11):
8        kmeans = KMeans(n_clusters=k, random_state=0).fit(X)
9        sse.append(kmeans.inertia_)
10   # 绘制肘部图
11   plt.figure(figsize=(8,6),dpi=150)
12   plt.rcParams['font.sans-serif'] = ['SimSun']    # 指定使用宋体
13   plt.plot(range(1, 11), sse, marker='o')
14   plt.xlabel('簇数量', fontsize=16)
15   plt.ylabel('簇内误差平方和，SSE', fontsize=16)
16   plt.title('肘部图', fontsize=20)
17   plt.show()
```

输出结果如图 5-7 所示。

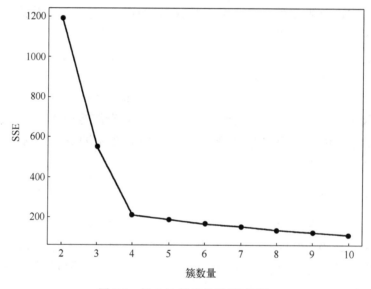

图 5-7　例 5-11 输出结果（肘部图）

本例中，在同一组训练样本集下（由代码第 4 行的 make_blobs() 函数自动生成带有样本标签的 4 个类别的样本数据），分别使用 10 种不同的簇数，$k \in \{1,2,3,4,5,6,7,8,9,10\}$，对样本集进行 k-Means 聚类模型的训练（代码第 9 行），并计算每个模型的簇内误差平方和（由模型返回值 kmeans.inertia_ 给出）存储于 sse 列表数据结构中（代码第 10 行），然后以 k 为横坐标，相应模型的聚类误差 sse 为纵坐标，绘制了肘部图（代码第 11～18 行）。图像中的肘点（$k = 4$）就是我们要寻找的最佳簇数 k。

这种肘部法则确定 k 值的方法，虽然在评估超参数时表现了簇内聚集的紧密程度，但并未考虑簇间距离最大化的问题，也容易出现划分过于精细的状况。而下面要介绍的轮廓分析法不仅表现了同类样本间距离最小化，也体现了不同类样本间距最大化的指标。

2. 轮廓分析

轮廓分析通过计算模型的轮廓系数来评估模型聚类的效果，从而确定使模型达成最优聚类效果的 k 值。轮廓系数评价指标在 5.1.1 节已做了详细介绍，可知它结合了簇内的内聚度和簇间的分离度，其值的范围是[−1, 1]，值越高说明模型聚类的效果越好。

代码示例如下所示。

例 5-12：使用 Python 的 matplotlib 库绘制轮廓系数图

代码

```
1    import matplotlib.pyplot as plt
2    from sklearn.metrics import silhouette_score
3    # 生成随机数据
4    X, _ = make_blobs(n_samples=300, centers=4, cluster_std=0.6, random_state=0)
5    # 计算不同 k 值的轮廓系数
6    silhouette_avg_scores = []
7    for k in range(2, 11):
8      kmeans = KMeans(n_clusters=k, random_state=0).fit(X)
9      silhouette_avg = silhouette_score(X, kmeans.labels_)
10     silhouette_avg_scores.append(silhouette_avg)
11   # 绘制轮廓系数图
12   plt.figure(figsize=(8,6),dpi=150)
13   plt.rcParams['font.sans-serif'] = ['SimSun']   # 指定使用宋体
14   plt.plot(range(2, 11), silhouette_avg_scores, marker='o')
15   plt.xlabel('簇数量', fontsize=16)
16   plt.ylabel('轮廓系数值', fontsize=16)
17   plt.title('轮廓系数分析图', fontsize=20)
18   plt.show()
```

输出结果如图 5-8 所示。

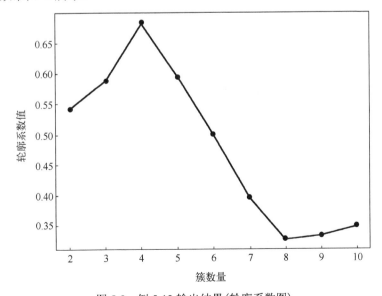

图 5-8　例 5-12 输出结果（轮廓系数图）

在这个例子中，计算了 k 为 2~10 时的轮廓系数，并绘制了相应的图像。从图 5-8 中可以看出，当 $k = 4$ 时，轮廓系数指标值最高，被认为是合适的簇数。

5.2.3　优化和挑战

k-Means 聚类算法是一个相对简单但非常强大的聚类工具。它可以应用于各种不同的数据集和应用场景中，但在使用时也需要注意选择合适的初始化方法、簇数 k 以及如何避免陷入局部最小值等问题。

1. k-Means++初始化方法

k-Means 聚类算法对初始值较敏感，对于不同的初始值，可能会导致不同的结果，有时会收敛到局部最优解。因此，改进的初始化方法如 k-Means++，被广泛采用。k-Means++旨在选择更优的初始质心，以提高算法的收敛速度和减小陷入局部最小值的可能性，提高结果的稳定性。其具体步骤如下：

（1）从数据集中随机选择一个数据点作为第一个质心，记为 C_1；

（2）计算每个样本与当前已有质心的最短距离，记为 $D(X_i)$，$D(X_i)$ 值越大，表示样本 X_i 被选取作为聚类中心的概率越大，最后用轮盘法选出下一个聚类中心，记为 C_i；

（3）重复步骤（2）直到选择了 k 个质心。

在 sklearn 库中，k-Means 类的 init 参数默认值就是'k-Means++'，通常不需要显式设置，即可使用 k-Means++初始化方法。

2. 解决局部最优解问题

局部最优解是指在当前搜索空间中，某个解决方案在其邻域内比其他解决方案更好，但在整个搜索空间中并不是全局最优解。k-Means 算法的主要问题之一是它可能陷入局部最优解，导致整体效果不佳。为了解决这个问题，除了可以采取 k-Means++初始化方法，选择更好的初始中心点，减小局部最优解的风险以外，还可以采取以下几种策略。

（1）多起点初始化：多次随机选择初始中心，运行 k-Means 算法，每次运行都会产生不同的聚类结果，最后选择最优的聚类结果，通常是以最低代价函数的结果作为最终聚类。这种方法通过增加随机性来提高找到更好局部最优解的概率。

（2）二分 k-Means 算法：该算法是分裂型层次聚类的一种（5.3.2 节将详细介绍），是自顶向下的分裂型层次聚类的方法。首先把所有数据点初始化为一个簇，然后将这个簇使用 k-Means 算法分为两个簇。接下来选择一个聚类效果最差的簇（即误差平方和最大的簇）再次进行 k-Means 划分，划分为两个簇，直到达到预定的簇数目。

（3）使用遗传算法、模拟退火等全局优化算法来优化聚类中心的选择，通过模拟自然选择或物理退火过程，允许在一定概率下接受较差的解以跳出局部最优解。

（4）层次聚类结合 k-Means 算法：先使用层次聚类算法确定初始中心，层次聚类不需要预先指定簇的数量，可以通过树状图来决定合适的簇数，然后使用 k-Means 算法进行优化，这样可以避免随机初始化中心可能带来的问题。

（5）距离度量选择：选择合适的距离度量可以减少局部最优解的问题。例如，在高维数据集中，欧氏距离可能不再适用，因为数据的尺度不同，此时可以使用标准化欧氏距离或余弦相似度。

3.　合理设置机器学习库中 *k*-Means 算法的参数

skearn 库中 KMeans 类的参数有：聚类簇数量 n_clusters、质心初始化方法 init、多起点初始化运行次数 n_init、最大迭代次数 max_iter、收敛阈值 tol、是否预计算距离 precompute_distances、是否运行信息输出 verbose、随机数生成器状态 random_state、是否复制原始数据 copy_x、使用的 CPU 核心数量 n_jobs、*k*-Means 算法的变体 algorithm。在这些参数中合理设置或调整以下参数，将尽可能地优化 *k*-Means 聚类算法，避免陷入局部最优解，提高运行效率和效果。

1）n_clusters

这是 KMeans 中最关键的参数之一，因为它直接决定了数据将被划分为多少个部分。可参照 5.2.2 节介绍，利用先验知识或业务需求或使用肘部法则或轮廓分析确定或调整该参数。

2）init

正如前面所述，默认的'*k*-Means++'通常比随机初始化效果更好，因为它试图选择彼此远离的初始中心点。如果数据集很大或者簇的数量很多，可以尝试使用随机初始化，并增加 n_init 的值来提高找到优解的机会。

3）n_init

增加 n_init 的值可以提高找到更好局部最优解的机会，但也会增加计算时间。通常，默认值"10"是一个不错的选择，但如果需要更稳定的结果，可以增加到 30 或更多。

4）max_iter

默认值"300"通常足够大多数问题收敛，但对于复杂的数据集，可能需要更多迭代。如果算法在达到最大迭代次数之前没有收敛，可以尝试增加 max_iter 的值。

5）tol

默认值"1e-4"通常工作得很好，但如果算法过早收敛或没有收敛，则可以尝试调整这个值。降低 tol 的值可以提高算法的精度，但也会增加计算时间。

6）precompute_distances

对于大型数据集，预计算距离可以提高效率、节省时间，但对于小型数据集，这可能会增加不必要的计算。默认值"auto"会根据数据集的大小自动决定是否预计算距离。

7）random_state

如果需要可重复的结果，则可以设置一个固定的随机种子。对于探索性的分析，可以保留默认值"None"，以便每次运行时都得到不同的结果，便于寻优。

8）algorithm

该参数用来设置 *k*-Means 算法的变体，默认值"auto"会根据数据的特点自动选择最佳的算法。"full"表示选择传统的 *k*-Means 算法，如果数据量小或者稀疏，可以尝试设置为"full"；"elkan"表示使用 Elkan 的 *k*-Means 算法变体，它的主要目的是通过减少不必要的距离计算来提高算法的效率，如果数据量较大、稠密、特征维度较高或者簇的数量较多，则可以尝试设置为"elkan"。

例 5-13：sklearn 库中 *k*-Means 算法应用实例

```
1    import matplotlib.pyplot as plt
2    import numpy as np
3    import matplotlib.pyplot as plt
```

代码

```
4      from sklearn.cluster import KMeans
5      from sklearn.datasets import make_blobs
6      from sklearn.preprocessing import StandardScaler
7      # 创建合成数据
8      np.random.seed(0)
9      X, _ = make_blobs(n_samples=100000, centers=4, cluster_std=1.00, random_state=0)
10     # 数据标准化
11     X = StandardScaler().fit_transform(X)
12     # 使用 random 初始化
13     kmeans_random = KMeans(n_clusters=4, init='random', n_init=1, max_iter=5, tol=1e-01,
random_state=0)
14     y_random = kmeans_random.fit_predict(X)
15     # 使用 k-Means++初始化
16     kmeans_kmeanspp = KMeans(n_clusters=4, init='k-means++', n_init=1, max_iter=5, tol=1e-01,
random_state=0)
17     y_kmeanspp = kmeans_kmeanspp.fit_predict(X)
18     # 设置 Matplotlib 支持中文
19     plt.rcParams['font.sans-serif'] = ['SimHei']       # 指定默认字体
20     plt.rcParams['axes.unicode_minus'] = False         # 解决保存图像时负号'-'显示为方块的问题
21     # 绘制结果
22     fig, ax = plt.subplots(1, 2, figsize=(15, 6))
23     # random 初始化的结果
24     ax[0].scatter(X[y_random == 0, 0], X[y_random == 0, 1], s=10, c='pink', label='簇 1')
25     ax[0].scatter(X[y_random == 1, 0], X[y_random == 1, 1], s=10, c='blue', label='簇 2')
26     ax[0].scatter(X[y_random == 2, 0], X[y_random == 2, 1], s=10, c='green', label='簇 3')
27     ax[0].scatter(X[y_random == 3, 0], X[y_random == 3, 1], s=10, c='cyan', label='簇 4')
28     ax[0].scatter(kmeans_random.cluster_centers_[:, 0], kmeans_random.cluster_centers_[:, 1], s=50,
c='red', label='质心')
29     ax[0].set_title('使用 random 初始化的聚类结果')
30     ax[0].set_xlabel('年收入(k$)')
31     ax[0].set_ylabel('消费评分(1-100)')
32     ax[0].legend()
33     # k-Means++初始化的结果
34     ax[1].scatter(X[y_kmeanspp == 0, 0], X[y_kmeanspp == 0, 1], s=10, c='pink', label='簇 1')
35     ax[1].scatter(X[y_kmeanspp == 1, 0], X[y_kmeanspp == 1, 1], s=10, c='blue', label='簇 2')
36     ax[1].scatter(X[y_kmeanspp == 2, 0], X[y_kmeanspp == 2, 1], s=10, c='green', label='簇 3')
37     ax[1].scatter(X[y_kmeanspp == 3, 0], X[y_kmeanspp == 3, 1], s=10, c='cyan', label='簇 4')
38     ax[1].scatter(kmeans_kmeanspp.cluster_centers_[:, 0], kmeans_kmeanspp.cluster_centers_[:, 1], s=50,
c='red', label='质心')
39     ax[1].set_title('使用 k-Means++初始化的聚类结果')
40     ax[1].set_xlabel('年收入(k$)')
41     ax[1].set_ylabel('消费评分(1-100)')
42     ax[1].legend()
43     plt.tight_layout()
44     plt.show()
```

输出结果如图 5-9 所示。

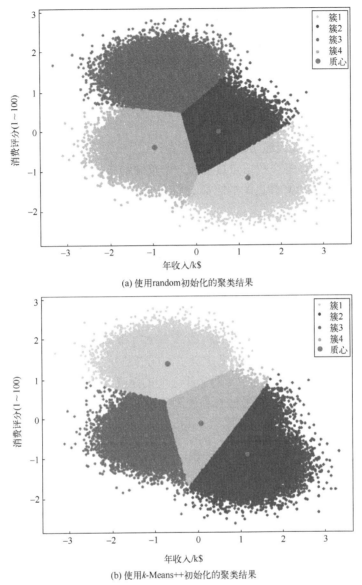

(a) 使用random初始化的聚类结果

(b) 使用 k-Means++ 初始化的聚类结果

图 5-9　例 5-13 输出结果（采用不同初始化方法的 k-Means 算法）

从以上示例看出，当采取不同的质心初始化方法，运行次数较少时，聚类效果差异性较大。

5.3　层次聚类算法

层次聚类（hierarchical clustering）是一种常用的聚类分析方法，它不需要事先指定簇的数量，而是通过构建一个多层次的簇树（树状图，或称为树形图）来组织数据。层次聚类算法主要有两种类型：凝聚型（agglomerative）和分裂型（divisive）。

5.3.1　凝聚型层次聚类

凝聚型层次聚类（agglomerative hierarchical clustering）是一种自底向上的聚类方法，它从每个数据点作为一个簇开始，逐步合并相邻的簇，直到满足某个终止条件。其核心思想是：首先将每个数据点视为一个单独的簇，然后在每一步中合并距离最近的两个簇，直到达到所需数量的簇或达到某个距离阈值。这种聚类方法的优点是简单直观，不一定需要预先指定簇的数量，并且能够生成一个聚类树(树状图)，从中可以查看不同层次上的聚类效果；其缺点是计算复杂度较高，尤其是在大数据集上，而且一旦某次合并操作被执行，就不能撤销，这可能导致最终结果受到初始步骤的影响。

凝聚型层次聚类算法流程通常包括以下步骤。

(1)初始化：开始时，每个数据点被视为一个单独的簇，簇的总数等于数据点的数目。

(2)计算距离：计算所有簇之间的距离。距离的度量可以是欧氏距离、曼哈顿距离、余弦相似度等。

(3)合并簇：找到距离最近的两个簇，将它们合并成一个新的簇。

(4)更新距离：合并簇后，需要更新簇之间的距离。如何更新距离取决于所采用的链接标准，常用的链接标准有单链接(single-linkage)、全链接(complete-linkage)、平均链接(average-linkage)和质心链接(centroid-linkage)等。

(5)重复步骤(3)和(4)，重复计算距离、合并簇和更新距离的过程，直到满足停止条件，例如，达到预定的簇数目或者簇之间的最小距离超过了某个阈值。

在上述步骤(4)中，不同的链接标准定义了不同的更新距离计算的方式。

单链接：在这种距离计算方法中，两个簇之间的距离是由两个簇中最近的两个点之间的距离决定的，如式(5-14)所示。该方法容易受到噪声和异常值的影响，容易形成长链。

$$d(u,v) = \min[\mathrm{dist}(u_i,v_j)] \tag{5-14}$$

其中，u 和 v 分别表示两个簇；u_i 和 v_j 分别表示两个簇中的数据点。

全链接：在全链接算法中，两个簇之间的距离是由两个簇中最远的两个点之间的距离决定的，如式(5-15)所示。这种方法对异常值不是很敏感，但是它可能会将较小的簇与较大的簇合并得过快。

$$d(u,v) = \max[\mathrm{dist}(u_i,v_j)] \tag{5-15}$$

平均链接：该方法中两个簇之间的距离是由两个簇中所有点之间的平均距离决定的，如式(5-16)所示。这种方法在处理不同大小的簇时，比单链接和全链接更稳健。

$$d(u,v) = \sum_{i,j} d(u_i,v_j) / (|u| \times |v|) \tag{5-16}$$

质心链接：计算两个簇之间的距离是由两个簇的质心(即簇内所有数据点的平均值)之间的距离决定的，如式(5-17)所示：

$$d(u,v) = \|u_{\mathrm{centroid}} - v_{\mathrm{centroid}}\|_2 \tag{5-17}$$

这些链接标准都有各自的优缺点，适用于不同的数据集和不同的应用场景，选择不同的链接标准可以影响最终聚类结果的形状和大小，因此在选择链接标准时需要考虑数据的特点和聚类的目的。

在 Python 的第三方工具包，如 sklearn 和 scipy 中，都有相应的类可以用于凝聚型层次聚类任务，如 sklearn 中的 AgglomerativeClustering 类和 scipy 中的 linkage 类，它们都可以通过参数设置来支持多种链接标准，包括单链接、全链接、平均链接、质心链接和 ward 链接。此外，scipy 还提供了其他函数（如 dendrogram）来帮助可视化聚类结果和处理聚类树。接下来，使用 scipy 中的 linkage 类展示凝聚型层次聚类算法和数据组织结果。

例 5-14：使用 scipy 中的 linkage 类实现凝聚型层次聚类并绘制树状图

```
1   import numpy as np
2   from sklearn.datasets import make_blobs
3   import matplotlib.pyplot as plt
4   from scipy.cluster.hierarchy import linkage, dendrogram
5   # 生成模拟数据
6   np.random.seed(0)
7   X, _ = make_blobs(n_samples=20, centers=4, cluster_std=1.00, random_state=0)
8   print(X)
9   # 定义链接准则
10  methods = ['single', 'complete', 'average', 'centroid']
11  methods_title = ['单链接', '全链接', '平均链接', '质心链接']
12  # 创建一个 4 个子图的布局
13  fig, axes = plt.subplots(2, 2, figsize=(15, 10))
14  plt.rcParams['font.sans-serif'] = ['SimSun']   # 指定使用宋体
15  # 对每种链接准则进行聚类和可视化
16  for ax, method, title in zip(axes.ravel(), methods, methods_title):
17      Z = linkage(X, method=method)
18      dendrogram(Z, ax=ax)
19      ax.set_title(f'{title} 树状图')
20      ax.set_xlabel('样本编号')
21      ax.set_ylabel('距离')
22
23  plt.tight_layout()
24  plt.show()
```

输出结果如图 5-10 所示。

```
[[ 2.47034915e+00    4.09862906e+00]
 [ 5.87520114e-03    4.38724103e+00]
 [-4.97722294e-01    1.55128226e+00]
 [ 1.73730780e+00    4.42546234e+00]
 [-2.41468976e+00    9.37085793e-01]
 [ 4.32502215e+00   -5.56702015e-01]
 [-1.37195659e+00    3.29604478e+00]
 [ 2.91970372e+00    1.55498640e-01]
 [-2.29680874e+00    6.41544208e+00]
 [-1.75790796e+00    7.39738571e+00]
 [ 2.10102604e+00    7.10479810e-01]
 [-2.96613332e-01    4.12026211e+00]
 [ 1.12031365e+00    5.75806083e+00]
 [ 8.73051227e-01    4.71438583e+00]
 [-2.95452597e+00    9.78623541e+00]
 [ 2.36833522e+00    4.35679206e-02]
```

[-1.87481616e+00   3.07423123e+00]
[-2.50105113e+00   8.61295037e+00]
[1.42013331e+00   4.63746165e+00]
[-1.63558259e+00   7.53315727e+00]]

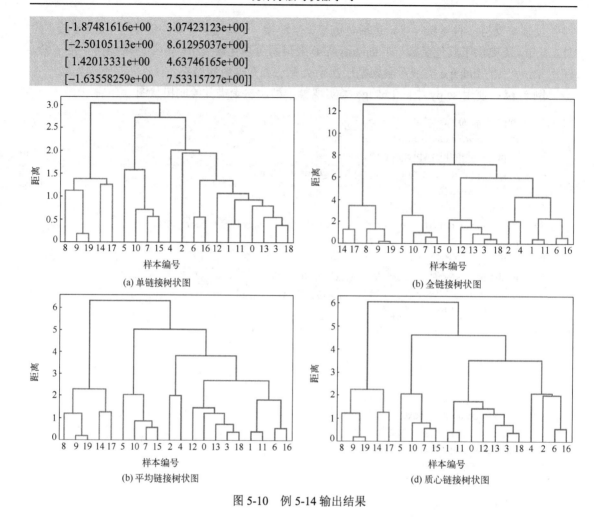

图 5-10　例 5-14 输出结果

在上述示例代码中,生成了一个包含 20 个二维数据点的数据集 *X*,然后分别使用单链接、全链接、平均链接和质心链接四种链接标准迭代更新距离计算,进行凝聚型层次聚类,最后绘制了层次聚类的树状图。

5.3.2　分裂型层次聚类

分裂型层次聚类(divisive hierarchical clustering)与凝聚型层次聚类相反,它是一种自顶向下的聚类方法。它从整个数据集开始,逐步分裂成更小的簇,直到满足某个终止条件。分裂型层次聚类的基本思想是:首先将包含所有数据点的数据集视为单一簇,然后在每一步中将当前所有簇中最不紧密的簇分成两个簇,直到达到所需数量的簇或每个数据点都成为单独的一个簇,再或者达到某个终止条件。

分裂型层次聚类与凝聚型层次聚类方法有相同的一些优点,例如,不需要预先指定簇的数量,能够生成一个聚类树,从中可以查看不同层次上的聚类效果。但分裂型层次聚类在实际应用中不如凝聚型层次聚类常见,部分原因是它通常需要更多的计算资源,并且在处理大数据集时效率较低。此外,分裂型层次聚类可能更容易受到初始步骤的影响,因为它从整体数据集开始,逐步细化。

分裂型层次聚类算法流程通常包括以下步骤。

(1) 初始化：将所有数据点看作一个单独的簇。

(2) 选择分裂簇：选择一个需要分裂的簇。通常选择最不紧密的簇进行分裂。

(3) 分裂簇：使用某种方法将选定的簇分裂成两个新的簇。例如，可以通过 k-Means 或其他聚类算法来实现。

(4) 更新结构：将新形成的簇代替被分裂的簇加入到结构中。

(5) 重复步骤 (2)～(4)：直到每个簇只包含一个数据点，或者达到某个终止条件 (如达到预定义的簇数或某个距离阈值)。

分裂型层次聚类的链接标准与凝聚型层次聚类相同。在 Python 中，高效实现分裂型层次聚类算法通常需要自定义实现，因为如 scipy 和 sklearn 之类的主流库主要提供了凝聚型层次聚类算法的实现。分裂型层次聚类算法的实现相对复杂，且不如凝聚型层次聚类常见，但因其自顶向下的分裂特征，适用于具有自然的、明显层次结构的数据，例如，对于生物分类数据，分裂型层次聚类可以帮助揭示这些层次关系；对于簇形状复杂的数据或者分界不清晰的数据，分裂型层次聚类可以比其他聚类方法更能识别出这些复杂结构；对于簇大小差异较大的数据集，分裂型层次聚类更容易处理，因为它可以从一个大的簇开始，逐渐分裂出小的簇。

5.3.3 簇数选择问题

树状图是凝聚型层次聚类的一个重要工具，它可以帮助我们直观地看到数据点是如何聚合的。通过树状图，可以选择合适的簇数。在树状图中，可以设置一个距离阈值 (画一条横线)，这条横线与树状图相交的地方，垂直线的数量就是簇的数量。它反映了聚类结束的位置。这个阈值可以用来定义树状图中不同的数据点，它们在聚类过程中的合并路径。

例 5-15：使用 Python 的 matplotlib 库绘制树状图

```
1   import numpy as np
2   from sklearn.datasets import make_blobs
3   from scipy.cluster.hierarchy import dendrogram, linkage
4   import matplotlib.pyplot as plt
5   # 生成示例数据集
6   np.random.seed(0)
7   X, _ = make_blobs(n_samples=20, centers=4, cluster_std=1.00, random_state=0)
8
9   # 使用凝聚型层次聚类，并选择'ward'作为链接标准
10  Z = linkage(X, 'centroid')
11  # 设置距离阈值
12  distance_threshold1 = 1
13  distance_threshold2 = 2
14  distance_threshold3 = 3
15  # 绘制树状图，并画一条指定距离的横线
16  plt.figure(figsize=(10, 7))
17  plt.rcParams['font.sans-serif'] = ['SimSun']   # 指定使用宋体
18
19  dendrogram(Z)
20  plt.axhline(y=distance_threshold1, color='r', linestyle='--')
```

```
21    plt.axhline(y=distance_threshold2, color='r', linestyle='--')
22    plt.axhline(y=distance_threshold3, color='r', linestyle='--')
23
24    plt.title('Hierarchical Clustering Dendrogram')
25    plt.xlabel('Data point')
26    plt.ylabel('Distance')
27    plt.show()
```

输出结果如图 5-11 所示。

彩图

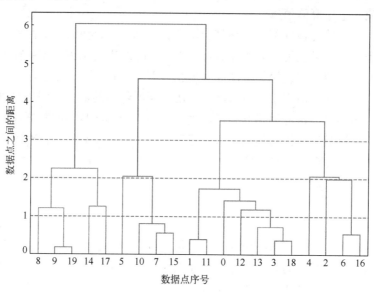

图 5-11　例 5-15 输出结果（层次聚类数）

在上述示例代码中，延续使用 5.3.1 节中的模型，在距离为 1、2 和 3 的位置分别画了三条红色虚线，每条线与树状图相交的地方就决定了簇的数量。

例如，图 5.11 中最下面那条红线与树状图交接的竖线有 13 条，说明将 20 个数据样本聚成了 13 类，中间那条红线与树状图交接的竖线有 7 条，说明将 20 个数据样本聚成了 7 类，最上面那条红线与树状图交接的竖线有 4 条，说明将 20 个数据样本聚成了 4 类。

通过设置不同的距离阈值，可以观察到当距离阈值较大时，更多的数据点会合并成一个大的簇。当距离阈值较小时，更多的数据点会保持独立，形成更多的簇。通过调整距离阈值，可以在树状图中找到一个合适的点，使得合并的数据点数量达到我们想要的簇数。

5.4　基于密度的聚类算法

5.2 节介绍的 k-Means 算法一般只适用于凸样本集的聚类。某数据集 D 中任意两点连线上的点，也会在数据集 D 内，那么数据集 D 就是一个凸集。基于密度的聚类算法不像 k-Means 这类基于距离的聚类算法，它既可以适用于凸样本集，也可以适用于非凸样本集。因此，对于基于密度的聚类算法，其典型优势在于它们可以识别任意形状的簇，并且对噪声和异常值具有良好的鲁棒性。最著名的基于密度的聚类算法是 DBSCAN（density-based spatial clustering of applications with noise）算法。

5.4.1 基本概念

基于密度的聚类算法的核心思想是：基于密度。从直观效果来看，DBSCAN 算法可以找到样本点的全部密集区域，并把这些密集区域当作一个个聚类簇，如图 5-12 所示。

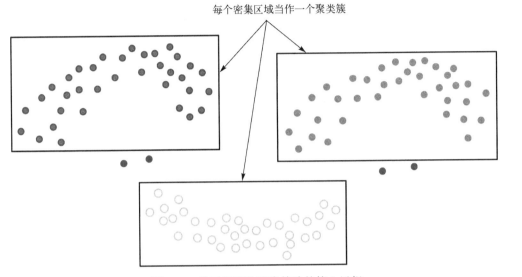

图 5-12 基于密度的聚类算法的核心思想

样本点如何才能称为密集呢？有两个参数刻画了什么称为密集：邻域半径 ε 和最少点数目 MinPts（minpoints），即当邻域半径 ε 内的数据点的个数大于最少点数目 MinPts 时，就是密集。如图 5-13 所示，例如，设定邻域半径 $\varepsilon = 1.5$，MinPts = 4。

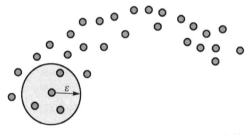

图 5-13 基于密度的聚类算法的两个重要参数

定义了上述两个参数之后，可以将数据点划分为 3 种类别：核心点、边界点和噪声点，如图 5-14 所示。

核心点：在邻域半径 ε 内含有超过 MinPts 数目的数据点，其数学描述为

$$N_{\varepsilon}(X) \geq \text{MinPts} \tag{5-18}$$

边界点：在邻域半径 ε 内含有的数据点的数量小于 MinPts，但是其本身落在核心点的邻域内的点。

噪声点：既不是核心点也不是边界点的点。

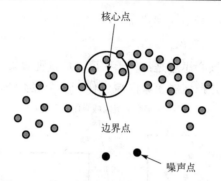

图 5-14　基于密度的聚类算法 3 种类别的点

在此基础上，再定义点和点之间的 4 种关系：密度直达、密度可达、密度相连、非密度相连，如图 5-15 所示。

彩图

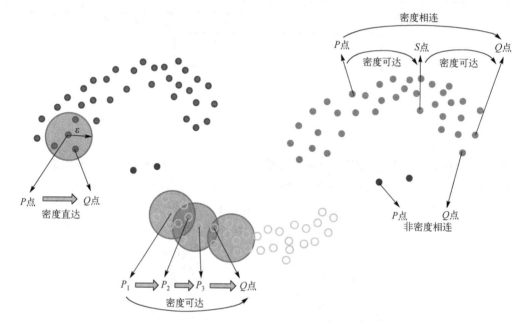

图 5-15　点与点之间的 4 种关系

密度直达：如果 P 为核心点，Q 在 P 的 ε 邻域内，那么称 P 到 Q 密度直达。

密度可达：如果存在核心点 $P_2, P_3, \cdots, P_n$，且 P_1 到 P_2 密度直达，P_2 到 P_3 密度直达，$\cdots$，P_{n-1} 到 P_n 密度直达，P_n 到 Q 密度直达，则 P_1 到 Q 密度可达。

密度相连：如果存在核心点 S，使得 S 到 P 和 Q 都密度可达，则 P 和 Q 密度相连。

非密度相连：如果两个点不属于密度相连关系，则这两个点非密度相连。

这些概念帮助算法区分簇内的点和噪声(即密度低的点)。

5.4.2　DBSCAN 算法原理和流程

DBSCAN 算法是一种基于密度的聚类算法，主要用于确定聚类结构、识别任意形状的聚类，并且能够在聚类空间中处理噪声点。与传统的 k-Means 等聚类算法不同，DBSCAN 算法不需要预先指定聚类个数，它能够基于密度自动确定聚类个数，但需要提前确定两个参数：

邻域半径ε和最少点数目阈值 MinPts。DBSCAN 算法的基本原理和流程如下。

（1）初始化：将所有点标记为未访问状态（unvisited）。

（2）寻找核心点：对于数据集中的每一个未访问点，计算它的邻域（以该点为中心，ε 为半径的区域）内的点数。如果点数大于或等于 MinPts，则将该点标记为核心点。

（3）扩展聚类：对于每个未访问的核心点，执行以下操作。

①如果该核心点尚未被分配到任何聚类中，则创建一个新的簇。

②将该核心点分配到当前簇中，并标记为已访问状态。

③查找与该核心点密度相连的所有点（包括核心点和边界点），并将这些点也分配到当前聚类中，标记为已访问状态。这个过程可能会查找到更多的核心点，需要递归地重复此过程，直到没有新的核心点可以添加到当前聚类中。

（4）重复步骤（3），直到所有核心点都被访问过。

（5）标记噪声点：所有未被分配到任何聚类中的点被认为是噪声点，算法结束。

下面是一个 Python 代码示例。

例 5-16：使用 Python 的 sklearn 库的 DBSCAN 算法进行聚类，并可视化聚类结果

```
1   import numpy as np
2   import matplotlib.pyplot as plt
3   from sklearn.cluster import DBSCAN
4   from sklearn.datasets import make_moons
5   from sklearn.preprocessing import StandardScaler
6
7   # 生成模拟数据
8   X, _ = make_moons(n_samples=200, noise=0.05, random_state=0)
9
10  # 数据标准化
11  X = StandardScaler().fit_transform(X)
12
13  # 应用 DBSCAN 算法，参数设置邻域半径为 0.3，最少点数目是 10
14  db = DBSCAN(eps=0.3, min_samples=5).fit(X)
15  labels = db.labels_
16
17  # 标识噪声点
18  core_samples_mask = np.zeros_like(labels, dtype=bool)
19  core_samples_mask[db.core_sample_indices_] = True
20
21  # 获得聚类个数（忽略噪声）
22  n_clusters_ = len(set(labels)) - (1 if -1 in labels else 0)
23
24  # 数据可视化
25  plt.figure(figsize=(10, 7))
26  plt.rcParams['font.sans-serif'] = ['SimSun']  # 指定使用宋体
27  plt.rcParams['axes.unicode_minus'] = False  # 确保负号可以正确显示
28  unique_labels = set(labels)
29  colors = [plt.cm.Spectral(each) for each in np.linspace(0, 1, len(unique_labels))]
30  for k, col in zip(unique_labels, colors):
```

```
31   if k == -1:                                    # 黑色用于噪声点
32     col = [0, 0, 0, 1]
33   class_member_mask = (labels == k)
34
35   # 绘制核心点
36   xy = X[class_member_mask & core_samples_mask]
37   plt.plot(xy[:, 0], xy[:, 1], '*', markerfacecolor=tuple(col), markeredgecolor='k', markersize=10)
38
39   # 绘制非核心点
40   xy = X[class_member_mask & ~core_samples_mask]
41   plt.plot(xy[:, 0], xy[:, 1], 'o', markerfacecolor=tuple(col), markeredgecolor='k', markersize=6)
42
43 plt.title('估计的聚类个数: %d' % n_clusters_)
44 plt.show()
```

输出结果如图 5-16 所示。

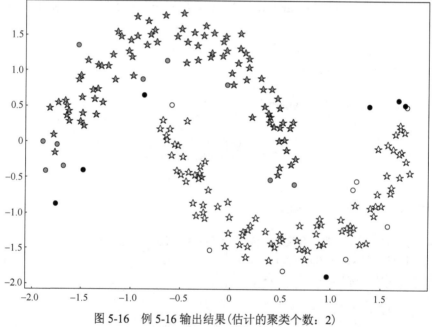

图 5-16　例 5-16 输出结果(估计的聚类个数：2)

这段代码首先使用 make_moons() 函数生成了一组非凸的模拟数据，然后对这些数据进行了标准化处理。接着，应用 DBSCAN 算法，设置参数邻域半径 eps 为 0.3，参数最少点数目 min_samples 为 5，使用模拟数据进行 DBSCAN 模型训练，并获得了训练数据集的聚类标签。最后，代码使用 matplotlib 库来可视化聚类结果，其中不同的颜色表示不同的数据簇，五角星符号表示核心点，圆形符号表示边界点，而黑色圆点表示噪声点。

DBSCAN 算法的主要优点如下。

(1)可以对任意形状的稠密数据集进行聚类，而 k-Means 之类的聚类算法一般只适用于凸数据集。

(2)可以在聚类的同时发现异常点(噪声)，所以数据集中的异常点对模型训练影响不大，换言之，对异常点不敏感。

（3）在相同的参数设置下，DBSCAN 聚类算法能够多次运行得到相似的结果，即聚类结果没有偏倚，而 k-Means 之类的聚类算法的初始值对聚类结果有很大影响。如果聚类结果在多次运行中变化很大，这可能表明算法对初始条件或输入数据的顺序非常敏感，可能存在偏倚。

因此，如果数据集是稠密并且非凸的，那么用 DBSCAN 会比 k-Means 聚类效果好很多。

如果数据集不是稠密的，则不推荐用 DBSCAN 算法来聚类，因为 DBSCAN 算法的主要缺点如下。

（1）当样本集的密度不均匀、簇间距相差很大时，聚类质量较差，不适合 DBSCAN 算法。

（2）当样本集较大时，聚类收敛时间较长。

（3）调试参数比较复杂，需要对邻域半径值 ε、邻域内样本数阈值 MinPts 进行联合调参，不同的参数组合对最后的聚类效果有较大影响。而在高维数据中，两个参数的联合调参不是一件容易的事。

（4）对整个数据集的聚类最终只采用一组参数。如果数据集中存在不同密度的簇或者嵌套簇，则 DBSCAN 算法不能处理。为了解决这个问题，有人提出了相关变种算法，本书将在 5.4.3 节介绍。

（5）DBSCAN 算法可过滤噪声点的优点，在某些应用场合下，也可能是缺点，这造成了其不适用于某些领域，如对网络安全领域中恶意攻击的判断等。

5.4.3　DBSCAN 聚类算法变种 OPTICS

除了 DBSCAN 算法之外，还有其他一些基于密度的聚类算法，如识别聚类结构的点排序 (ordering points to identify the clustering structure，OPTICS) 算法。OPTICS 算法的提出就是为了帮助 DBSCAN 算法选择合适的参数，降低输入参数的敏感度。实际上，OPTICS 并不显式地生成数据聚类结果，只是对数据集中的对象进行排序，得到一个有序的对象列表，通过该有序列表，可以得到一个决策图，通过决策图可以选择不同的邻域半径 ε 参数进行 DBSCAN 聚类。

在 DBSCAN 的基础上，OPTICS 定义了两个新的距离概念。

1）核心距离

核心距离 (core distance) 是一个用来衡量一个点在数据集中密度的指标。对于一个给定的核心点 X，使得 X 成为核心点的最小邻域距离 r 就是 X 的核心距离。核心距离的数学表达为

$$r = \mathrm{Dist}_{\mathrm{core}}(X) = \begin{cases} \text{undefined,} & |N(X)| < \text{MinPts} \\ \max\{d(X,P) : P \in N(X)\}, & |N(X)| \geqslant \text{MinPts} \end{cases} \tag{5-19}$$

其中，X 是数据集中的核心点；$N(X)$ 是点 X 某邻域内的点集合，即距离点 X 不到邻域半径 ε 的所有点的集合；$d(X,P)$ 是点 X 和点 P 之间的距离。

式 (5-19) 表示，如果点 X 的邻域中包含的数据点数量少于 MinPts，那么点 X 的核心距离是未定义的，意味着它不是一个核心点。如果邻域中的数据点数至少有 MinPts 个，那么核心距离就是点 X 到其第 MinPts 个远邻居点的距离。这个定义帮助 OPTICS 算法确定哪些点在数据集中是密集的，从而帮助识别聚类结构。

举例说明，假如在 DBSCAN 算法中定义邻域半径 $\varepsilon = 0.8$，最少点数目阈值 MinPts = 5。

如图 5-17 所示，样本点 X 在 $\varepsilon = 0.8$ 的邻域内有 8 个样本点（包括 X 本身），大于最少点数目阈值 5，所以 X 是核心点。但是我们发现距离 X 最近的第 5 个点 P 和 X 的距离是 0.5，那么核心点 X 的核心距离就是 0.5。显然，每个核心点的核心距离并不都是相同的。

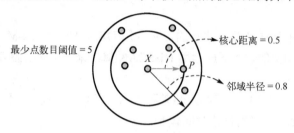

图 5-17　核心距离示意图

2）可达距离

可达距离（reachability distance）是一个用来衡量一个点到一个核心点的相对接近程度的指标。如果 X 是核心点，则数据集中的某点 P 到点 X 的可达距离就是 P 到 X 的欧氏距离和 X 的核心距离的最大值。数学上，可表示为

$$\text{Dist}_{\text{reach}}(P,X) = \begin{cases} \text{undefined}, & X\text{不是核心点} \\ \max\{d(P,X), \text{Dist}_{\text{core}}(X)\}, & X\text{是核心点} \end{cases} \tag{5-20}$$

其中，P 和 X 是数据集中的两个点，且 X 是核心点；$d(P,X)$ 是点 P 和点 X 之间的距离。$\text{Dist}_{\text{core}}(X)$ 是点 X 的核心距离。

显然，数据集中有多少核心点，那么点 P 就有多少个可达距离。可是，如果 X 不是核心点，则 P 和 X 之间的可达距离就没有意义（即不存在可达距离）。在 OPTICS 算法中，为了让数据点之间都存在可达距离，一般默认设置邻域半径 ε 为无穷大，即只要数据集的总体样本数不少于最少点数目阈值 MinPts，那么任意一个样本点都是核心点，即都有核心距离，且任意两个点之间都存在可达距离。

可达距离是 OPTICS 算法中用来构建有序聚类的一个关键概念，它帮助算法确定聚类结构中的序列关系。通过计算每个点到其最近核心点的可达距离，OPTICS 算法能够生成一个顺序，这个顺序可以用来识别数据集中的聚类结构。

1.　OPTICS 算法流程

OPTICS 算法的难点在于维护核心点的密度直达点的有序列表。算法的计算过程如下。

输入：数据样本 D、邻域半径 ε（往往设置为无穷大）和最少点数目 MinPts。

（1）初始化所有点的核心距离和可达距离。

（2）建立两个队列：有序队列 O 和结果队列 S。有序队列 O 用来存储核心点及该核心点的密度直达点，并按可达距离升序排列；结果队列 S 用来存储样本的输出次序。可以把有序队列里存储的理解为待处理的数据，而结果队列里存储的是已经处理完的数据。

（3）如果 D 中数据全部处理完，则到步骤（5），否则从 D 中选择一个未处理（即不在结果队列 S 中）且为核心点的样本点 P，将该核心点 P 放入结果队列 S 中，并在 D 中标记其为已处理。然后，找到核心点 P 的每一个密度直达点 Q，计算 Q 到 P 的可达距离，如果 Q 在有序队列 O 中，

且 Q 新的可达距离更小，则更新 Q 的可达距离，如果 Q 不在有序队列 O 中，则将 Q 和可达距离存入有序队列 O 中，最后对有序队列 O 中所有数据点按可达距离升序排列，待处理。

（4）如果有序队列为空，则回到步骤（3），否则从有序队列 O 中取出第一个点 X（即可达距离最小），放入结果队列 S，并在 D 中标记其为已处理。

①判断点 X 是否为核心点，若不是，则回到步骤（4）。

②如果点 X 是核心点，则找到其所有密度直达点，计算每个密度直达点到 X 的可达距离，将这些密度直达点放入有序队列 O。如果该点已经在有序队列 O 中，且新的可达距离较小，则更新该点的可达距离，然后将有序队列 O 中的点按照可达距离重新排序。

③重复步骤（4），直至有序队列为空。

（5）数据 D 全部处理完，结果队列 S 中的数据点次序是有序的，且有相应的可达距离。如果将结果队列 S 中有次序的数据点的可达距离可视化，则能够看到波动起伏，有几个波谷往往就意味着可以聚成几个簇，可以通过最小可达距离，设定算法的最终邻域半径 ε。

①从结果队列 S 中按顺序取出点，如果该点的可达距离不大于给定半径 ε，则该点属于当前类别，否则到步骤（5）的第②步；

②如果该点的核心距离大于给定半径 ε，则该点为噪声，可以忽略，否则该点属于新的聚类，回到步骤（5）的第①步；

③结果队列遍历结束，则算法结束。

OPTICS 算法与 DBSCAN 算法相似，但它不需要事先指定 ε 参数，而是生成一个可达性图，从中可以提取出不同密度水平的簇结构。OPTICS 算法特别适用于数据密度变化较大的情况，因为它可以识别出不同密度的簇。

2. OPTICS 算法示例

已知样本数据集 $D = \{(1, 2), (2, 5), (8, 7), (2, 4), (7, 8), (3, 6), (8, 8), (7, 3), (4, 5), (7, 7)\}$，为了更好地说明 OPTICS 算法流程，以表格标识数据，如表 5-1 所示。

表 5-1 OPTICS 算法步骤表

数据点	(1, 2)	(2, 5)	(8, 7)	(2, 4)	(7, 8)	(3, 6)	(8, 8)	(7, 3)	(4, 5)	(7, 7)	结果队列
数据索引	0	1	2	3	4	5	6	7	8	9	
核心距离	2.236	1.0	1.0	1.0	1.0	1.414	1.414	3.606	1.0	1.0	0 号数据
第 1 轮可达距离	inf	3.162	8.602	**2.236**	8.485	4.472	9.219	6.083	4.243	7.810	3 号数据
第 2 轮可达距离	—	**1.0**	6.708	—	6.403	2.236	7.211	5.099	2.236	5.831	1 号数据
第 3 轮可达距离	—	—	6.324	—	5.831	**1.414**	6.708	5.099 5.385	2.0	5.385	5 号数据
第 4 轮可达距离	—	—	5.099	—	4.472	—	5.385	5.0	**1.414**	4.123	8 号数据
第 5 轮可达距离	—	—	4.472	—	4.243	—	5.0	**3.606**	—	3.606	7 号数据
第 6 轮可达距离	—	—	4.123	—	4.243 5.0	—	5.0 5.099	—	—	**3.606 4.0**	9 号数据
第 7 轮可达距离	—	—	**1.0**	—	1.0	—	1.414	—	—	—	2 号数据
第 8 轮可达距离	—	—	—	—	**1.0 1.414**	—	1.0	—	—	—	4 号数据
第 9 轮可达距离	—	—	—	—	—	—	**1.0**	—	—	—	6 号数据
最终可达距离	**inf**	**1.0**	**1.0**	**2.236**	**1.0**	**1.414**	**1.0**	**3.606**	**1.414**	**3.606**	—

假设 $\varepsilon = \inf$，MinPts = 2，则数据集 D 在 OPTICS 算法上的执行步骤如下。

(1)找出所有核心点和计算所有核心点的核心距离，因为初始邻域半径 ε 设置为无穷大，所以每个样本点都是核心点。又因为 MinPts = 2，所以每个核心点的核心距离就是与自己最近样本点到自己的距离（样本点自身也是邻域元素之一），具体如表 5-1 第 3 行所示。

(2)随机在数据集 D 中选择一个核心点，本例假设选择索引 0 号元素，将 0 号元素放入结果队列中，如表 5-1 最右侧一列所示。因为 $\varepsilon = \inf$，所以其他所有样本点都是 0 号元素的密度直达点，计算其他所有元素到 0 号元素的可达距离（实际就是计算所有元素到 0 号元素的欧氏距离，如表 5-1 第 1 轮可达距离），并按可达距离递增排序，添加到序列队列中。从 表 5-1 第 1 轮可达距离可以看出，索引 3 号数据为可达距离最小的元素。

(3)取出可达距离最小的 3 号元素放入结果队列中，因为 3 号元素是核心点，找到 3 号元素在 D 中的所有密度直达点（即剩余的所有样本点），并计算可达距离，同时更新序列队列（如表 5-1 第 2 轮可达距离），可以看出索引 1 号数据为可达距离最小的元素。

(4)以此类推，再取出可达距离最小的 1 号元素放入结果队列中，因为 1 号元素是核心点，找到 1 号元素在 D 中的所有密度直达点（即剩余的所有样本点），并计算可达距离，同时更新序列队列（如表 5-1 第 3 轮可达距离）。此时注意，在上一轮计算可达距离时，7 号数据到 3 号数据的可达距离是 5.099，而本轮计算可达距离时，7 号数据到 1 号数据的可达距离变大了（5.385），所以不进行可达距离的更新。

(5)直至数据集 D 中全部数据处理完毕，表 5-1 中最右侧一列"结果队列"，即为可达距离的排序结果。

下面使用 sklearn 库中的 OPTICS 算法来进行验证。

例 5-17：OPTICS 算法示例

代码

```
1    import numpy as np
2    import matplotlib.pyplot as plt
3    from sklearn.cluster import OPTICS
4
5    # 创建 10 个模拟数据
6    X = np.array([[1,2], [2,5], [8,7], [2,4], [7,8], [3,6], [8,8], [7,3], [4,5], [7,7]])
7
8    # 使用 sklearn 库中的 OPTICS 算法训练模型，初始参数设置 MinPts=2
9    clustering = OPTICS(min_samples=2).fit(X)
10
11   # 输出模型的核心距离、结果队列、可达距离和聚类标签
12   print('核心距离: ', np.round(clustering.core_distances_, 3))
13   print('结果队列(数据索引): ', clustering.ordering_)
14   print('可达距离: ', np.round(clustering.reachability_, 3))
15   print('聚类结果(-1 为噪声点): ', clustering.labels_)
16
17   # 设置 Matplotlib 支持中文
18   plt.rcParams['font.sans-serif'] = ['SimHei']           # 指定默认字体
19   plt.rcParams['axes.unicode_minus'] = False             # 解决保存图像时负号'-'显示为方块的问题
20
21   # 绘制结果
```

```
22    fig, ax = plt.subplots(1, 2, figsize=(15, 6))
23
24    # 绘制聚类结果散点图
25    ax[0].scatter(X[:, 0], X[:, 1], c=clustering.labels_, cmap='viridis')
26    ax[0].title.set_text('OPTICS 聚类结果散点图')
27    ax[0].set_xlabel('特征 1')
28    ax[0].set_ylabel('特征 2')
29
30    #绘制可达距离序列图
31    ax[1].plot(range(1, len(clustering.reachability_) + 1), clustering.reachability_, marker='o')
32    ax[1].title.set_text('可达距离序列图')
33    ax[1].set_xlabel('')
34    ax[1].set_ylabel('可达距离')
35
36    # 显示图表
37    plt.show()
```

输出结果如图 5-18 所示。

核心距离：[2.2361.1.1.1.1.4141.3.6061.4141.]
结果队列（数据索引）： [0 3 1 5 8 7 9 2 4 6]
可达距离：[inf1.1.2.2361.1.4141.3.6061.4143.606]
聚类结果(-1 为噪声点)： [0 0 1 0 1 0 1 -1 0 1]

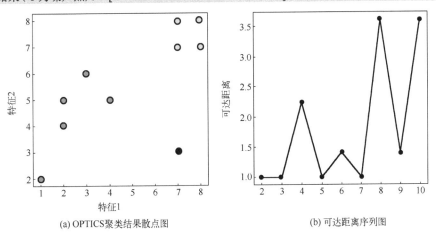

(a) OPTICS聚类结果散点图   (b) 可达距离序列图

图 5-18　例 5-17 输出结果

上述代码的运行结果，验证了表 5-1 的计算结果，从可达距离序列图看出，波谷的可达距离有两种（1.0 和 1.5 左右），所以数据 D 聚成两类，也可以通过可达距离序列图来选定邻域半径值为 3.5 左右。

示例代码如下。

例 5-18：DBSCAN 与 OPTICS 算法的对比

```
1    import numpy as np
2    import matplotlib.pyplot as plt
3    from sklearn.cluster import OPTICS, DBSCAN
4    from sklearn.datasets import make_moons
```

```
5      from sklearn.preprocessing import StandardScaler
6
7      # 生成模拟数据
8      X, _ = make_moons(n_samples=50, noise=0.05, random_state=0)
9      # 数据标准化
10     X = StandardScaler().fit_transform(X)
11
12     # 应用 DBSCAN 算法
13     db = DBSCAN(eps=0.8, min_samples=10).fit(X)
14     db_labels = db.labels_
15     unique_dblabels = len(np.unique(db_labels))-1
16
45     # 应用 OPTICS 算法
17     optics = OPTICS(min_samples=10, xi=0.05, min_cluster_size=0.05).fit(X)
18     optics_labels = optics.labels_
19     unique_opticslabels = len(np.unique(optics_labels))-1
20
21     plt.rcParams['font.sans-serif'] = ['SimSun']   # 指定使用宋体
22     plt.rcParams['axes.unicode_minus'] = False   # 确保负号可以正确显示
23
24     fig, ax = plt.subplots(1, 2, figsize=(15, 6))
46     # 为每个类别设定一个颜色
25     c = ['b','c','y','r','g','m','w','k']
26     colorsdb = [c[i%len(c)] for i in range(unique_dblabels)]
27
47     # 可视化 DBSCAN 的聚类结果
28     for i, color in enumerate(colorsdb):
29      need_idx = np.where(db_labels==i)[0]
30       ax[0].scatter(X[need_idx,0],X[need_idx,1], c=color, s=40, label=i)
48     # 绘制噪声点
31     need_idx = np.where(db_labels==-1)[0]
32     ax[0].scatter(X[need_idx,0],X[need_idx,1], c='k', marker='*', s=20, label=-1)
33     ax[0].title.set_text('DBSCAN 聚类')
34     ax[0].legend()
35     # 为每个类别设定一个颜色
36     c = ['b','c','y','r','g','m','w','k']
37     colors = [c[i%len(c)] for i in range(unique_opticslabels)]
49     # 可视化 OPTICS 的聚类结果
38     for i, color in enumerate(colors):
39      need_idx = np.where(optics_labels==i)[0]
40       ax[1].scatter(X[need_idx,0],X[need_idx,1], c=color, s=40, label=i)
50     # 绘制噪声点
41     need_idx = np.where(optics_labels==-1)[0]
42     ax[1].scatter(X[need_idx,0],X[need_idx,1], c='k', marker='*', s=20, label=-1)
43     ax[1].title.set_text('OPTICS 聚类')
44     ax[1].legend()
45     plt.show()
```

输出结果如图 5-19 所示。

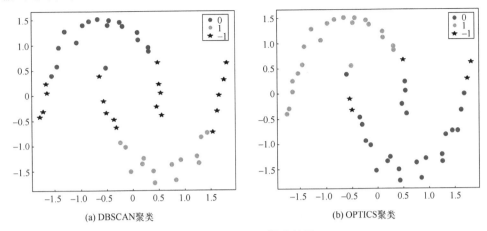

(a) DBSCAN聚类   (b) OPTICS聚类

图 5-19 例 5-18 输出结果

5.5 聚类算法应用

基于密度的聚类算法适用于各种应用场景，特别是在簇的形状未知或者数据中存在噪声时。通过适当的参数选择和与其他技术（如 PCA）的结合，这些算法可以在多种数据集上提供有效且有意义的聚类结果。接下来，通过一个具体的示例来展示如何进行合理的参数选择以及如何与 PCA 技术相结合，使用 DBSCAN 算法对一个合成的高维数据集进行有效聚类。

首先，创建一个合成的数据集，它包含三个高维高斯分布的簇，并且在这些簇之间存在一些噪声点。然后，使用 PCA 来降低数据的维度，并在降维后的数据上应用 DBSCAN 算法。

步骤 1：创建合成数据集。

例 5-19：使用 Python 的 sklearn 库创建数据集

```
1    import numpy as np
2    from sklearn.datasets import make_blobs
3    from sklearn.decomposition import PCA
4    from sklearn.cluster import DBSCAN
5    import matplotlib.pyplot as plt
6    # 创建一个包含 3 个簇的合成数据集，每个簇的数据点数为 100，特征维度为 50
7    X, y_true = make_blobs(n_samples=300, centers=3, cluster_std=0.60, random_state=0, n_features=50)
8    # 添加一些随机噪声点
9    noise = np.random.uniform(low=-10, high=10, size=(20, 50))
10   X = np.vstack([X, noise])
```

代码

步骤 2：应用 PCA 降维。

例 5-19 续：使用 Python 的 sklearn 库进行 PCA 降维

```
11   from sklearn.decomposition import PCA
12   # 初始化 PCA，降至二维以便于可视化
13   pca = PCA(n_components=2)
14   # 对数据进行降维
15   X_reduced = pca.fit_transform(X)
```

步骤 3：应用 DBSCAN 算法。

例 5-19 续：使用 Python 的 sklearn 库应用 DBSCAN 算法

```
16    from sklearn.cluster import DBSCAN
17    # 初始化 DBSCAN 算法
18    dbscan = DBSCAN(eps=0.5, min_samples=5)
19    # 在降维后的数据上应用 DBSCAN 算法进行聚类
20    clusters = dbscan.fit_predict(X_reduced)
```

步骤 4：绘制散点图并标注噪点。

例 5-19 续：使用 Python 的 matplotlib 库绘制散点图

```
21    # 绘制聚类结果
22    plt.figure(figsize=(10, 7))
23    plt.rcParams['font.sans-serif'] = ['SimSun']  # 指定使用宋体
24    plt.rcParams['axes.unicode_minus'] = False  # 确保负号可以正确显示
25    plt.scatter(X_reduced[:, 0], X_reduced[:, 1], c=clusters, cmap='viridis', marker='o')
26
27    # 标记噪声点
28    plt.scatter(X_reduced[clusters == -1, 0], X_reduced[clusters == -1, 1], c='red', marker='x', label='噪声')
29    plt.title('DBSCAN 聚类')
30    plt.xlabel('PCA 降维后特征 1')
31    plt.ylabel('PCA 降维后特征 2')
32    plt.legend()
33    plt.show()
```

输出结果如图 5-20 所示。

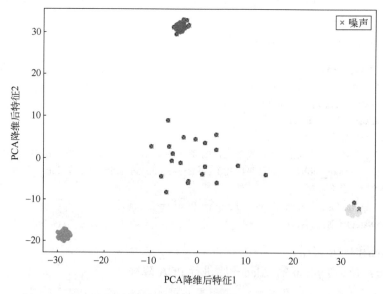

图 5-20　例 5-19 输出结果（使用 PCA 降维后，再用 DBSCAN 聚类）

在上述代码中，首先创建了一个合成的高维数据集，然后使用 PCA 将其降至二维，以便在二维平面上观察数据点的分布。接着，使用 DBSCAN 算法对降维后的数据进行聚类，并通过调整 eps 和 min_samples 参数来获得较好的聚类效果。最后，将聚类结果可视化出来，其中噪声点被标记为红色的"×"。

在实际应用中，参数的选择通常需要基于对数据的理解和多次实验。例如，可以通过绘制 k-距离图来帮助选择合适的 eps 值。对于 min_samples，一个常见的启发式规则是选择一个小于预期簇大小的值。

上述示例展示了通过降维和参数调整，DBSCAN 算法能够在复杂的高维数据上找到有意义的聚类结构。

第6章 回归算法

回归分析是一种应用广泛的统计分析方法，它通过对数据进行拟合，建立输入变量和输出变量之间的依赖关系模型，从而实现对未知数据的预测。从经济学到医学、从社会科学到自然科学，回归分析在各个领域都有着广泛的应用。例如，经济学家通过回归分析研究各种经济指标之间的关系，预测经济发展趋势；医学研究人员利用回归分析探究各种因素对疾病的影响，为疾病预防提供依据；社会学家通过回归分析研究人们的居住地域、特征和行为模式，发现社群结构。

直观上讲，回归分析就是寻找一个或多个自变量和一个因变量之间的函数关系，使得预测值与实际观测值之间的差异最小。然而，这种描述有些模糊和不准确，因为现实世界中的数据关系往往比简单的线性关系复杂得多。一方面，自变量之间可能存在多重共线性，即自变量之间相互关联，导致模型不稳定；另一方面，因变量可能与自变量之间存在非线性关系，这就需要引入更复杂的模型来捕捉这种关系。

举例来说，我们希望根据广告投入(自变量)预测销售额(因变量)。如果简单地认为它们之间存在线性关系，可能会得到如图 6-1(a)所示的直线模型，但实际数据可能呈现出更复杂的关系，如图 6-1(b)所示的曲线模型，这就需要选择合适的回归模型来捕捉这种非线性关系。

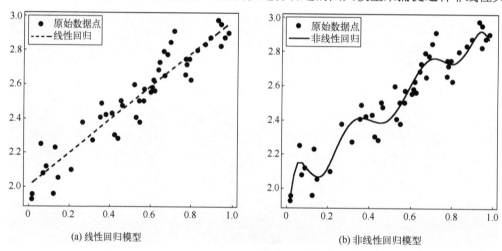

(a) 线性回归模型   (b) 非线性回归模型

图 6-1 回归模型的选择

本章将介绍回归模型的评估方法、线性回归模型、岭回归模型、Lasso 回归模型等内容。通过学习这些内容，读者将能够掌握回归分析的基本原理和方法，并在实际问题中应用回归模型进行预测和分析。

6.1 回归模型的评估

回归算法评估是回归分析中的一个关键环节。评估方法能够帮助我们判断回归模型是否准确，是否能够捕捉数据的分布规律，以及不同回归算法或参数设置的优劣。本节将探讨如何使用不同的评价指标来评估回归算法，并提供 Python 代码示例。

回归模型常见的评估指标主要分为两大类：绝对误差指标和相对误差指标。这些指标用于衡量模型预测值与实际值之间的差异，从而评估模型的性能。回归模型常见的评估指标包括：R 方值、平均绝对误差、均方误差、均方根误差、误差平方和等。这些指标可以衡量模型的预测能力，帮助我们选择合适的参数以及回归模型。

6.1.1 绝对误差指标

绝对误差指标关注的是预测值与实际值之间的绝对差异或绝对误差。这些指标不考虑预测值和实际值之间的比例关系，而是直接比较它们之间的差异。绝对误差指标通常用于评估模型的预测准确度，即模型的预测值与实际值的接近程度，主要有以下四种指标：平均绝对误差、均方误差、均方根误差、误差平方和。

1. 平均绝对误差

平均绝对误差(mean absolute error，MAE)衡量的是预测值与实际值之间的平均差异。MAE 的值越小，表示模型的预测越准确，其公式如下：

$$\text{MAE} = \frac{1}{N} \sum_{i=1}^{N} |y_i - \hat{y}_i| \tag{6-1}$$

其中，y_i 是实际值；$\hat{y}_i$ 是预测值；N 是数据点的数量。

MAE 的值越小越好，因为它衡量了模型的平均预测误差。然而，MAE 没有考虑误差的方向，因此可能无法完全反映出模型的性能。下面展示 Python 定义平均绝对误差的计算方法。

例 6-1：使用 Python 的 NumPy 库定义平均绝对误差计算方法

```
1    import numpy as np
2    def custom_mae(y_true，y_pred)：
3        return np.mean(np.abs(y_true - y_pred))
```

当然，在实际应用中，可以直接使用 sklearn 库中的 mean_absolute_error() 方法进行计算，下面展示已定义的 custom_mae() 方法和 sklearn 库自带方法的效果。

例 6-2：使用 Python 的 sklearn 库计算平均绝对误差

```
1    from sklearn.metrics import mean_absolute_error
2    # 示例数据
3    y_true = np.array([100，200，300])
4    y_pred = np.array([90，210，310])
5    # 计算 MAE
6    mae_value1 = custom_mae(y_true，y_pred)
7    mae_value2 = mean_absolute_error(y_true，y_pred)
8    print(f'自定义函数计算出的平均绝对误差(MAE)：{mae_value1:.2f}')
9    print(f' 使用 sklearn 库的 mean_absolute_error 函数计算出的平均绝对误差(MAE)：
{mae_value2:.2f}')
```

输出结果：

自定义函数计算出的平均绝对误差（MAE）：10.00
使用 sklearn 库的 mean_absolute_error 函数计算出的平均绝对误差（MAE）：10.00

2. 均方误差

均方误差（mean squared error，MSE）衡量的是预测值与实际值之间的平均差异的平方。它比 MAE 更加敏感，因为它对大误差给予了更高的惩罚。MSE 的值越小越好，因为它衡量了模型预测值与实际值之间的平均差异，其公式如下：

$$\text{MSE} = \frac{1}{N}\sum_{i=1}^{N}\left(y_i - \hat{y}_i\right)^2 \tag{6-2}$$

MSE 在优化过程中常用作损失函数。下面展示 Python 定义均方误差的计算方法。

例 6-3： 使用 Python 的 NumPy 库定义均方误差计算方法

```
1    import numpy as np
2    def custom_mse(y_true, y_pred):
3        return np.mean((y_true - y_pred) ** 2)
```

当然，在实际应用中，可以直接使用 sklearn 库中的 mean_squared_error() 方法进行计算，下面展示已定义的 custom_mse() 方法和 sklearn 库自带方法的效果。

例 6-4： 使用 Python 的 sklearn 库计算均方误差

```
1    from sklearn.metrics import mean_squared_error
2    # 示例数据
3    y_true = np.array([100, 200, 300])
4    y_pred = np.array([90, 210, 310])
5    # 计算 MSE
6    mse_value1 = custom_mse(y_true, y_pred)
7    mse_value2 = mean_squared_error(y_true, y_pred)
8    print(f'自定义函数计算出的均方误差(MSE): {mse_value1:.2f}')
9    print(f'使用 sklearn 库的 mean_squared_error 函数计算出的均方误差(MSE): {mse_value2:.2f}')
```

输出结果：

自定义函数计算出的均方误差（MSE）：100.00
使用 sklearn 库的 mean_squared_error 函数计算出的均方误差（MSE）：100.00

3. 均方根误差

均方根误差（root mean squared error，RMSE）是预测值与实际值之间差异平方的平均值的平方根，它保留了原始数据的单位，更易于解释，其值越小表示模型越好。它适用于数据范围很大的情况，如金融数据，其公式如下：

$$\text{RMSE} = \sqrt{\frac{1}{N}\sum_{i=1}^{N}(y_i - \hat{y}_i)^2} \tag{6-3}$$

下面展示 Python 定义均方根误差的计算方法。

例 6-5：使用 Python 的 sklearn 库计算均方根误差

```
1    from sklearn.metrics import mean_squared_error
2    import numpy as np
3    # 示例数据
4    y_true = np.array([100，200，300])
5    y_pred = np.array([90，210，310])
6    rmse_value = np.sqrt(mean_squared_error(y_true, y_pred))
7    print(f'使用 sklearn 库的 mean_squared_error 函数计算出的均方根误差(RMSE) {rmse_value:.2f}')
```

输出结果：

使用 sklearn 库的 mean_squared_error 函数计算出的均方根误差(RMSE)：10.00

4. 误差平方和

误差平方和(sum of squared errors，SSE)用于衡量模型的拟合程度或预测误差的大小。它是指回归模型预测值与实际值之间的差异的平方和。具体地说，对于给定的回归模型，SSE 可以通过如下公式计算得到：

$$SSE = \sum_{i=1}^{N}(y_i - \hat{y}_i)^2 \tag{6-4}$$

SSE 越小，表示模型预测值与实际观测值之间的差异越小，模型的拟合程度越好。通常，在进行回归模型的评估时，可以使用 SSE 作为一个重要的指标，结合其他评价指标，如 MSE、RMSE 等，来综合评估模型的性能。下面展示 Python 定义误差平方和的计算方法。

例 6-6：使用 Python 的 sklearn 库计算误差平方和

```
1    from sklearn.metrics import mean_squared_error
2    # 示例数据
3    y_true = np.array([100，200，300])
4    y_pred = np.array([90，210，310])
5    # 计算 MSE，MSE = SSE/N
6    mse_value = mean_squared_error(y_true, y_pred)
7    # 计算 SSE，SSE = MSE*N
8    sse_value = mse_value * len(y_true)
9    print(f'使用 sklearn 库的 mean_squared_error 函数间接计算误差平方和(SSE): {sse_value}')
```

输出结果：

使用 sklearn 库的 mean_squared_error 函数间接计算误差平方和(SSE)：300.0

虽然 SSE 可以提供关于模型拟合程度的信息，但它并不能直接用于比较不同数据集或模型之间的性能，因为它受到样本数量的影响。因此，在进行模型比较时，通常会使用一些标准化的评价指标，如 R 方值(确定系数)等。

6.1.2 相对误差指标

相对误差指标关注的是预测值相对于实际值的相对准确度或相对差异。这些指标通常考虑了预测值和实际值之间的比例关系，以便更好地理解预测误差。相对误差指标通常用于评估模型的拟合程度或解释程度，即模型对数据整体变异性的解释程度。

1. R 方值

R 方值(R-squared, R^2)也称为确定系数(coefficient of determination),是衡量回归模型拟合数据程度的一个指标,表示模型对因变量变异性的解释程度。R^2 的取值范围为 $0\sim1$,值越接近 1 表示模型拟合数据的程度越好。当 R^2 为 1 时,表示模型完美拟合数据,当 R^2 为 0 时,表示模型无法解释数据的变异性,模型效果较差,其公式如下:

$$R^2 = 1 - \frac{\text{SSE}}{\text{SST}} \tag{6-5}$$

其中,SSE 是误差平方和;SST 是总平方和,其计算公式为

$$\text{SST} = \sum_{i=1}^{n}(y_i - \overline{y})^2 \tag{6-6}$$

其中,y_i 是实际值;$\overline{y}$ 是实际值的均值。

下面展示 Python 定义确定系数的计算方法。

例 6-7:使用 Python 的 NumPy 库定义确定系数计算方法

```
1    import numpy as np
2    def get_r_squared(y_true, y_pred):
3        sse = np.sum((y_true - y_pred) ** 2)              # 计算误差平方和
4        mean_y_true = np.mean(y_true)                     # 计算真值的平均值
5        sst = np.sum((y_true - mean_y_true) ** 2)         # 计算总平方和
6        r_squared = 1 - (sse / sst)                       # 计算 R 方值(确定系数)
7        return r_squared
```

当然,在实际应用中,可以直接使用 sklearn 库中的 r2_score()方法进行计算,下面展示已定义好的 get_r_squared()方法和 sklearn 库自带方法的效果。

例 6-8:使用 Python 的 sklearn 库计算 R 方值(确定系数)

```
1    from sklearn.metrics import r2_score
2    # 创建模拟数据
3    y_true = np.random.rand(100) * 100                    # 实际值
4    y_pred = y_true + np.random.normal(0, 10, 100)        # 预测值,添加一些随机噪声
5    # 计算 R 方值
6    r_squared1 = get_r_squared(y_true, y_pred)
7    r_squared2 = r2_score(y_true, y_pred)
8    print(f'自定义函数计算出的 R 方值: {r_squared1:.2f}')
9    print(f'使用 sklearn 库的 r2_score 函数计算出的 R 方值: {r_squared2:.2f}')
```

输出结果:

```
自定义函数计算出的 R 方值: 0.89
使用 sklearn 库的 r2_score 函数计算出的 R 方值: 0.89
```

2. 平均绝对百分比误差

平均绝对百分比误差(mean absolute percentage error, MAPE)是回归模型评估中的一个相对误差指标,用于衡量模型预测值与实际值之间的差异,并将其表示为实际值的百分比。

MAPE 的计算公式如下：

$$\text{MAPE} = \frac{1}{N} \sum_{i=1}^{N} \left| \frac{y_i - \hat{y}_i}{y_i} \right| \times 100\% \tag{6-7}$$

例 6-9：使用 Python 的 sklearn 库计算平均绝对百分比误差

```
1    from sklearn.metrics import mean_absolute_percentage_error
2    # 创建模拟数据
3    y_true = np.random.rand(100) * 100              # 实际值
4    y_pred = y_true + np.random.normal(0, 10, 100)  # 预测值，添加一些随机噪声
5    # 计算平均绝对百分比误差
6    mape = mean_absolute_percentage_error(y_true, y_pred)
7    print(f'使用 sklearn 库的 mean_absolute_percentage_error 函数计算平均绝对百分比误差(MAPE):
{mape:.2f}')
```

输出结果：

使用 sklearn 库的 mean_absolute_percentage_error 函数计算平均绝对百分比误差(MAPE)：0.34

MAPE 的结果通常以百分比表示，它的值越低，表示模型的预测性能越好。MAPE 的优点是它提供了相对于实际值的误差度量，这使得不同数据集和不同模型的误差可以进行比较。然而，MAPE 也有一些局限性，例如，当实际值接近于零时，MAPE 可能会变得不稳定，因为分母很小的值会导致大的百分比误差。MAPE 对异常值敏感，因为它是基于绝对误差计算的。MAPE 不能反映模型的预测偏差，即模型预测值系统性地高于或低于实际值。

因此，尽管 MAPE 是一个有用的评估指标，但它还是应该与其他指标(如 MAE、MSE、RMSE 等)一起使用，以获得更全面的性能评估。在实际应用中，选择哪个指标取决于具体的应用场景和数据特点。

6.2 线性回归模型

线性回归模型是最简单的回归模型，它假设输入变量和输出变量之间存在线性关系。线性回归模型的目标是找到一条直线，使得所有数据点到这条直线的距离之和最小。在实际应用中，线性回归模型可以用于房价预测、销售额预测等场景。本节将分别介绍线性回归的原理、优化方法以及线性回归模型的参数。

6.2.1 简单线性回归模型

简单线性回归(simple linear regression)是一种最基本的回归分析方法，用于估计两个变量之间的线性关系。在这种分析中，通常有一个因变量 y 和一个自变量 x，并假设它们之间存在线性关系。简单线性回归模型的一般形式为

$$y = w_0 + w_1 x + \varepsilon \tag{6-8}$$

其中，y 是因变量，表示人们想要预测或解释的变量；x 是自变量，表示人们认为会影响因变量的变量；w_0 是截距(intercept)，表示当 $x = 0$ 时 y 的值，w_1 是斜率(slope)，表示 x 每增加一个单位时 y 增加的平均数量，w_0 和 w_1 又称为回归系数；ε 是误差项，表示模型中无法解释

的变异，它通常假设为正态分布，均值为 0。

简单线性回归的学习目的是估计回归系数 w_0 和 w_1，以最小化观测值与模型预测值之间的差异。这种差异通常用误差平方和(也称为残差平方和)来度量。

简单线性回归的一个关键假设为误差项 ε 是独立同分布的，并且 ε 与 x 之间没有线性关系。如果这些假设不成立，模型的预测可能会受到影响。

6.2.2　多元线性回归模型

多元线性回归可以理解为：假设因变量 y 与多个自变量 $x_1, x_2, \cdots, x_p$ 之间存在线性关系，可以用以下线性方程进行建模：

$$y = w_0 + w_1 x_1 + w_2 x_2 + \cdots + w_p x_p + \varepsilon \tag{6-9}$$

其中，y 是因变量(或响应变量)；ε 是误差项，表示模型无法完全解释的部分；$x_1, x_2, \cdots, x_p$ 是多元自变量(或多特征)；$w_0, w_1, \cdots, w_p$ 是模型的参数，也称为回归系数，表示自变量对因变量的影响，或者说它表示因变量对自变量变化的敏感度。在多元线性回归中，每个自变量都有自己的回归系数。w_0 也称为截距，是当所有自变量为零时，模型的预测值。在实际应用中，它通常表示模型在没有自变量影响时的基本预测值。$w_0, w_1, \cdots, w_p$ 也称为斜率，表示自变量 $x_1, x_2, \cdots, x_p$ 每增加一个单位时，因变量 y 平均增加或减少的单位数。

回归系数的大小和方向反映了自变量对因变量的影响强度和方向，但它们并不直接解释因果关系。回归系数的显著性通常通过进行假设检验来确定，如 t 检验或 F 检验。如果某个回归系数的 p 值(概率度量)小于显著性水平(如 0.05)，则认为该系数是显著的，即自变量与因变量之间存在显著的线性关系。

6.2.3　线性回归模型的训练

线性回归模型的学习目标是通过调整参数 w 来最小化预测值 $\hat{y}_i$ 与实际观测值 y_i 之间的差异。

对模型方程(6-9)增加一个特征 $x_0 = 1$，则式(6-9)可以表示为

$$y = w_0 x_0 + w_1 x_1 + w_2 x_2 + \ldots + w_p x_p + \varepsilon$$
$$= \sum_{i=0}^{p} w_i x_i + \varepsilon \tag{6-10}$$

进一步，用矩阵形式表达更加简洁，如：

$$y = Xw + \varepsilon \tag{6-11}$$

其中，y 是 $p \times 1$ 的向量；w 是 $(p+1) \times 1$ 的向量；X 是 $N \times (p+1)$ 的矩阵；ε 是 $p \times 1$ 的向量，N 表示样本的个数，p 表示样本的特征数。

对于每一个数据点 (x_i, y_i)，建立误差方程：

$$y_i = x_i w + \varepsilon_i \tag{6-12}$$

其中，ε_i 是观测误差。

为了训练线性回归模型，需要定义损失函数，一般线性回归可以使用误差平方和 SSE 作

为损失函数，表示为

$$L(w_0, w_1, \cdots, w_p) = \sum_{i=1}^{N} (y_i - \hat{y}_i)^2$$

$$= \sum_{i=1}^{n} [y_i - (\boldsymbol{x}_i \boldsymbol{w})]^2$$

(6-13)

进一步，用矩阵形式表达损失函数为

$$L(w_0, w_1, \cdots, w_p) = \frac{1}{2}(\boldsymbol{Xw} - \boldsymbol{y})^{\mathrm{T}}(\boldsymbol{Xw} - \boldsymbol{y})$$

(6-14)

对于线性回归的损失函数式(6-13)或式(6-14)，常用两种方法求解损失函数最小化时的参数 β。一种是最小二乘(ordinary least squares，OLS)法，另一种是梯度下降法。最小二乘法的原理在 2.5.2 节已经有所介绍，故不赘述，其计算公式为

$$\boldsymbol{w}_{\mathrm{OLS}} = (\boldsymbol{X}^{\mathrm{T}}\boldsymbol{X})^{-1}\boldsymbol{X}^{\mathrm{T}}\boldsymbol{y}$$

(6-15)

下面分别以用自定义函数(该函数使用最小二乘法)来求解模型参数和使用 sklearn 库中的回归模型训练方法求解参数为例，对比说明实际参数求解过程和结果。

首先使用 Python 和 NumPy 库实现自定义的线性回归模型(类)，该模型的学习算法中，自定义的 fit() 函数使用的就是最小二乘法，以确定参数。

例 6-10：使用 Python 的 NumPy 库自定义最小二乘法的线性回归模型

```
1    import numpy as np
2    class CustomLinearRegression:
3        def __init__(self):
4            self.weights = None
5            self.bias = None
6        def fit(self, X, y):
7            # 向 X 添加一列 1，以便拟合截距
8            X = np.concatenate((np.ones((X.shape[0], 1)), X), axis=1)
9            # 计算最优参数
10           X_transpose_X_inv = np.linalg.inv(np.dot(X.T, X))
11           self.weights = np.dot(np.dot(X_transpose_X_inv, X.T), y)
12           self.bias = self.weights[0]
13           self.weights = self.weights[1:]
14       def predict(self, X):
15           return np.dot(X, self.weights) + self.bias
```

在这个自定义的线性回归类中，实现了 fit() 方法用于训练模型，predict() 方法用于预测。在 fit() 方法中，首先将输入特征矩阵 $\boldsymbol{X}$ 扩展出全为 1 的列，以便拟合截距。然后，使用最小二乘法计算最优参数 $\boldsymbol{w}$ 和 b。最后，将权重 $\boldsymbol{w}$ 和截距 b 分别存储在 self.weights 和 self.bias 变量中。

当然，在实际应用中，可以直接使用 sklearn 库中的 LinearRegression() 方法建立模型，下面展示自定义的 CustomLinearRegression 类和 sklearn 库自带方法对同一组数据进行回归模型训练的效果。

例 6-11：使用 Python 的 sklearn 库计算决定系数并与自定义方法进行比较

```
1    from sklearn.linear_model import LinearRegression
2    # 准备模拟数据
3    X = np.array([[1, 1], [1, 2], [2, 2], [2, 3]])
4    y = np.dot(X, np.array([1, 2])) + 3
5    # 创建线性回归模型对象
6    model1 = CustomLinearRegression()
7    model2 = LinearRegression()
8    # 拟合模型
9    model1.fit(X, y)
10   model2.fit(X, y)
11   # 打印模型参数
12   print('自定义方法学习到的参数-截距:', model1.bias)        # 截距
13   print('自定义方法学习到的参数-系数:',model1.weights)      # 系数
14   print('sklearn 库学习到的参数-截距:', model2.intercept_)   # 截距
15   print('sklearn 库学习到的参数-系数:', model2.coef_)        # 系数
```

输出结果：

```
自定义方法学习到的参数-截距: 3.0
自定义方法学习到的参数-系数: [1. 2.]
sklearn 库学习到的参数-截距: 3.0000000000000018
sklearn 库学习到的参数-系数: [1. 2.]
```

这段代码首先创建了一个包含自变量 X 和因变量 y 的模拟样本数据集。然后，使用 sklearn 库中的 LinearRegression 类和 CustomLinearRegression 类分别创建了一个线性回归模型对象 model，并调用 fit() 方法拟合了模型。最后，输出了模型的截距和系数，即最小二乘法估计得到的模型参数。

通过示例可知，求解参数 w，需要假设 $X^{\mathrm{T}}X$ 为满秩矩阵。然而，现实任务中 $X^{\mathrm{T}}X$ 往往不是满秩矩阵或者某些列之间的线性相关性比较大，例如，许多任务中会出现变量数（特征数）远超过样例数，导致 X 的列数多于行数，$X^{\mathrm{T}}X$ 显然不满秩，$X^{\mathrm{T}}X$ 的行列式接近于 0，即接近于奇异，此时计算式误差会很大，可解出多个 w（有用的方程组数少于未知数的个数时，没有唯一解，即有无穷多个解），它们都能使均方误差最小化。即在多元线性回归中，特征之间会出现多重共线问题，此时使用最小二乘法估计系数会出现系数不稳定问题，缺乏稳定性和可靠性。为此，提出岭回归模型。

6.3　岭　回　归

为了解决上述问题，需要将不适定问题转化为适定问题，在矩阵 $X^{\mathrm{T}}X$ 的对角线元素上加入一个小的常数值 λ，然后取其逆求得系数，则式(6-15)演变为

$$\beta_{\mathrm{ridge}} = (X^{\mathrm{T}}X + \lambda I_N)^{-1} X^{\mathrm{T}}y \tag{6-16}$$

其中，I_N 是单位矩阵，对角线全是 1，类似于"山岭"；λ 是岭系数，改变其数值可以改变单位矩阵对角线的值。

因此，代价函数 $L_{\text{ridge}}(w_0, w_1, \cdots, w_p)$ 在此基础上加入了对系数值的惩罚，变为

$$
\begin{aligned}
L_{\text{ridge}}(w_0, w_1, \cdots, w_p) &= \sum_{i=1}^{N}(y_i - \hat{y}_i)^2 + \lambda \sum_{j=0}^{p} w_j^2 \\
&= \sum_{i=1}^{N}[y_i - (\boldsymbol{x}_i \boldsymbol{w})]^2 + \lambda \|\boldsymbol{w}\|_2^2
\end{aligned}
\tag{6-17}
$$

其中，w_j 是总计 p 个特征中第 j 个特征的系数；λ 是超参数，用来控制对 w_j 的惩罚强度，λ 值越大，生成的模型就越简单。λ 的理想值应该是像其他超参数一样通过调试获得的。在 sklearn 中的 Ridge 模型，使用 alpha 参数来设置 λ。$\|\boldsymbol{w}\|_2^2$ 为 L2 范数的平方，$\lambda \|\boldsymbol{w}\|_2^2$ 为收缩惩罚项(shrinkage penalty)，因为它试图"缩小"模型，减小线性回归模型的方差，也称为正则化的 L2 范数。

岭回归是一种改良的最小二乘估计法，通过放弃最小二乘法的无偏性，以损失部分信息、降低精度为代价获得回归系数，它是更为符合实际、更可靠的回归方法，对存在离群点的数据的拟合要强于最小二乘法。

不同于线性回归的无偏估计，岭回归的优势在于它的无偏估计更趋向于将部分系数向 0 收缩。因此，它可以缓解多重共线问题以及过拟合问题。

下面以波士顿房价预测模型为例，介绍岭回归模型的应用。

例 6-12：使用 Python 的 sklearn 库中的岭模型来构建波士顿房价预测回归模型

```
1    import numpy as np
2    import pandas as pd
3    from sklearn.linear_model import Ridge
4    from sklearn.preprocessing import StandardScaler
5
6    # 加载数据
7    data_url = r"http://lib.stat.cmu.edu/datasets/boston"
8    raw_df = pd.read_csv(data_url, sep="\s+", skiprows=22, header=None)
9    data = np.hstack([raw_df.values[::2, :], raw_df.values[1::2, :2]])
10   target = raw_df.values[1::2, 2]
11
12   # 特征标准化
13   scaler = StandardScaler()
14   features_standardized = scaler.fit_transform(data)
15
16   # 创建线性回归对象
17   ridge = Ridge(alpha=0.5)    # 设置岭回归的正则参数λ
18   # 拟合模型
19   model = ridge.fit(features_standardized, target)
20   # 输出回归系数
21   print('岭回归模型系数：', np.round(model.coef_, 2))
```

输出结果：

岭回归模型系数: [-0.92　1.07　0.13　0.68 -2.04　2.68　0.02 -3.09　2.63 -2.04 -2.06　0.85 -3.74]

上述代码第 1～4 行导入了必要的 Python 库。

代码第 6～10 行，加载波士顿房价数据集，由于新版 sklearn 库中移除了波士顿房价数据集，所以不能使用传统方法 load_boston()函数来加载。

代码第 12～14 行，对数据进行标准化。由于岭回归的正则化是有偏估计，因此会对权重进行惩罚。在量纲不同的情况下，正则化会带来更大的偏差。

代码第 16～19 行，创建一个岭回归模型对象，其中 alpha = 0.5，是正则化参数。然后，使用标准化后的特征数据和目标值训练岭回归模型。

代码第 20、21 行，打印保留两位小数的岭回归模型系数。

6.4　Lasso 回归

由于岭回归中并没有将系数收缩为 0，而是使得系数整体变小，因此某些时候模型的解释性会大大降低，也无法从根本上解决多重共线问题。Lasso(least absolute shrinkage and selection operator)回归，引入 L1 正则化项来解决多重共线性问题和特征选择问题。L1 正则化不同于 L2 正则化(如岭回归)，它会导致某些特征的系数变为零，从而实现特征的自动选择。这使得 Lasso 回归在处理高维数据集时具有更好的性能，因为它可以自动识别和剔除不重要的特征，从而减小模型的复杂度，提高模型的预测能力。

在 Lasso 回归中，损失函数添加一个 L1 正则化项，这个项是所有系数的绝对值之和。Lasso 回归的优化目标变为

$$
\begin{aligned}
L_{\text{Lasso}}(w_0, w_1, \cdots, w_p) &= \sum_{i=1}^{N}(y_i - \hat{y}_i)^2 + \lambda \sum_{j=0}^{p}\left|w_j\right| \\
&= \sum_{i=1}^{N}[y_i - (\boldsymbol{x}_i \boldsymbol{w}_i)]^2 + \lambda \|\boldsymbol{w}\|_1
\end{aligned}
\tag{6-18}
$$

其中，$\lambda \sum_{j=0}^{p}\left|w_j\right|$ 是正则化项，它通过增加非零系数的数量来惩罚模型的复杂性。

1.　梯度下降法

为了最小化式(6-18)所示的目标函数，可以使用梯度下降法。梯度下降的更新规则是

$$
\boldsymbol{w} \leftarrow \boldsymbol{w} - \alpha \nabla L_{\text{Lasso}}(\boldsymbol{w})
\tag{6-19}
$$

其中，α 是学习率；$\nabla L_{\text{Lasso}}(\boldsymbol{w})$ 是目标函数的梯度，其计算公式为

$$
\begin{aligned}
\nabla L_{\text{Lasso}}(\boldsymbol{w}) &= \nabla \left[\sum_{i=1}^{N}(y_i - \hat{y}_i)^2\right] + \nabla \left(\lambda \sum_{j=0}^{p}\left|w_j\right|\right) \\
&= -2\sum_{i=1}^{N}(y_i - \boldsymbol{x}_i \boldsymbol{w})\boldsymbol{x}_i + \lambda \text{sign}(\boldsymbol{w}) \\
&= -2\sum_{i=1}^{N}\varepsilon_i \boldsymbol{x}_i + \lambda \text{sign}(\boldsymbol{w})
\end{aligned}
\tag{6-20}
$$

其中，sign() 表示符号函数。正则化项的梯度稍微复杂一些，因为 L1 范数的导数在零点不连续。

注意：梯度下降法仅是解决这个优化问题的一种方法，还有其他方法，如坐标下降法。

2. Lasso 算法流程

假设使用梯度下降法来优化目标函数，则 Lasso 算法流程如下。

(1) 初始化参数：设置学习率 α 和正则化参数 λ。初始化回归系数 w 为零或小的随机值。

(2) 迭代更新。

① 计算预测值：$\hat{y}_i = x_i w$。

② 计算误差：$\varepsilon_i = y_i - \hat{y}_i$。

③ 计算梯度：$\nabla L_{\text{Lasso}}(w) = -2 \sum_{i=1}^{N} \varepsilon_i x_i + \lambda \text{sign}(w)$。

④ 更新参数：$w \leftarrow w - \alpha \nabla L_{\text{Lasso}}(w)$。

重复上述迭代更新步骤直到收敛(即参数变化很小或达到最大迭代次数)。

(3) 输出结果：最终的回归系数 w。

3. Lasso 模型应用实例

使用 sklearn 自带的加利福尼亚房价数据集(California_housing)来进行 Lasso 模型的应用实例讲解。该数据集包含了 1990 年美国加利福尼亚州各个区的房屋价格以及相关的地理和人口统计数据，该数据集常用于回归算法的演示。它包含 8 个特征、1 个目标变量，分别如下所示。

MedInc：家庭中位收入(以千美元计)。

HouseAge：房屋的平均年龄。

AveRooms：房屋的平均房间数量。

AveBedrms：房屋的平均卧室数量。

Population：每个地区的平均人口。

AveOccup：房屋的平均居住人口。

Latitude：地区的纬度。

Longitude：地区的经度。

目标变量：房屋的中位数价格(以千美元计)，这可以作为回归模型的因变量。

该数据集包含大约 20000 个样本。所有的特征都是数值型的，目标变量也是数值型的。这个数据集可以通过 sklearn 库获取。使用该数据集进行 Lasso 模型的训练、评估、可视化，大致需要以下几个步骤：加载和探索数据、数据预处理、特征工程、建立和优化 Lasso 模型、模型评估和结果可视化。

首先，加载数据并进行初步探索。

例 **6-13**：Lasso 回归模型应用实例——加载和探索数据

```
1    import numpy as np
2    import pandas as pd
3    import matplotlib.pyplot as plt
```

代码

```
4    import seaborn as sns
5    from sklearn.model_selection import train_test_split
6    from sklearn.linear_model import Lasso
7    from sklearn.metrics import mean_squared_error, r2_score
8    from sklearn.preprocessing import StandardScaler
9    from sklearn.model_selection import GridSearchCV
10
11   # 加载数据
12   from sklearn.datasets import fetch_california_housing
13   data = fetch_california_housing ()
14   df = pd.DataFrame (data.data, columns=data.feature_names)
15   df['MedHouseVal'] = data.target
16
17   # 初步查看数据
18   print (df.head ())
19   print (df.describe ())
```

输出结果：

	MedInc	HouseAge	AveRooms	AveBedrms	Population	AveOccup	Latitude \
0	8.3252	41.0	6.984127	1.023810	322.0	2.555556	37.88
1	8.3014	21.0	6.238137	0.971880	2401.0	2.109842	37.86
2	7.2574	52.0	8.288136	1.073446	496.0	2.802260	37.85
3	5.6431	52.0	5.817352	1.073059	558.0	2.547945	37.85
4	3.8462	52.0	6.281853	1.081081	565.0	2.181467	37.85

	Longitude	MedHouseVal
0	−122.23	4.526
1	−122.22	3.585
2	−122.24	3.521
3	−122.25	3.413
4	−122.25	3.422

	MedInc	HouseAge	AveRooms	AveBedrms	Population \
count	20640.000000	20640.000000	20640.000000	20640.000000	20640.000000
mean	3.870671	28.639486	5.429000	1.096675	1425.476744
std	1.899822	12.585558	2.474173	0.473911	1132.462122
min	0.499900	1.000000	0.846154	0.333333	3.000000
25%	2.563400	18.000000	4.440716	1.006079	787.000000
50%	3.534800	29.000000	5.229129	1.048780	1166.000000
75%	4.743250	37.000000	6.052381 +	1.099526	1725.000000
max	15.000100	52.000000	141.909091	34.066667	35682.000000

	AveOccup	Latitude	Longitude	MedHouseVal
count	20640.000000	20640.000000	20640.000000	20640.000000
mean	3.070655	35.631861	−119.569704	2.068558
std	10.386050	2.135952	2.003532	1.153956
min	0.692308	32.540000	−124.350000	0.149990

25%	2.429741	33.930000	−121.800000	1.196000
50%	2.818116	34.260000	−118.490000	1.797000
75%	3.282261	37.710000	−118.010000	2.647250
max	1243.333333	41.950000	−114.310000	5.000010

然后，进行数据预处理：处理数据中的缺失值，并进行特征缩放。

例 6-13 续： Lasso 回归模型应用实例——数据预处理

```
20   # 检查缺失值
21   print(df.isnull().sum())
22
23   # 分离特征和目标变量
24   X = df.drop('MedHouseVal', axis=1)
25   y = df['MedHouseVal']
26
27   # 数据分割
28   X_train, X_test, y_train, y_test = train_test_split(X, y, test_size=0.2, random_state=42)
29
30   # 特征缩放
31   scaler = StandardScaler()
32   X_train_scaled = scaler.fit_transform(X_train)
33   X_test_scaled = scaler.transform(X_test)
```

输出结果：

```
MedInc          0
HouseAge        0
AveRooms        0
AveBedrms       0
Population      0
AveOccup        0
Latitude        0
Longitude       0
MedHouseVal     0
dtype: int64
```

接下来，进行特征工程：可视化特征之间的关系以帮助理解数据。

例 6-13 续： Lasso 回归模型应用实例——特征工程

```
34   # 特征相关性
35   plt.figure(figsize=(10, 8))
36   plt.rcParams['font.sans-serif'] = ['SimSun']          # 指定使用宋体
37   plt.rcParams['axes.unicode_minus'] = False            # 确保负号可以正确显示
38
39   sns.heatmap(df.corr(), annot=True, cmap='coolwarm', linewidths=0.5)
40   plt.title('特征相关性热力图')
41   plt.show()
```

输出结果如图 6-2 所示。

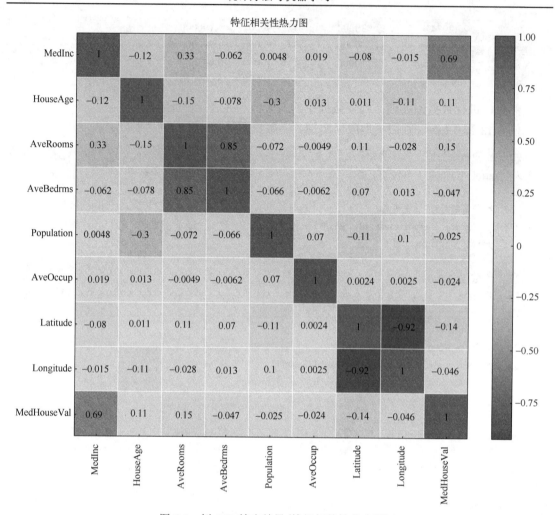

图 6-2 例 6-13 输出结果(特征相关性热力图)

完成上述操作之后,重点工作是建立和优化 Lasso 模型,即使用交叉验证和网格搜索优化 Lasso 模型。

例 6-13 续:Lasso 回归模型应用实例——建立和优化 Lasso 模型

```
42   # 建立 Lasso 模型
43   lasso = Lasso ()
44
45   # 定义超参数网格
46   param_grid = {'alpha': np.logspace (-4, 4, 50)}
47
48   # 网格搜索
49   grid_search = GridSearchCV (lasso, param_grid, cv=5, scoring='neg_mean_squared_error')
50   grid_search.fit (X_train_scaled, y_train)
51
52   # 最佳超参数
53   best_alpha = grid_search.best_params_['alpha']
54   print (f'Best alpha: {best_alpha}')
```

```
55
56    # 训练最终模型
57    lasso_opt = Lasso(alpha=best_alpha)
58    lasso_opt.fit(X_train_scaled, y_train)
```

输出结果：

Best alpha: 0.0006551285568595509
Lasso(alpha=0.0006551285568595509)

最后，进行模型评估，评估模型性能，计算各项指标，并可视化实际值与预测值之间的关系。

例 6-13 续：Lasso 回归模型应用实例——模型评估和结果可视化

```
59    # 建立 Lasso 模型
60    # 预测
61    y_pred_train = lasso_opt.predict(X_train_scaled)
62    y_pred_test = lasso_opt.predict(X_test_scaled)
63
64    # 评估
65    mse_train = mean_squared_error(y_train, y_pred_train)
66    mse_test = mean_squared_error(y_test, y_pred_test)
67    r2_train = r2_score(y_train, y_pred_train)
68    r2_test = r2_score(y_test, y_pred_test)
69
70    print(f'MSE (Train): {mse_train}')
71    print(f'MSE (Test): {mse_test}')
72    print(f'R^2 (Train): {r2_train}')
73    print(f'R^2 (Test): {r2_test}')
74
75    # 可视化
76    plt.figure(figsize=(10, 6))
77    plt.scatter(y_test, y_pred_test, alpha=0.6, color='b')
78    plt.plot([0, 5], [0, 5], 'r--')
79    plt.xlabel('真实值')
80    plt.ylabel('预测值')
81    plt.title('真实房价与预测房价')
82    plt.show()
```

输出结果如图 6-3 所示。

MSE (Train): 0.5179571003815031
MSE (Test): 0.5549581025845478
R^2 (Train): 0.6125332565914883
R^2 (Test): 0.5765000760834784

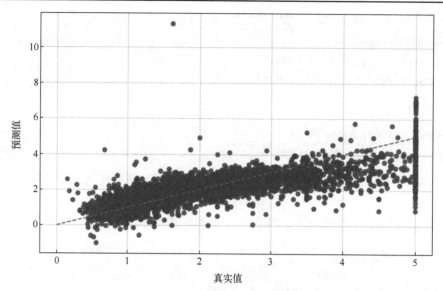

图 6-3　例 6-13 输出结果(实际房价与预测房价)

通过上述整个代码示例过程,基本可以全面了解如何使用 Lasso 回归进行房价预测及其原理和代码的实现。在此,还有几点需要注意:在数据预处理阶段,要确保所有特征进行标准化,避免特征值差异过大对模型的影响;在参数调整阶段,可以使用网格搜索找到最佳的正则化参数;在模型评估阶段,通过计算 MSE 指标和 R^2 指标来评估模型性能,并通过可视化检查预测效果。查看哪些特征对模型的贡献最大,Lasso 回归会将不重要的特征系数压缩为零,这也可以帮助理解特征的重要性。

第三篇 神经网络与深度学习

第7章 神 经 网 络

神经网络作为机器学习领域的一个重要分支，其灵感来源于人脑中神经元的连接和工作方式。神经网络通过模拟神经元之间的连接和信号传递，能够对复杂问题进行有效的建模和预测。随着深度学习技术的演进，神经网络在图像识别、语音处理、自然语言处理等多个领域展现出卓越的能力。

神经网络的研究是从对人类大脑的简化模拟开始的。1943 年，神经生理学家沃伦·麦卡洛克（Warren McCulloch）和数学家沃尔特·皮茨（Walter Pitts）发表了题为《神经活动中内在思想的逻辑演算》的文章，提出了 MCP（McCulloch-Pitts）神经元模型，这是首个尝试用数学语言描述神经元活动的模型。1958 年，罗森布拉特（Rosenblatt）发明了感知机（perceptron），这是一种能够通过学习来识别简单线性可分模式的二分类线性分类器。感知机的提出是神经网络发展史上的一个重要里程碑，因为它引入了学习机制，即通过调整连接权重来适应输入数据，标志着现代神经网络研究的开端。尽管感知机模型较为简单，但它为后续复杂网络的开发奠定了基础。

然而，早期的神经网络模型由于其结构的局限性，无法解决非线性问题，如著名的异或（XOR）问题，限制了它自身的应用范围。这一挑战直到 1986 年，戴维·鲁梅尔哈特（David Rumelhart）、杰弗里·辛顿（Geoffrey Hinton）和罗纳德·威廉姆斯（Ronald Williams）等在他们著名的文章《通过误差反向传播来学习表征》中引入反向传播算法后才得到解决，该算法能够有效地训练多层网络，使神经网络研究再次焕发活力。

进入 21 世纪初，随着计算能力的大幅提升和数据量的急剧增加，神经网络研究步入了新的黄金时代。特别是 2012 年，卷积神经网络（convolutional neural network，CNN）在 ImageNet 大规模视觉识别挑战赛（ImageNet 是一个大规模的视觉数据库）中取得了突破性的成功，其错误率远低于传统方法，这标志着深度学习在图像识别领域取得了里程碑式的进展，也标志着深度学习技术开始在多个领域展示其强大的解决问题能力。从图像和语音识别到自然语言处理，深度学习已成为解决复杂模式识别问题的首选方法。

近年来，生成对抗网络（generative adversarial network，GAN）和基于自注意力机制的 Transformer 模型进一步拓展了神经网络的应用领域，从艺术创作到高级语言翻译系统，这些创新的网络结构不断推动技术的边界。

前几章已经介绍了能够完成分类、聚类和回归这三种基本任务的机器学习模型算法。神经网络与这些模型算法相比，提供了更高的灵活性和能力，尤其是在处理非线性和高维度数据时更是如此。全连接神经网络可以用于分类和回归任务，而某些特定类型的神经网络（如卷积神经网络)在图像和视频数据上表现尤为出色。此外,神经网络的层次结构和训练方法(如反向传播)提供了一种强大的方式来自动学习数据的特征,这在传统机器学习算法中往往需要手动设计。

本章将介绍神经网络与深度学习技术的基础概念、神经网络的基本组成、神经网络模型训练中重要的前向传播和反向传播的原理以及计算过程、损失函数和激活函数的定义、优化方法的原理等。

7.1　神经元模型

本节将探讨人工神经网络的基本构建块:神经元。首先,简要回顾生物神经元的概念,并讨论它是如何启发人工神经元设计的。然后,深入研究人工神经元的数学模型,并通过示例代码来演示其基本功能。

7.1.1　人工神经元模型

在生物学中,神经元是大脑的基本工作单位。每个神经元都能接收信号、处理信息并传递信号给其他神经元。这一过程涉及电信号的传递和化学物质的释放。神经元在结构上由树突、细胞体、轴突和突触四部分组成,如图 7-1(a)所示。

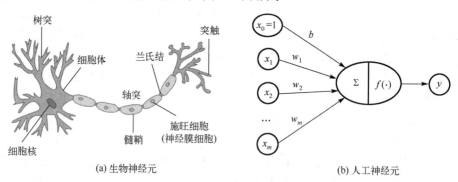

(a) 生物神经元　　　　　　　　(b) 人工神经元

图 7-1　生物神经元与人工神经元

细胞体是神经元的控制中心,细胞体的边界是细胞膜,细胞膜将膜内外细胞液分开,膜内外存在离子浓度差,所以会出现电位差。

从细胞体向外延伸出很多树突,负责接收来自其他神经元的信号,相当于神经元的输入端(input)。

从细胞体向外延伸出的最长的一条突起,称为轴突,也称为神经纤维。末端处有很多细的分支称为神经末梢,每一条神经末梢可以向四面八方传出信号,相当于细胞体的输出端(output)。

一个神经元通过其轴突的神经末梢和另一个神经元的细胞体或树突进行通信连接,这种连接相当于神经元之间的输入/输出接口(I/O interface),称为突触。

突触使得神经元的膜电位发生变化,且电位变化可以累加。单个神经元接收其他多个神经元的轴突末梢传来的输入信号,这些输入对神经元的影响不同,其权重也不相同。当神经元膜电位升高超过一个阈值时,就会产生兴奋,即输出信号。突触分为兴奋性和抑制性两种,兴奋性的突触可能引起下一个神经细胞兴奋，抑制性的突触使下一个神经细胞抑制。脉冲的传递是正向的，不允许逆向传播。

人工神经元(MCP 模型)模仿了这种行为，将其简化为数学函数。如图 7-1(b)所示，在人工神经元模型中，每个神经元接收来自其他神经元的输入信号，输入信号通过连接权重 w_i(类似于突触强度)进行加权($x_i \cdot w_i$)，然后求和(Σ)被送入一个激活函数 $f(\cdot)$，以产生输出。

一个基本的人工神经元可以表示为以下的数学模型：

$$y = f\left(\sum_i^m w_i x_i + b\right) \tag{7-1}$$

其中，x_i 是输入信号；w_i 是对应的权重；b 是偏置项；$f(\cdot)$ 是激活函数；y 是神经元的输出。

具体地，一个人工神经元的工作过程可以分为以下几个步骤。

输入信号：神经元接收来自其他神经元的输入信号 x_i，每个输入信号都伴随着一个权重 w_i，表示这个信号的重要程度。

线性加权求和：将所有输入信号与其对应的权重相乘，然后求和，得到一个总和值，这个值代表了神经元的内部状态。

若线性加权求和的结果大于某个阈值，则神经元处于兴奋状态，向后传递 1 的信息，否则该神经元处于抑制状态，而不向后传递信息(表现为传递 0，或者传递–1)。该阈值以数学模型来表示，就表达为偏置项。而能否激发神经元兴奋(输出 1)或抑制(输出 0/–1)，在数学模型中就表达为激活函数。

偏置项：输入信号线性加权求和后，通常会加上一个偏置项(bias)，为了数学模型的简洁和规整，偏置项也可以看作一个特定输入信号的权重(该特定输入信号恒为 1，即添加 $x_0 = 1$)。

激活函数：将输入信号线性加权求和，再加上偏置项后，输入到激活函数 $f(\cdot)$ 中，可以得到人工神经元的活性值，即输出值 y。当输入到激活函数的值大于零时(即输入信号的加权求和高于某个阈值"-bias")，神经元才会被激活而产生兴奋，即产生输出信号。

由于单层人工神经元太简单，无法模拟复杂问题，所以通常会在多层神经元之间逐级传递，模拟复杂情况。如果激活函数是线性函数，那么每一层输出都是上一层输入的线性函数，无论神经元有多少层，最终输出都是输入的线性组合，则无法模拟非线性的复杂问题。因此，激活函数的作用是引入非线性因素，使得神经网络能够学习和模拟任意。

常见的激活函数包括 Sigmoid、Tanh 和 ReLU。这些函数的选择对神经网络的性能有显著影响，7.1.2 节将详细介绍。

输出信号：激活函数的输出就是神经元的输出信号，这个信号将被传递到神经网络的下一层或者作为最终的输出。

用 Python 代码来实现一个简单的神经元模型。

例 7-1：使用 Python 的定义人工神经元结构，并模拟计算神经元输出

```
1    import numpy as np
2
3    # 定义激活函数 sigmoid
4    def sigmoid(x):
5        return 1 / (1 + np.exp(-x))
```

```
6
7      # 定义 MCP 人工神经元结构
8      class Neuron:
9          def __init__(self, weights, bias):
10             self.weights = weights
11             self.bias = bias
12         def feedforward(self, inputs):
13             total = np.dot(self.weights, inputs) + self.bias
14             return sigmoid(total)
15
16     weights = np.array([0.2, -0.5])              # 设定模拟权重
17     bias = 2                                      # 设定偏置
18     neuron = Neuron(weights, bias)               # 构建人工神经元对象
19     inputs = np.array([0.5, 0.1])                # 设定模拟输入
20     output = neuron.feedforward(inputs)          # 计算神经元输出
21     print(output)
```

输出结果:

0.8859476187202091

上述代码定义了一个 Neuron 类,它接受输入信号,计算线性加权和,并通过 Sigmoid 激活函数产生输出。这个简单的模型就是单个人工神经元的数学表示。

通过大量这样的人工神经元组成的多层网络结构,可以构建出深度神经网络。这种网络结构模拟了人脑中神经元相互连接的方式,能够在各个领域进行高效的学习和预测,展现出强大的学习和泛化能力。

7.1.2　激活函数

激活函数在神经网络中扮演着关键角色,它决定了一个神经元是否应该被激活,还为神经网络引入了非线性变换,帮助神经网络学习复杂的数据模式和非线性关系。在神经网络训练过程中,激活函数的导数(梯度)计算是更新网络参数(权重)的关键步骤。如果激活函数不可导或者导数接近于零,将导致梯度消失或梯度爆炸,影响网络训练的效率。下面介绍一些常见的激活函数。

1. Sigmoid 函数

Sigmoid 函数是一种将实数映射到 $(0,1)$ 区间的激活函数,它非常适合需要输出概率值的场合,如二分类问题的输出层,其公式为

$$f(x) = \sigma(x) = \frac{1}{1 + e^{-x}} \tag{7-2}$$

它的导数为

$$f'(x) = \frac{e^{-x}}{(1 + e^{-x})^2} = f(x)[1 - f(x)] \tag{7-3}$$

Sigmoid 函数图形如图 7-2 所示。它的主要优点是单调连续、求导容易、输出范围有限、

优化稳定，可以用作输出层；其缺点是一旦落在饱和区，梯度就会接近于 0，根据反向传播的链式法则，容易产生梯度消失，导致训练出现问题；Sigmoid 函数的输出恒大于 0。非零中心化的输出会使得其后一层的神经元的输入发生偏置偏移(bias shift)，并进一步使得梯度下降的收敛速度变慢；计算时，由于具有幂运算，计算复杂度较高，运算速度较慢。

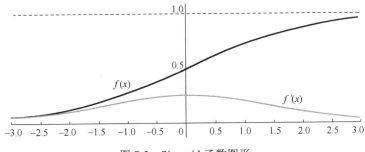

图 7-2　Sigmoid 函数图形

2. Tanh 函数

Tanh 函数将输入映射到$(-1, 1)$的区间，其公式为

$$f(x) = \mathrm{Tanh}(x) = \frac{\mathrm{e}^x - \mathrm{e}^{-x}}{\mathrm{e}^x + \mathrm{e}^{-x}} \tag{7-4}$$

它的导数为

$$f'(x) = 1 - (f(x))^2 \tag{7-5}$$

Tanh 函数图形如图 7-3 所示。与 Sigmoid 相比，Tanh 的输出以 0 为中心，这有助于数据在模型中的传递，通常使得学习过程更快，但它仍然存在梯度消失的问题。

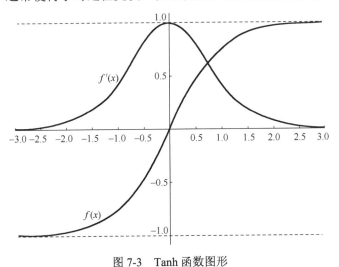

图 7-3　Tanh 函数图形

3. ReLU 函数

ReLU 函数的通俗解释是：如果输入为正，则输出该输入；否则输出 0。由于其计算效率

和在多层网络中避免梯度消失的效果，ReLU 函数成为深度学习中最流行的激活函数之一，其公式为

$$f(x) = \text{ReLU} = \begin{cases} 0, & x < 0 \\ x, & x \geqslant 0 \end{cases} \tag{7-6}$$

它的导数为

$$f'(x) = \begin{cases} 0, & x < 0 \\ 1, & x \geqslant 0 \end{cases} \tag{7-7}$$

ReLU 函数图形如图 7-4 所示。ReLU 相较于 Sigmoid 和 Tanh，没有幂运算，计算简单，收敛速度快。在正区间内，梯度恒为 1，这意味着它不会在激活正值时遭受梯度消失的问题；在负区间内，梯度恒为 0，提供了神经网络的稀疏表达能力，但也可能导致"死亡 ReLU"问题，即部分神经元可能在训练过程中永远不会被激活，导致相应参数永远不被更新。

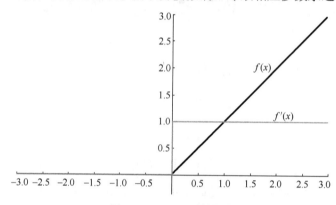

图 7-4　ReLU 函数图形

选择哪种激活函数取决于具体任务的需求以及实际模型的行为。例如，在输出层进行二分类时可能选择 Sigmoid 函数；而在构建深层网络时，可能倾向于使用 ReLU 函数来避免梯度消失并加速训练。

7.2　网　络　结　构

网络结构指的是神经网络中神经元的组织方式和连接形式。人脑由大量的神经元组成，这些神经元通过突触相互连接，形成复杂的网络，以处理和传递复杂信息。模仿人脑结构，也可以将许多人工神经元连接成网络，构建一个强大的计算模型，模拟人脑的某些功能，学习复杂的数据模式。

在神经网络中，"层"是构成网络的基本单元，每个层都包含了一定数量的神经元(或节点)。层的概念在神经网络中非常重要，因为它们决定了网络的结构和能力。在神经网络中常见的层类型有以下几种。

输入层(input layer)是网络的第一层，用来接收外部数据输入，每个输入节点往往代表数据集中的一个特征。

隐藏层(hidden layer)位于输入层和输出层之间。可能有多个隐藏层，也可能没有隐藏层。

隐藏层中的神经元对输入数据进行处理和转换，提取特征，学习数据中的内在表示。层数越多，网络越深，能够捕捉的特征也越复杂。每个隐藏层的输出将作为下一层的输入。

输出层(output layer)是网络的最后一层，产生网络的最终输出，如分类标签或数值预测。输出层的节点数量和类型取决于特定任务，例如，在分类问题中，每个类别可能对应一个输出节点。

层内神经元之间通常不连接，而层与层之间的神经元通过权重进行全连接或部分连接。设计不同的层数，每层有不同的神经元数目以及不同的层类型(如卷积层、循环层等)，构成不同的神经网络结构。

接下来将介绍最基本的单层感知机结构和多层感知机结构，更常见的神经网络结构将在第8章详述。

7.2.1 单层神经网络

单层神经网络，也常被称为单层感知机，是人工神经网络中最简单的形式。它由输入层和输出层组成，其中输入层直接连接输出层，没有中间的隐藏层，如图 7-5 所示。输入层神经元仅接收外界输入，不进行函数处理；输出层则包含功能神经元，能进行计算处理以产生神经元的输出。

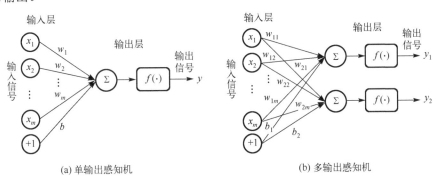

(a) 单输出感知机   (b) 多输出感知机

图 7-5 单层感知机网络结构示意图

所有输入节点通过各自的权重 w_i 被线性加权求和，并加上偏置项与输出节点相连。数学上，单层神经网络的输出 y 仍然可以用式(7-1)中的模型表示。单层神经网络在解决线性可分问题方面非常有效，然而它们的局限性在于无法解决非线性可分的问题，如异或(XOR)问题。

单层感知机只能处理线性可分数据集，其任务是寻找一个线性可分的超平面将所有的正类和负类划分到超平面两侧。单层感知机与 MCP 模型在连接权重的设置上是不同的，感知机中连接权重参数并不是预先设定好的，而是通过多次迭代训练而得到的。单层感知机通过构建损失函数来计算模型预测值与数据真实值间的误差(error)，通过最小化代价函数来优化模型参数，如图 7-6 所示。

其具体的训练过程如下。

(1)准备数据集(n 个 m 维的训练样本集)。定义数据结构，包括训练样本集 X、权重参数 w、偏置 b、真实结果 y、预测结果 $\hat{y}$、学习率 η 和循环迭代计数 i。其中，训练样本集和权重参数表示为

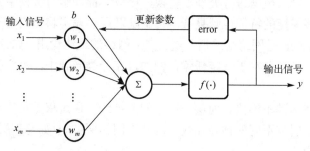

图 7-6 单层神经网络的训练示意图

$$X = \{x^{(1)}, x^{(2)}, \cdots, x^{(n)}\}$$
$$x^{(i)} = [x_1, x_2, \cdots, x_m]$$
$$w = [w_1, w_2, \cdots, w_m]$$

其中，n 表示样本数量；$x^{(i)}$ 表示第 i 个样本；w 表示权重参数向量；m 表示每个样本的特征数。

（2）初始化变量，对权重系数 $w^{(0)}$ 和偏置 $b^{(0)}$ 进行初始化，每个 $w_j^{(0)}$ 以及 $b^{(0)}$ 初始值为小的随机值或全零值，同时设置样本或训练计数值 $i = 1$。

（3）读取第 i 条训练样本，将训练样本输入到单层感知机中，根据模型公式（7-1），计算得到第 i 条训练样本的预测输出 $\hat{y}^{(i)}$。

（4）更新权重和偏置：

$$w_j^{(i)} = w_j^{(i-1)} + \Delta w_j$$
$$b^{(i)} = b^{(i-1)} + \Delta b$$
$$\Delta w_j = \eta(y^{(i)} - \hat{y}^{(i)})x_j^{(i)} \tag{7-8}$$
$$\Delta b = \eta(y^{(i)} - \hat{y}^{(i)})$$
$$i = i + 1$$

重复步骤（3）和（4），直到满足收敛条件或者迭代次数达到预设的上限值。通常，收敛条件可为：某轮误差 $(y^{(i)} - \hat{y}^{(i)})$ 小于某个预先设定的较小值 ε，或者迭代的权重系数间权值变化小于某个较小值。

式（7-8）中，$\Delta w_j = \eta(y^{(i)} - \hat{y}^{(i)})x_j^{(i)}$ 表明权重的更新量是基于预测误差和输入特征的。这个更新量使得模型的权重调整方向朝着减小预测误差的方向。具体而言，如果误差是正的（预测值过低），权重将增加；如果误差是负的（预测值过高），权重将减小。

$\Delta b = \eta(y^{(i)} - \hat{y}^{(i)})$ 表明偏置的更新仅依赖于误差大小，而与输入特征无关。这样的更新有助于调整神经元的激活阈值，确保即使在输入为零的情况下也能得到正确的输出调整。

将计算出的 Δw_j 和 Δb 应用到原来的 w 和 b 上，得到新的权重和偏置。这一步是迭代的，每处理一个训练样本或一批样本后进行一次。

以下是使用 Python 实现的单层神经网络代码示例。

例 7-2：使用 Python 的 NumPy 库实现单层神经网络

代码

```
1    import numpy as np
```

```
2     class Perceptron (object):
3         def _init_(self, no_of_inputs, threshold=100, learning_rate=0.01):
4             self.threshold = threshold                        # 迭代上限
5             self.learning_rate = learning_rate                # 学习率
6             self.weights = np.zeros(no_of_inputs + 1)         # 包括偏置、权重系数的模型参数
7         def predict(self, inputs):
8             summation = np.dot(inputs, self.weights[1:]) + self.weights[0]
9             return 1 if summation > 0 else 0
10        def train(self, training_inputs, labels):
11            for _ in range(self.threshold):
12                for inputs, label in zip(training_inputs, labels):
13                    prediction = self.predict(inputs)
14                    self.weights[1:] += self.learning_rate * (label - prediction) * inputs
15                    self.weights[0] += self.learning_rate * (label - prediction)
16
17    if _name_ == "_main_":
18        # 构建典型非线性分类问题的数据集(AND 问题)
19        training_inputs = np.array([[0, 0], [0, 1], [1, 0], [1, 1]])
20        labels = np.array([0, 0, 0, 1])
21        # 创建单层神经网络
22        perceptron = Perceptron(no_of_inputs=2)
23        # 训练单层神经网络
24        perceptron.train(training_inputs, labels)
25        # 使用训练好的单层神经网络进行非线性问题预测
26        print("单层神经网络(感知机)对 AND 问题的预测: ")
27        for input_data in training_inputs:
28            print(f"{input_data} -> {perceptron.predict(input_data)}")
```

输出结果:

```
单层神经网络(感知机)对 AND 问题的预测:
[0 0] -> 0
[0 1] -> 0
[1 0] -> 0
[1 1] -> 1
```

在上述代码示例中，首先定义了一个 Perceptron 类，它包含了初始化、预测和训练方法。默认初始化权重为零，然后通过使用训练数据多次迭代来更新权重。在训练过程中，使用感知机学习规则来逐步调整权重，以最小化预测输出和真实标签之间的差异。

代码第 17~28 行，定义了 AND 操作的训练数据和标签，并创建了一个单层神经网络(感知机)实例。然后，调用 train() 方法来训练感知机。最后，测试训练好的感知机，输出对训练数据的预测结果。

在实际应用中，可能需要对学习率和迭代次数进行调整，以达到更好的训练效果。此外，对于更复杂的问题，单层感知机可能不足以提供有效的解决方案，需要多层神经网络或其他机器学习模型。

7.2.2　浅层神经网络

　　浅层神经网络(shallow neural network)也称为单隐藏层的神经网络结构，如图 7-7 所示，该图为两层(输入层不计算层数)神经网络，由输入层、隐藏层、输出层构成。每层神经元与下一层神经元全互连，神经元之间不存在同层连接，也不存在跨层连接。其中，输入层神经元仅接收外界输入，不进行函数处理；隐藏层和输出层则包含功能神经元，能将接收到的总输入值与一定的阈值进行比较，然后通过"激活函数"处理以产生神经元的输出。若将阈值也作为输入信号在神经网络中标出，则除输出层之外，各层会多出一个固定输入为+1 的"哑节点"(dummy node)，该节点与下一层的连接权即为阈值。这样，权重和阈值的学习就可以统一为权重的学习。

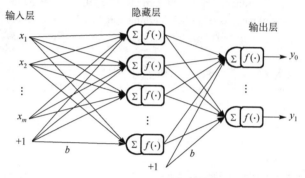

图 7-7　单隐藏层感知机网络结构图

　　浅层神经网络的网络结构相对简单，计算复杂度较低，易于训练。在处理一些简单的任务时能够取得不错的效果，但对于复杂任务，其性能可能不足以捕捉数据中的复杂模式。

　　从 20 世纪 80 年代末期以来，机器学习的发展大致经历了两次浪潮：浅层学习(shallow learning)和深度学习(deep learning)。用于人工神经网络的反向传播算法(也称为 Back Propagation 算法或者 BP 算法)的发明，给机器学习带来了希望，掀起了基于统计模型的机器学习热潮，这个热潮一直持续到今天。人们发现，利用 BP 算法可以让一个人工神经网络模型从大量训练样本中学习出统计规律，从而对未知事件做预测。这种基于统计的机器学习方法比起过去基于人工规则的系统，在很多方面显示出优越性。此时的人工神经网络，虽然也被称作多层感知机(multi-layer perceptron)，但实际上是一种只含有一层隐藏层节点的浅层模型。

　　由于神经网络容易过拟合，参数比较难调，需要大量的调参技术和策略，训练速度比较慢，在层次比较少(即浅层神经网络)的情况下，效果并不比其他机器学习方法更优，故发展慢慢衰落。但是，杰弗里·辛顿坚持了下来，继续神经网络的相关研究，并最终和伊恩·古德费洛(Yann LeCun)、约书亚·本吉奥(Yoshua Bengio)等一起提出了一个实际可行的深度学习框架。多隐藏层的人工神经网络(深度神经网络)具有优异的特征学习能力，学习得到的特征对数据有更本质的刻画，从而有利于可视化或分类；深度神经网络在训练上的难度，可以通过"逐层初始化"(layer-wise pre-training)来有效克服。

7.2.3　深层神经网络

　　深层神经网络(deep neural network)是指具有多个隐藏层的神经网络，通常层数较多，能够学习更复杂的特征和更抽象的数据表示。一般地，如图 7-8 所示的层级结构，由输入层、隐藏层(可有多层)和输出层组成。与浅层神经网络一样，每层神经元与下一层神经元全互连，神经元之间不存在同层连接，也不存在跨层连接。这样的神经网络结构通常称为"多层前馈神经网络"(multi-layer feedforward neural network)，即网络拓扑结构上不存在环或回路。

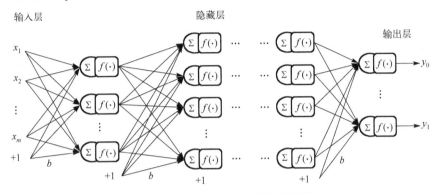

图 7-8　多层感知机网络结构示意图

深层神经网络具有复杂的结构，由于包含多个隐藏层和大量的神经元，这使得它们能够处理复杂的非线性问题。通过多层结构和非线性激活函数，深层神经网络具备强大的表达能力，可以逼近任意复杂的函数。这种复杂性和表达能力使得深层神经网络在处理高维数据和复杂模式识别任务时表现出色。然而，这种复杂性也带来了较高的计算成本，由于包含多个层次，训练时间和计算资源需求较高。

深层神经网络广泛应用于各种分类任务和复杂的多元回归问题，如图像分类、文本分类、语音识别和时间序列预测、经济数据分析等。这些任务通常涉及大量数据和复杂的模式，需要强大的非线性处理能力。此外，深层神经网络在模式识别方面也表现优异，如手写数字识别和人脸识别，这些任务需要神经网络在大量样本中识别和区分微小的差异。深层神经网络的强大表达能力和灵活性使其成为现代人工智能和机器学习的核心工具。

全连接神经网络是多层前馈网络的一种，其中每个神经元与前一层的所有神经元连接。这种全面的连接模式使得网络能够在各层捕捉复杂的数据关系。

由于每个神经元都与前一层的所有神经元相连，全连接网络层通常具有较高的参数数量，这增加了模型的计算负担和训练的资源需求。因此，优化全连接层的设计和实现，是提高深度神经网络效率的关键，通常需要对神经网络模型进行避免过拟合操作。

7.3　模 型 训 练

7.3.1　损失函数的选取

在神经网络的训练过程中，损失函数是一个核心组件，它用于衡量模型的预测值与实际值之间的不一致性。损失函数的值越小，表明模型的预测结果与真实结果越接近，模型的性能也就越好。在训练阶段，优化算法会根据损失函数提供的信息来更新模型的权重，以期望在未来的预测中减少损失。因此，损失函数直接影响到模型的学习效率和最终性能。

由于神经网络属于监督学习，主要用来解决分类问题或回归问题，所以其损失函数的定义与第 4 章分类模型的性能评价指标以及第 6 章回归模型评估指标相一致。

以下再介绍几种常用的损失函数以及它们的定义和适用场景。

1. 交叉熵

交叉熵(cross entropy，CE)损失函数是深度学习和机器学习中常用的一种损失函数，适用于分类问题，特别是在目标类别为互斥的情况下，如多类别分类问题。它衡量的是预测概率分布与真实标签的分布之间的差异，损失函数计算公式如下：

$$CE = -\frac{1}{n}\sum_{i=1}^{N}\sum_{j=1}^{C} y_{ij} \cdot \log(\hat{y}_{ij} + \varepsilon) \tag{7-9}$$

其中，N 是样本数量；C 是类别数量，y_{ij} 是第 i 个样本属于类别 j 的真实概率；$\hat{y}_{ij}$ 是第 i 个样本属于类别 j 的预测概率；ε 是一个很小的常数。如果模型预测的概率 $\hat{y}_{ij}$ 非常接近于 0，那么 $\log(\hat{y}_{ij})$ 将会趋向于负无穷大，这在数值计算中会引发问题。因此，为了避免这种情况，通常会在计算对数之前，将预测的概率 $\hat{y}_{ij}$ 加上一个很小的正数 ε，以确保对数函数的输入始终是正的，这个小的正数通常是 1×10^{-15}。因为它足够小，不会对损失函数的最终结果产生显著影响，但也足够大，可以避免数值不稳定。

假设有两个概率分布：真实分布 y_i 和预测分布 $\hat{y}_i$。真实分布 y_i 是一个独热编码向量(one-hot vector)，表示正确的类别。例如，对于 3 个类别的分类问题，如果某样本的真实分类是第 2 类，那么 y_i 表示为[0,1,0]。预测分布 $\hat{y}_i$ 是模型输出的概率分布，通常是通过 Softmax 函数得到的，表示模型预测某样本属于每个类别的概率。例如，模型可能预测某样本的分类结果为[0.1, 0.7, 0.2]。

以下是使用 Python 实现交叉熵损失函数的简单代码示例。

例 7-3：使用 Python 的 NumPy 库计算交叉熵损失值

```
1   import numpy as np
2   # 定义模拟数据
3   y_true = np.array([0, 1, 0])
4   y_pred = np.array([0.1, 0.7, 0.2])
5   # 定义小常量
6   epsilon = 1e-15
7   # 定义交叉熵计算函数
8   def cross_entropy(y_true, y_pred):
9       # 避免预测概率为 0, 将其限定在 [1e-15,1-(1e-15)]范围内
10      y_pred = np.clip(y_pred, epsilon, 1-epsilon)
11      # 计算交叉熵损失
12      return -np.sum(y_true * np.log(y_pred))
13  # 使用模拟数据计算交叉熵损失
14  ce_loss = cross_entropy(y_true, y_pred)
15  print("交叉熵损失: ", ce_loss)
```

输出结果：

交叉熵损失: 0.35667494393873245

在上述示例代码中，第 10 行调用 NumPy 的 clip() 函数，将预测概率限定在 $[10^{-15}, 1-10^{-15}]$ 范围内，避免 $\log(\hat{y})$ 无穷大。

二元交叉熵 (binary cross entropy，BCE) 是交叉熵的一个特例，适用于二分类问题，其计算公式如下：

$$\text{BCE} = -\frac{1}{N} \sum_{i=1}^{N} [y_i \cdot \log(\hat{y}_i + \varepsilon) + (1 - y_i) \cdot \log(1 - \hat{y}_i + \varepsilon)] \tag{7-10}$$

其中，N 是样本数量；y_i 是第 i 个样本的真实标签值 (取值为 0 或 1，不是独热编码向量)；$\hat{y}_i$ 是第 i 个样本预测为 1 的概率分布；ε 是一个很小的常数。

在二元交叉熵损失计算过程中，y 如果定义为 [1,0,1,0,1]，则表示 5 个样本数据的真实标签，第一个样本的真实标签为 1，第二个样本的真实标签为 0，第三个样本的真实标签为 1，以此类推。这与交叉熵中的表示不同。

以下是使用 Python 实现二元交叉熵损失函数的简单代码示例。

例 7-4：使用 Python 的 NumPy 库计算二元交叉熵损失值

```
1    import numpy as np
2    # 定义模拟数据
3    y_true = np.array([1, 0, 1, 0, 1])
4    y_pred = np.array([0.9, 0.1, 0.8, 0.3, 0.7])
5    # 定义小常量
6    epsilon = 1e-15
7    # 定义二元交叉熵计算函数
8    def binary_cross_entropy(y_true, y_pred):
9        # 避免预测概率为 0，将其限定在 [1e-15,1-(1e-15)] 范围内
10       y_pred = np.clip(y_pred, epsilon, 1-epsilon)
11       return -np.mean(y_true * np.log(y_pred) + (1 - y_true) * np.log(1 - y_pred))
12   # 使用模拟数据计算二元交叉熵损失
13   loss = binary_cross_entropy(y_true, y_pred)
14   print("二元交叉熵损失:", loss)
```

输出结果：

二元交叉熵损失: 0.22944289410146546

2. 铰链损失

铰链损失 (hinge loss) 在神经网络中的应用不如其他损失函数 (如交叉熵损失) 那么普遍，但它仍然在某些特定的场景和模型中被使用。例如，铰链损失的一个特性是它能够产生稀疏的解，这意味着许多特征权重可以为零。这在某些应用中是有益的，如在特征选择或者当数据中的特征维度非常高时。它对离群值的影响较小，因此在处理具有噪声数据的情况下可能会表现更好。铰链损失计算公式如下：

$$\text{Loss}_{\text{Hinge}}(y, \hat{y}) = \max(0, 1 - y \cdot \hat{y}) \tag{7-11}$$

其中，y 是真实标签向量 (元素值通常是 1 或 –1)；$\hat{y}$ 是预测值向量 (元素值通常是样本预测类别的得分或概率)；$y \cdot \hat{y}$ 是它们的内积。

以下是使用 Python 实现铰链损失函数的简单代码示例。

例 7-5：使用 Python 的 NumPy 库计算铰链损失值

```
1   import numpy as np
2   # 定义模拟数据
3   y_true = np.array([1, -1, 1, -1, 1])
4   y_pred = np.array([0.5, -0.3, 0.8, -0.7, 0.2])
5   # 定义铰链损失计算函数
6   def hinge_loss(y_true, y_pred):
7       loss = np.maximum(0, 1 - y_true * y_pred)
8       return np.mean(loss)
9   # 使用模拟数据计算铰链损失
10  hinge_loss_value = hinge_loss(y_true, y_pred)
11  print("铰链损失: ", hinge_loss_value)
```

输出结果：

铰链损失：0.5

在上述示例代码中，假设有 5 个样本，真实值为 1 或–1，预测值为相应样本的预测得分，这些得分可以是任意实数。定义一个名为 hinge_loss() 的函数，用于计算铰链损失。在其内部使用 NumPy 的 maximum() 函数计算铰链损失。

选择合适的损失函数对于模型训练至关重要。不同类型的问题可能需要不同的损失函数。例如，回归问题常常使用均方误差，而分类问题则可能使用交叉熵。在实际应用中，可能还需要根据具体问题的特点来调整或自定义损失函数，以达到最佳的训练效果。

7.3.2　参数优化

在神经网络训练中，优化算法的目的是通过调整网络参数(权重和偏置)来最小化或最大化一个目标函数(通常是最小化损失函数)。损失函数计算模型预测值与实际值之间的差异。优化算法试图找到损失函数的全局最小值，这对应于最佳的网络参数设置。

1. 梯度下降

梯度下降(gradient descent)是最简单也是最基本的优化算法。假设某神经网络模型有一个输入向量 x、一个参数矩阵 W、一个目标值 y 和一个损失函数 loss($\cdot$)，可以用 W 来计算预测值 $\hat{y} = \text{dot}(W, x)$，然后计算损失(即预测值 $\hat{y}$ 和目标值 y 之间的距离)：

$$\delta = \text{loss}(\hat{y}, y) = \text{loss}[\text{dot}(W, x), y] \tag{7-12}$$

如果输入数据 x 和目标值 y 保持不变，那么式(7-12)可以看作将 W 映射到损失值 δ 的函数：

$$\delta = f(W) \tag{7-13}$$

假设式(7-13)中函数 $f(\cdot)$ 是连续的光滑函数，如图 7-9 所示。W 的微小变化(假设 W 增大了一个很小的值 ε_W)，将导致损失值 δ 的微小变化(假设为 ε_δ)，即

$$\delta + \varepsilon_\delta = f(W + \varepsilon_W)$$

且在某 P 点附近，如果 ε_W 足够小，就可以将 $f(\cdot)$ 近似为斜率 s 的线性函数，表示为

$$f(W + \varepsilon_W) = \delta + s * \varepsilon_W$$

由此可知斜率 s 就是 f 在 P 点的导数。如果 s 是负的，说明参数 W 在 P 点附近的微小变化将导致损失值减小；如果 s 是正的，那么参数 W 的微小变化将导致损失值增大。此外，导数大小(即 $|s|$)表示损失值增大或减小的快慢。

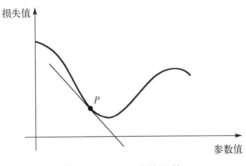

图 7-9 f 在 P 点的导数

梯度(gradient)是张量运算的导数。它是导数这一概念向多元函数导数的推广。假设网络参数 W 的当前值为 W_0，函数 $f(\cdot)$ 在 W_0 的导数 $f'(W)$ 是与 W 形状相同的张量。该导数也称为梯度，其中每一个元素类似于前面的斜率 s，表示改变 W_0 中的某一个值时损失值变化的方向和大小。

因此，在每次迭代中，都会计算损失函数相对于参数的梯度，并沿着这个梯度的反方向更新参数，以减少损失。梯度下降的更新规则如下：

$$W' = W - \alpha \cdot \nabla f(W) \tag{7-14}$$

其中，W 是参数矩阵；α 是学习率(类似于前面提到的参数的微小变化 ε_W，因为梯度只是 W 附近曲率的近似值，不能距离 W 太远)；$\nabla f(W)$ 是损失函数对参数 W 的梯度。

以下是实现梯度下降算法的 Python 代码。

例 7-6：使用 Python 的 NumPy 库实现梯度下降算法

```
1    import numpy as np
2    parameters = np.array([0.5, 0.3, -0.2])
3    gradients = np.array([0.1, -0.2, 0.3])
4    learning_rate = 0.01
5    def gradient_descent(parameters, gradients, learning_rate):
6        parameters -= learning_rate * gradients
7        return parameters
8    updated_parameters = gradient_descent(parameters, gradients, learning_rate)
9    print("Updated parameters:", updated_parameters)
```

输出结果：

```
Updated parameters: [ 0.499   0.302 -0.203]
```

在这段代码中，假设在某一次迭代过程中，已知当前参数值，且已经计算得出损失函数对参数的梯度，设置学习率为 0.01，则定义函数 gradient_descent()，输入当前参数值、计算

好的梯度，以及设置好的学习率。调用梯度下降函数，会返回更新后的参数值。同理，可以使用梯度下降算法来更新神经网络的参数，从而不断优化模型。

2. 随机梯度下降

随机梯度下降（stochastic gradient descent，SGD）是梯度下降的一个变体，它每次只使用一个训练样本来计算梯度和更新参数。这样做的优点是计算速度快，但缺点是更新过程中会有很多噪声。随机梯度下降的更新规则与式（7-14）一致。基本代码实现也与梯度下降相似，只是随机梯度下降过程在实现细节上会包含对样本的随机选择以及频繁的参数更新。

3. 带动量的随机梯度下降

动量（momentum）是一种改进的优化算法，旨在解决梯度下降中的局部最优问题和收敛速度慢的问题。如图 7-10 所示，在某个参数值附近，有一个局部最小点，在这个点附近，参数值向左或向右移动，都会使损失值增大。如果使用学习率较小的 SGD 优化方法，则会陷入局部最小值，无法找到全局最小值。

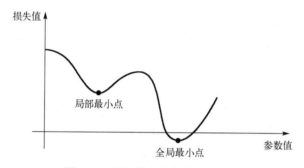

图 7-10　局部最小点和全局最小点

使用动量方法可以避免这样的问题，这一方法的灵感来源于物理学。将优化过程想象成一个小球从损失函数曲线上滚下来，如果小球的动量足够大，那么它就不会卡在某低谷里，而最终会到达全局最小点。动量方法引入一个动量因子来加速参数更新，同时减小参数更新的方差，有助于在参数空间中更快地找到最优解。特别是在面对高曲率、小但一致的梯度或者噪声较多的梯度时，动量会考虑过去的梯度以平滑更新。动量算法的更新规则如下：

$$v' = \beta \cdot v + (1 - \beta) \cdot \nabla f(\boldsymbol{W}) \tag{7-15}$$

$$\boldsymbol{W}' = \boldsymbol{W} - \alpha \cdot v' \tag{7-16}$$

其中，v 是动量（速度）；β 是动量因子；α 是学习率；$\nabla f(\boldsymbol{W})$ 是损失函数对参数 $\boldsymbol{W}$ 的梯度。

以下是实现动量优化算法的 Python 代码。

例 7-7：使用 Python 的 NumPy 库实现带动量的 SGD 算法

```
1    import numpy as np
2    parameters = np.array([0.5，0.3，-0.2])
3    gradients = np.array([0.1，-0.2，0.3])
4    learning_rate = 0.01
5    beta = 0.9
6    velocity = np.zeros_like(parameters)
```

```
7    def momentum(parameters, gradients, velocity, learning_rate, beta):
8        velocity = beta * velocity + (1 - beta) * gradients
9        parameters -= learning_rate * velocity
10       return parameters, velocity
11   updated_parameters, velocity = momentum(parameters, gradients, velocity, learning_rate, beta)
12   print("Updated parameters:", updated_parameters)
```

输出结果：

Updated parameters: [0.4999   0.3002 -0.2003]

4. 均方根传递

均方根传递(root mean square propagation，RMSprop)优化方法是一种自适应学习率的优化算法，旨在减少梯度下降的振荡。其核心思想是对每个参数使用不同的学习率，这些学习率是根据参数的最近梯度大小自适应调整的。具体来说，RMSprop 算法使用平方梯度的指数加权移动平均来调整学习率，从而使得学习率的调整更加平滑。RMSprop 算法的更新规则如下：

$$s' = \beta \cdot s + (1 - \beta) \cdot (\nabla f(W))^2 \tag{7-17}$$

$$W' = W - \frac{\alpha}{\sqrt{s + \varepsilon}} \cdot \nabla f(W) \tag{7-18}$$

其中，s 是梯度平方的移动平均值；β 是移动平均参数；α 是学习率；$\nabla f(W)$ 是损失函数对参数 W 的梯度；ε 是一个很小的常数，此处为 10^{-8}，以避免除零错误。

以下是实现 RMSprop 优化算法的 Python 代码。

例 7-8：使用 Python 的 NumPy 库实现 RMSprop 算法

```
1    import numpy as np
2    parameters = np.array([0.5, 0.3, -0.2])
3    gradients = np.array([0.1, -0.2, 0.3])
4    learning_rate = 0.01
5    beta = 0.9
6    epsilon = 1e-8
7    s = np.zeros_like(parameters)
8    def rmsprop(parameters, gradients, s, learning_rate, beta, epsilon):
9        s = beta * s + (1 - beta) * (gradients ** 2)
10       parameters -= (learning_rate / np.sqrt(s + epsilon)) * gradients
11       return parameters, s
12   updated_parameters, s = rmsprop(parameters, gradients, s, learning_rate, beta, epsilon)
13   print("Updated parameters:", updated_parameters)
```

输出结果：

Updated parameters: [0.46837738   0.33162274 -0.23162276]

5. 自适应矩估计

自适应矩估计(adaptive moment estimation，Adam)是一种结合了动量和 RMSprop 的优化

算法。它计算梯度的一阶矩估计(即梯度的移动平均值)和二阶矩估计(即梯度平方的移动平均值),既保持了过去梯度的指数衰减平均,也保持了过去梯度平方的指数衰减平均,然后使用这些估计值来更新参数。Adam 算法的更新规则如下:

$$m' = \beta_1 \cdot m + (1 - \beta_1) \cdot \nabla f(\boldsymbol{W}) \tag{7-19}$$

$$s' = \beta_2 \cdot s + (1 - \beta_2) \cdot (\nabla f(\boldsymbol{W}))^2 \tag{7-20}$$

$$\hat{m} = \frac{m'}{1 - \beta_1^t} \tag{7-21}$$

$$\hat{s} = \frac{s'}{1 - \beta_2^t} \tag{7-22}$$

$$\boldsymbol{W} = \boldsymbol{W} - \frac{\alpha}{\sqrt{\hat{s} + \varepsilon}} \cdot \hat{m} \tag{7-23}$$

其中,m 是梯度的一阶矩估计;s 是梯度的二阶矩估计;β_1 和 β_2 是移动平均参数;α 是学习率;$\nabla f(\boldsymbol{W})$ 是损失函数对参数 $\boldsymbol{W}$ 的梯度;$\hat{m}$ 和 $\hat{s}$ 是对偏差修正后的一阶和二阶矩估计;t 是当前迭代的次数;ε 是一个很小的数,此处为 10^{-8},以避免除零错误。

以下是实现 Adam 优化算法的 Python 代码。

例 7-9:使用 Python 的 NumPy 库实现 Adam 算法

```
1    import numpy as np
2    parameters = np.array([0.5, 0.3, -0.2])
3    gradients = np.array([0.1, -0.2, 0.3])
4    learning_rate = 0.01
5    beta1 = 0.9
6    beta2 = 0.999
7    epsilon = 1e-8
8    m = np.zeros_like(parameters)
9    s = np.zeros_like(parameters)
10   t = 0
11   def adam(parameters, gradients, m, s, learning_rate, beta1, beta2, epsilon, t):
12       t += 1
13       m = beta1 * m + (1 - beta1) * gradients
14       s = beta2 * s + (1 - beta2) * (gradients ** 2)
15       m_hat = m / (1 - beta1 ** t)
16       s_hat = s / (1 - beta2 ** t)
17       parameters -= (learning_rate / (np.sqrt(s_hat) + epsilon)) * m_hat
18       return parameters, m, s, t
19   updated_parameters, m, s, t = adam(parameters, gradients, m, s, learning_rate, beta1,
     beta2, epsilon, t)
20   print("Updated parameters:", updated_parameters)
```

输出结果:

```
Updated parameters: [ 0.49  0.31 -0.21]
```

7.3.3　前向传播与反向传播

通过 7.2 节的介绍，已知神经网络的训练发生在不断迭代循环的过程中，一般会不断重复以下这些步骤。

(1) 选取训练样本 X 和对应的真实目标 y，它们往往以张量的形式表示。

(2) 将样本 X 输入神经网络，执行前向传播，得到预测值 $\hat{y}$。

(3) 计算神经网络在这个样本数据上的损失，用于衡量 $\hat{y}$ 和 y 之间的距离。

(4) 更新网络参数(所有权重和偏置)，使网络在样本 X 的损失略微下降。

最终得到的网络在训练数据上的损失非常小，即预测值 $\hat{y}$ 和预期目标 y 之间的距离非常小。网络"学会"将输入映射到正确的目标。

下面以图 7-11 所示的单隐藏层浅层神经网络为例，说明前向传播和反向传播算法的主要步骤。

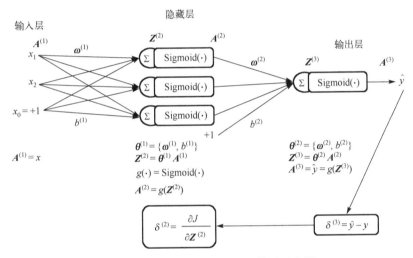

图 7-11　前向传播与反向传播算法示意图

1.　前向传播

前向传播(forward pass)是神经网络中数据流向的过程，如图 7-11 所示，它从输入层开始，通过隐藏层，最终到达输出层。在这个过程中，每一层的神经元接收上一层神经元的输出作为输入，并计算自己的输出。这些输出将作为下一层神经元的输入。前向传播的目的是得到最终的预测结果。

对于每一层，计算过程通常包括以下两个步骤。

(1) 线性组合：将输入数据与权重进行矩阵乘法，加上偏置项。

(2) 激活函数：将线性组合的结果通过一个非线性函数，以引入非线性特征，增强模型的表达能力，如 Sigmoid、ReLU 或 Tanh，使得网络可以学习和表示复杂的函数。

使用数学公式来表达每一层的计算过程为

$$\boldsymbol{h}^l = f(\boldsymbol{W}^l \boldsymbol{h}^{(l-1)} + b^l) \tag{7-24}$$

其中，$\boldsymbol{h}^l$ 表示第 l 层的输出；$\boldsymbol{W}^l$ 是该层的权重矩阵；b^l 是该层的偏置；$f(\cdot)$ 表示激活函数。

前向传播的过程将每层的输出作为下一层的输入，最终得到网络的输出。

以图 7-11 为例，前向传播每一层的计算过程为

$$\boldsymbol{Z}^{(2)} = \boldsymbol{\omega}^{(1)}x + b^{(1)} = \boldsymbol{\theta}^{(1)}\boldsymbol{A}^{(1)}$$
$$\boldsymbol{A}^{(2)} = \text{Sigmoid}(\boldsymbol{Z}^{(2)}) = g(\boldsymbol{Z}^{(2)})$$
$$\boldsymbol{Z}^{(3)} = \boldsymbol{\omega}^{(2)}\boldsymbol{A}^{(2)} + b^{(2)} = \boldsymbol{\theta}^{(2)}\boldsymbol{A}^{(2)} \qquad (7\text{-}25)$$
$$\boldsymbol{A}^{(3)} = \text{Sigmoid}(\boldsymbol{Z}^{(3)}) = g(\boldsymbol{Z}^{(3)}) = \hat{y}$$

以下是一个简单的前向传播的代码示例。

例 7-10：使用 Python 的 NumPy 库计算神经网络前向传播预测输出

```
1    import numpy as np
2
3    # 定义激活函数
4    def sigmoid(x):
5        return 1 / (1 + np.exp(-x))
6
7    # 定义示例模拟数据
8    X = np.array([0.1, 0.2])
9    X = np.insert(X, 0, 1)
10   print('A1=X:', X)
11   # 设定权重和偏置初值
12   W1 = np.array([[0.1, 0.2, 0.3], [0.3, 0.4, 0.5]])
13   b1 = np.array([0.1])
14   Theta1 = np.concatenate((np.tile(b1,3).reshape(1, -1), W1), axis=0)
15
16   W2 = np.array([0.5, 0.6, 0.7])
17   b2 = np.array([0.2])
18   Theta2 = np.insert(W2, 0, b2)
19
20   # 逐层前向计算
21   Z2 = np.dot(X, Theta1)
22   print("Z2:", Z2)
23   A2 = sigmoid(Z2)
24   A2 = np.insert(A2, 0, 1)
25   print("A2:", A2)
26   Z3 = np.dot(A2, Theta2)
27   print("Z3:", Z3)
28   output = sigmoid(Z3)
29   print("神经网络前向传播预测输出:", output)
```

输出结果：

```
A1=X: [1.    0.1 0.2]
Z2: [0.17 0.2    0.23]
A2: [1.              0.54239794 0.549834    0.55724785]
Z3: 1.191172866993651
神经网络前向传播预测输出: 0.7669507649282442
```

2. 反向传播

在神经网络的训练过程中，只要选取合适的损失函数计算，神经网络在某个样本数据上的损失就是比较容易实现的步骤。但是，更新网络参数(即所有权重和偏置)并不简单。考虑网络中某个权重系数，如何知道这个系数应该增大还是减小，以及变化多少呢？

一种简单的解决方案是：保持网络中其他权重不变，只考虑某个标量系数，让其尝试不同的取值。假设这个系数的初始值为 0.3。对某一训练样本做完前向传播后，网络在此样本上的损失是 0.5。如果将这个系数的值增加 0.05，即改为 0.35 并重新运行前向传播，损失会增大到 0.6。但如果将这个系数减小 0.05，即改为 0.25，损失会减小到 0.4。在这个例子中，将这个系数减小 0.05 似乎有助于使损失最小化。对于网络中的所有系数都要重复这一过程。

这种方法是非常低效的，因为对每个系数(系数很多，通常有上千个，有时甚至多达上百万个)都需要计算两次前向传播，计算代价很大。一种更好的方法是：利用网络中所有运算都是可微(differentiable)的这一事实，计算损失相对于网络系数的梯度(gradient)，然后向梯度的反方向改变系数，从而使损失降低。

反向传播算法正是采用上述方法进行神经网络的训练，它根据损失函数计算得到的误差，通过链式法则反向传播误差梯度，并更新网络中的权重和偏置参数，使得网络的预测输出更接近于真实值(标签)。下面以图 7-7 所示的单隐藏层浅层神经网络为例，说明反向传播算法的主要步骤。

输出层的误差是预测值与真实值之间的差异，通常使用损失函数来计算，如均方误差或交叉熵损失。损失函数量化了神经网络预测值与真实值之间的差异。此例选取均方误差作为损失函数：

$$\mathrm{MSE} = \frac{1}{n}\sum_{i=1}^{n}(\hat{y}_i - y_i)^2 \tag{7-26}$$

其中，$\hat{y}_i$ 是模型对第 i 个训练样本的预测值；y_i 是第 i 个训练样本的真实值。对单个样本来说，损失函数为

$$J(\boldsymbol{\theta}) = \frac{1}{2}(\hat{y} - y)^2 \tag{7-27}$$

1) 计算各层误差 $\boldsymbol{\delta}^{(l)}$

定义第 l 层第 j 个神经元误差为

$$\delta_j^{(l)} = \frac{\partial J(\boldsymbol{\theta})}{\partial \boldsymbol{Z}_j^l} \tag{7-28}$$

统一表示第 l 层神经元误差为

$$\boldsymbol{\delta}^{(l)} = \frac{\partial J(\boldsymbol{\theta})}{\partial \boldsymbol{Z}^{(l)}}, \quad \boldsymbol{Z}^{(l)} = \boldsymbol{\theta}^{(l-1)} \boldsymbol{A}^{(l-1)} \tag{7-29}$$

下面来计算各层的误差 $\boldsymbol{\delta}^{(l)}$：

$$\boldsymbol{\delta}^{(3)} = \hat{y} - y = \boldsymbol{A}^{(3)} - y$$

$$\boldsymbol{\delta}^{(2)} = \frac{\partial J}{\partial \boldsymbol{Z}^{(2)}} = \frac{\partial J}{\partial \boldsymbol{A}^{(3)}} \cdot \frac{\partial \boldsymbol{A}^{(3)}}{\partial \boldsymbol{Z}^{(3)}} \cdot \frac{\partial \boldsymbol{Z}^{(3)}}{\partial \boldsymbol{A}^{(2)}} \cdot \frac{\partial \boldsymbol{A}^{(2)}}{\partial \boldsymbol{Z}^{(2)}} = \boldsymbol{\delta}^{(3)} \cdot g'(\boldsymbol{Z}^{(3)}) \cdot \boldsymbol{\theta}^{(2)} \cdot g'(\boldsymbol{Z}^{(2)}) \tag{7-30}$$

2）计算误差矩阵

一旦计算出了误差，就需要知道内部各层的每个神经元对这个误差的影响，进而有针对性地调整模型参数（权重和偏置）。它指示了损失函数在参数空间中增加或减少的方向和速度。这个梯度说明，为了减小误差，调整权重和偏置的方法。在上一步计算得到每一层神经元的误差后，就可以计算每层参数 θ 的梯度，使用误差矩阵Δ 表示：

$$\Delta^{(2)} = \frac{\partial J}{\partial \boldsymbol{\theta}^{(2)}} = \frac{\partial J}{\partial \boldsymbol{Z}^{(3)}} \cdot \frac{\partial \boldsymbol{Z}^{(3)}}{\partial \boldsymbol{\theta}^{(2)}} = \boldsymbol{\delta}^{(3)}(\boldsymbol{A}^{(2)})^{\mathrm{T}}$$

$$\Delta^{(1)} = \frac{\partial J}{\partial \boldsymbol{\theta}^{(1)}} = \frac{\partial J}{\partial \boldsymbol{Z}^{(2)}} \cdot \frac{\partial \boldsymbol{Z}^{(2)}}{\partial \boldsymbol{\theta}^{(1)}} = \boldsymbol{\delta}^{(2)}(\boldsymbol{A}^{(1)})^{\mathrm{T}}$$

(7-31)

3）计算梯度矩阵

对于每一层，使用链式法则计算误差相对于该层权重和偏置的梯度。梯度是损失函数相对于网络中每个参数（权重和偏置）的偏导数，加上正则化项和系数$1/m$，用 $D_{ij}^{(l)}$ 来表示梯度矩阵中的每一个元素：

$$D_{ij}^{(l)} = \begin{cases} \dfrac{1}{m}\Delta_{ij}^{(l)} + \dfrac{\lambda}{m}\theta_{ij}^{(l)}, & j \neq 0 \\ \dfrac{1}{m}\Delta_{ij}^{(l)}, & j = 0 \end{cases}$$

(7-32)

4）更新参数

使用计算得到的梯度，根据学习率更新神经网络每一层的权重和偏置。这个步骤是通过学习率来控制的，学习率是一个超参数，它决定了在梯度指示的方向上更新参数的步长。参数更新通常遵循这样的规则：

$$\boldsymbol{\theta}^{(l)} := \boldsymbol{\theta}^{(l)} + \alpha \boldsymbol{D}^{(l)}$$

(7-33)

其中，α 是学习率。这个过程是迭代进行的，每次迭代都会使损失函数的值降低，从而使网络的性能得到提升。

下面是一个简单的反向传播的代码示例。

例 7-11：使用 Python 的 NumPy 库计算反向传播网络输出

```
1    # 定义 sigmoid 函数的导数
2    def sigmoid_derivative(x):
3        return sigmoid(x) * (1 - sigmoid(x))
4    # 定义实际输出值
5    y = np.array([1])
6    error=output-y
7    # 输出层权重和偏置的梯度
8    delta2 = error
9    Theta2_grad = delta2 * A2
10   # 隐藏层权重和偏置的梯度
11   delta1 = Theta2[1:] * delta2 * sigmoid_derivative(Z2) * sigmoid_derivative(Z3)
12   Theta1_grad = np.outer(delta1, X)
13   # 更新权重和偏置
14   learning_rate = 0.001
```

```
15    Theta2 -= learning_rate * Theta2_grad
16    Theta1 -= learning_rate * Theta1_grad
17    # 打印权重和偏置的变化量
18    print("Theta1 权重梯度:\n", Theta1_grad[:, 1:])
19    print("Theta1 偏置梯度:\n", Theta1_grad[:, 0])
20    print("Theta2 权重梯度:\n", Theta2_grad[1:])
21    print("Theta2 偏置梯度:\n", Theta2_grad[0])
22    # 使用更新后的权重进行前向传播, 查看新输出
23    Z2 = np.dot(X, Theta1)
24    A2 = sigmoid(Z2)
25    A2 = np.insert(A2, 0, 1)
26    Z3 = np.dot(A2, Theta2.T)
27    output = sigmoid(Z3)
28    print("更新后下一次前向传播预测输出:", output)
```

输出结果:

```
Theta1 权重梯度:
 [[−0.00051694 −0.00103388]
 [−0.00061861 −0.00123722]
 [−0.0007194   −0.0014388 ]]
Theta1 偏置梯度:
 [−0.00516938 −0.00618612 −0.00719399]
Theta2 权重梯度:
 [−0.12640543 −0.12813839 −0.12986619]
Theta2 偏置梯度:
 −0.2330492350717558
更新后下一次前向传播预测输出: 0.7670304164923459
```

上述示例代码展示了一个简单神经网络的反向传播过程, 用于计算权重和偏置的梯度。首先计算输出层的预测值与实际值之间的误差, 然后将这个误差与隐藏层输出相乘, 得到输出层的误差梯度。接着, 使用这个梯度来计算输出层权重和偏置的梯度。将输出层的误差通过权重的转置传递到隐藏层, 再与隐藏层的 Sigmoid 激活导数相乘, 计算出隐藏层的误差梯度。最后, 利用这个梯度计算隐藏层权重和偏置的梯度。可以看到, 更新参数后下一次前向传播预测输出数值大于第一预测输出数值(更接近于 1), 说明模型得到了优化。

7.3.4 模型优化避免过拟合

深度神经网络包含多个非线性隐藏层, 这使得它们有强大的表现力, 可以学习输入和输出之间非常复杂的关系。但是在训练数据有限的情况下, 深度神经网络很容易过度学习, 造成过拟合。具体来说, 过拟合是深度学习模型在训练数据上表现很好, 但在未见过的数据上表现不佳的现象。为了防止过拟合, 通常采取以下几种措施。

1. 正则化

正则化是在损失函数中添加一个正则项(如 L1 或 L2 范数), 以惩罚大的权重值, 鼓励模型学习更小、更分散的权重, 从而提高模型的泛化能力。

L1 正则化是指在损失函数中添加权重参数的绝对值之和作为正则化项，如式(7.34)所示；L2 正则化是指在损失函数中添加权重参数的平方和作为正则化项，如式(7-35)所示：

$$\text{Loss} = \text{loss}_{\text{original}} + \lambda \cdot \sum_{i=1}^{n} |w_i| \tag{7-34}$$

$$\text{Loss} = \text{loss}_{\text{original}} + \lambda \cdot \sum_{i=1}^{n} w_i^2 \tag{7-35}$$

其中，$\text{loss}_{\text{original}}$ 是原始的损失函数；w_i 是模型的权重；λ 是正则化参数，控制正则化的强度。

L1 正则化倾向于使得模型的权重稀疏化，即将一些权重参数变为零，从而可以实现特征选择和降维的效果；L2 正则化则倾向于使得模型的权重更加均匀，同时防止权重过大，从而可以提高模型的泛化能力，减小过拟合的风险。

以下是使用 L2 正则化的 Python 代码示例。

例 7-12：使用 Python 的 NumPy 库实现 L2 正则化

```
1    import numpy as np
2    def l2_regularization(parameters, lambda_val):
3        l2_loss = lambda_val * np.sum(parameters ** 2)
4        return l2_loss
5    # 计算原始损失函数(假设为均方误差)
6    def original_loss(predictions, targets):
7        return np.mean((predictions - targets) ** 2)
8    # 定义总损失函数
9    def total_loss(predictions, targets, parameters, lambda_val):
10       return original_loss(predictions, targets) + l2_regularization(parameters, lambda_val)
11   predictions = np.array([0.2, 0.4, 0.6])
12   targets = np.array([0.1, 0.3, 0.5])
13   parameters = np.array([0.5, 0.3, -0.2])
14   lambda_val = 0.01
15   loss_with_regularization = total_loss(predictions, targets, parameters, lambda_val)
16   print("Total loss with L2 regularization:", loss_with_regularization)
```

输出结果：

```
Total loss with L2 regularization: 0.013800000000000002
```

2. Dropout

神经网络越大，训练速度越慢，Dropout 是一种在训练过程中随机"丢弃"神经元的技术。在训练过程中，随机将网络中的一部分神经元(通常是隐藏层)的参数设置为 0，即临时关闭这些神经元，然后在前向传播和反向传播过程中，不对关闭的神经元进行更新。这样可以减少神经元之间的依赖关系，从而使得网络更具鲁棒性，泛化能力更强。

以下是使用 Dropout 的 Python 代码示例。

例 7-13：使用 Python 的 NumPy 库实现 Dropout

```
1    import numpy as np
2    def dropout_layer(inputs, dropout_rate):
3        mask = np.random.rand(*inputs.shape) < (1 - dropout_rate)
4        dropped_inputs = inputs * mask / (1 - dropout_rate)
5        return dropped_inputs
6    hidden_layer_outputs = np.array([0.2, 0.5, 0.8, 0.3, 0.6])
7    dropout_rate = 0.2
8    dropped_outputs = dropout_layer(hidden_layer_outputs, dropout_rate)
9    print("Dropped outputs:", dropped_outputs)
```

输出结果：

Dropped outputs: [0.25　0.625 0.　　 0.375 0.　]

在实际应用中，优化算法和过拟合防止技术的选择取决于具体问题和数据集。通过实验和调整超参数，可以找到最适合特定任务的方法组合。

7.3.5　模型保存与模型部署

模型保存是将经过训练和调优的模型以文件的形式存储起来，以便在之后进行预测、评估或部署。这样做的优点是可以避免重复训练模型，节省时间和计算资源，并确保模型在不同环境中的一致性和可重现性。

在深度学习领域，模型保存通常使用以下几种方法。

（1）保存为 TensorFlow 格式。

TensorFlow 模型可以保存为.pb（Protocol Buffer）格式。这种格式包含模型的结构（即架构）和权重。可以使用 TensorFlow 的 tf.saved_model 和 tf.load_model 接口来保存和加载模型。TensorFlow 模型还可以保存为 TF HDF5 的一种高级格式，该格式可以保存模型的架构、权重、优化器状态等。

（2）保存为 PyTorch 格式。

PyTorch 模型可以保存为.pth 文件，它是 PyTorch 的默认保存格式，灵活支持保存整个模型、模型的权重和优化器状态。可以使用 PyTorch 的 torch.save 函数来保存模型，torch.load 函数来加载模型。PyTorch 模型还可以保存为.pt 文件（TorchScript 格式），这种格式包含了模型的架构和权重。可以使用 PyTorch 的 torch.jit.script 函数来保存模型为该格式。

（3）保存为 ONNX 格式。

ONNX（Open Neural Network Exchange）格式是一个开放格式，可以被多种深度学习框架使用，如 PyTorch、TensorFlow、Caffe2 等，使得模型可以在不同平台之间迁移，简化了在不同框架之间转换模型的复杂性。可以使用 TensorFlow 的 tf.saved_model 或 PyTorch 的 torch.onnx.export 函数来保存模型为 ONNX 格式。

（4）保存为 Keras 格式。

Keras 模型可以保存为.h5 文件。这种格式包含模型的架构、权重和优化器状态。可以使用 Keras 的 model.save 函数来保存模型。

（5）保存为 TensorFlow Lite 格式。

TensorFlow Lite 是一种轻量级的机器学习模型格式，适合资源受限的设备，专门用于移动设备和嵌入式设备，由于优化了模型结构，推理速度更快。可以使用 TensorFlow 的 tf.lite.TFLiteConverter 接口来保存模型为 TFLite 格式。

（6）保存为 CoreML 格式。

CoreML 是苹果公司为 iOS 和 macOS 设备提供的模型格式。可以使用 PyTorch 的 torchvision.io.write_coreml 函数来保存模型为 CoreML 格式。

模型部署是将经过训练的模型集成到生产环境中，以便在实际应用中对新数据进行预测或推断。这通常涉及将模型封装为 API（应用程序编程接口），然后在 Web 服务器或云平台上运行。

以下是一个使用 Flask 框架的简单示例，演示了如何将训练好的模型部署为 API 服务。

例 7-14：模型部署示例

```
1    import numpy as np
2    from flask import Flask，request，jsonify
3    import joblib
4    app = Flask(__name__)
5    # 加载训练好的模型
6    model = joblib.load('model.pkl')
7    @app.route('/predict'，methods=['POST'])
8    def predict():
9        # 接收 POST 请求中的 JSON 格式数据
10       data = request.get_json(force=True)
11       # 使用加载的模型进行预测
12       predictions = model.predict(data['features'])
13       # 将预测结果转换为 JSON 格式并返回
14       return jsonify(predictions.tolist())
15   if __name__ == '__main__':
16       # 启动 Flask 应用，监听端口 5000，并开启调试模式
17       app.run(port=5000，debug=True)
```

上述示例代码创建了一个 Flask 应用，并定义了一个路由'/predict'，它接收 POST 请求，并从请求中获取 JSON 格式的特征数据。然后，应用加载了预先训练好的模型，对接收到的特征数据进行预测，并将预测结果以 JSON 格式返回给客户端。

这个简单的 Flask 应用可以轻松地部署到任何支持 Python 的服务器上，提供对训练好的模型的实时预测服务。

第8章　常见神经网络

本章将详细介绍三种常见的神经网络模型——卷积神经网络、生成对抗网络和Transformer，包括它们的基本原理、结构以及广泛的应用案例。通过这些内容，读者将能更深入地理解神经网络的工作机制，并为未来的研究和应用奠定坚实的基础。

8.1　卷积神经网络

卷积神经网络(CNN)是一种在计算机视觉领域取得巨大成功的深度学习模型。它在图像识别、物体检测和图像分类等任务中表现出色。CNN的架构设计灵感来源于人类的视觉系统，特别是视觉皮层的结构，模拟人类视觉处理的方式，这使得CNN能够有效地处理具有网格结构的数据，如图像。

在CNN出现之前，计算机对于图像的处理一直都是一个很大的问题。一方面，因为图像处理的数据量太大，如一张512×512的灰度图，它的输入参数就已经达到了262144个，那么对于1024×1024×3之类的彩色图，其将导致计算机处理成本十分昂贵且效率极低。另一方面，图像在数字化的过程中很难保证原有的特征，这也导致了图像处理的准确率不高。

而CNN能够很好地解决以上两个问题。对于第一个问题，CNN通过参数共享、局部连接、层次化的特征提取，以及池化操作，有效解决数据量大的问题。对于第二个问题，CNN通过训练自动学习图像的特征表示，使用卷积操作精准捕捉图像中的局部空间特征、多层结构允许学习更复杂的特征表示、大量数据驱动的训练等，极大地提高了图像处理的准确率。总之，卷积神经网络具有局部感知、权值共享、稀疏连接等特性，可以有效地提取图像中的特征信息。本章将详细介绍卷积神经网络的基本原理、结构、卷积层和池化层的作用、损失函数和优化算法的选择，以及卷积神经网络在具体领域的应用案例。

8.1.1　核心概念

第7章介绍的多层感知机是一个全连接的网络，这意味着每个输入节点都与隐藏层中的每个节点相连。因此，权值参数的数量会随着输入特征的数量和隐藏层节点数量的增加而急剧增加。例如，处理1024×1024的图像，如果将其展平为一个一维向量，那么将有1024×1024 = 1048576个输入特征。如果这个向量连接到一个含有1024个节点的隐藏层(这个数量的隐藏层节点很常见)，那么每个隐藏层节点都需要与每个输入特征连接，同时每个隐藏层节点还需要一个偏置参数，所以总共需要额外的1024个偏置参数，则该层权值参数需要1024×1024×1024，即大约10^9个。这表明在处理高维数据时，全连接网络中的参数数量会非常庞大，可想而知，受计算环境所限，这也限制了多层感知机的层数(深度)。

多层感知机在使用梯度下降算法进行训练时，还存在梯度消失或梯度爆炸的问题，这通常是由反向传播过程中的梯度连乘导致的。当网络层数增加时，从输出层反向传播到输入层的梯度值会随着网络深度的增加而逐渐减小(梯度消失)，或者在某些情况下，随着网络深度的增加而急剧增大(梯度爆炸)。这种梯度值的变化会导致网络难以训练，特别是在深层网络中。

卷积神经网络的出现，解决了多层感知机存在的问题，其核心概念有以下三种。

1. 局部感受野

形象地说，局部感受野就是模仿人类的眼睛。人类在看东西时，目光往往聚焦在一个相对小的局部。普通的多层感知机中，隐藏层节点会全连接到一个图像的每个像素点上，而在 CNN 中，每个隐藏层节点只连接到图像某个足够小局部的像素点上，从而大大减少需要训练的权值参数。

感受野(receptive field)是 CNN 中的一个概念，它指的是网络中每个神经元或神经节点能够"看到"或影响的输入数据区域。简单来说，感受野定义了神经网络中某个特定神经元能够从输入图像中感知到的区域范围。举例说明，依旧对于 1024×1024 的图像，如果使用 10×10 的感受野，那么每个神经元只需要 100 个权值参数，因为 10×10 的窗口共有 100 个像素，每个像素对应一个权值。可是，由于需要将输入图像扫描一遍，需要在水平和垂直方向上将 10×10 的窗口各滑动 1024–10+1=1015 次，那么总的神经元数量(即窗口的数量)是 1015×1015 个。参数数目 100×1015×1015 比 1024×1024×1024 减少了一个数量级，不过还是太多。

2. 权值共享

形象地说，权值共享就如同人类视觉皮层中的简单神经细胞，它们对图像中某特定方向的边缘反应强烈，它们的结构、功能是相同的，甚至是可以互相替代的。在 CNN 中，卷积核(convolution kernel)的功能类似于这些简单神经细胞。同一卷积核内，所有的神经元的权值是相同的，从而大大减少需要训练的参数。继续上一个例子，虽然需要 1015×1015 个神经元，但是它们的权值是共享的，所以还是只需要 100 个权值参数，以及 1 个偏置参数。参数量从多层感知机的 10^9 到 CNN 的 100，这大大降低了参数的数量。作为补充，在 CNN 中的每个隐藏层，一般会有多个卷积核。每个卷积核学习不同的特征，如边缘、纹理、形状等。这些卷积核的组合可以学习到从简单到复杂的层次化特征表示。

3. 池化

形象地说，人们看向一幅画，然后闭上眼睛，仍然记得看到了些什么(一些关键细节)，但是却不会完全回忆起刚刚看到的所有细节。同样，在 CNN 中，没有必要一定对原图像做处理，而是可以使用某种"压缩"方法，这就是池化(pooling)的概念。也就是每次将原图像进行卷积操作后，都通过一个下采样的过程，来减小图像的规模。以最大池化(max pooling)为例，1024×1024 的图像经过 10×10 的卷积核卷积后，得到的是 1015×1015 的特征图，然后使用 2×2 的池化规模，即每 4 个点组成的小方块中，取最大的一个作为输出，这有助于保留图像中的关键特征，如边缘和角点。最终特征图的尺寸被减小到 507×507，从而减少计算量，并且通过保留关键特征，有助于网络学习更抽象和有用的特征表示。

8.1.2　架构详解

一个典型的卷积神经网络架构通常包括输入层、卷积层、激活层、池化层、归一化层、全连接层、输出层等关键部分，如图 8-1 所示。

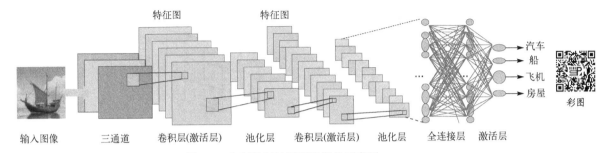

图 8-1　典型卷积神经网络架构示意图

输入层：网络的第一层，用于接收原始图像数据。输入图像通常需要进行预处理，如标准化或归一化。

卷积层 + 激活层：提取图像特征。卷积层使用一系列卷积核（或称为过滤器）来提取图像中的特征。每个卷积核在输入图像上滑动，通过卷积操作提取局部特征。这些卷积核的参数是网络学习的一部分。在卷积操作之后，通常应用一个非线性激活函数，如 ReLU。激活函数引入非线性，使得网络能够学习更复杂的特征。

池化层：进行特征降维，降低计算复杂性。池化层用于减小数据的维度，同时保留重要信息。最常见的是最大池化，它选择每个局部区域内的最大值作为该区域的代表。

重复层次结构：多个卷积层和池化层可以堆叠，重复多次，形成深层的网络结构，每一层都能学习图像的更高级的抽象特征，使网络能够捕捉更复杂的图像特征。

全连接层：在网络的最后几层通常是全连接层，它们将学到的"高级"特征（通常也是高维特征向量）映射到最终的分类或回归输出。在早期的 CNN 架构中，全连接层较多，但现代网络趋向于使用更少的全连接层，甚至完全去除它们，以减少参数数量。

1. 卷积层

卷积层通过卷积操作提取输入图像的特征。卷积操作是指将一个可移动的小窗口（称为数据窗口，如图 8-2 中的蓝色区域）与一组可学习的权重进行逐元素相乘然后相加的操作。这组可学习的权重，可以被看作一组特定的滤波器（filter）或卷积核（kernel）。每个卷积核负责从原始图像中提取特定类型的特征，如某卷积核负责提取边缘，另一卷积核负责提取颜色块等，图 8-2 给出了其中一个卷积操作的示例。在卷积操作中，数据窗口在输入数据矩阵中滑动，每滑动一定距离，将框定的窗口矩阵数据与卷积核逐元素相乘再求和，通常还会加上一个偏置项，这样就得到了一个特征图矩阵的元素，如图 8-2(a)～(d) 所示，其中滑动距离称为步幅（stride），此例中 stride = 1。这个过程在图像的不同区域重复进行，生成特征图（feature map）。值得注意的是，如图 8-2(d) 所示，原本 5×5 的输入数据经过卷积操作之后，生成了 3×3 的特征图。图像特征缩小，同时图像边缘区域的内容被忽略了一部分。也就是说，当处理输入矩阵边缘的数字时，可能面临卷积核无法滑动到边缘导致结果专注于图片中心。针对这种情况，可以在输入矩阵最外层填充（padding）零，称为零填充（zero padding），如图 8-3 所示。

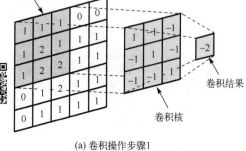

(a) 卷积操作步骤1

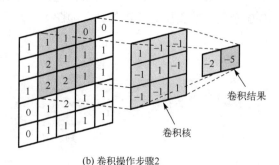

(b) 卷积操作步骤2

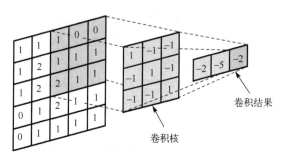

(c) 卷积操作步骤3

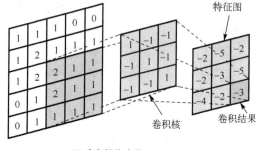

(d) 卷积操作步骤n

图 8-2　卷积操作

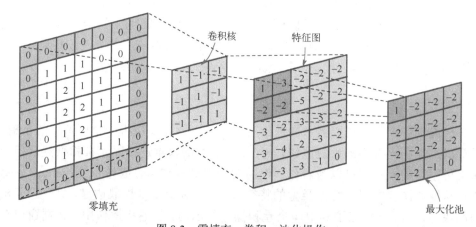

图 8-3　零填充、卷积、池化操作

一般情况下，输入矩阵、卷积核、特征矩阵都是方阵，设输入矩阵大小为 w，卷积核大小为 k，步幅为 s，补零层数为 p，则卷积后产生的特征图大小计算公式为

$$w' = \frac{w+2p-k}{s}+1 \tag{8-1}$$

图 8-2 是采用一个卷积核卷积的过程，为了提取更多的特征，可以采用多个卷积核分别

进行卷积,这样便可以得到多个特征图。有时,对于一张三通道彩色图片,或者如图 8-1 中的卷积层所示,输入的是一组矩阵,这时卷积核也不再是一层的,而要变成相应的深度。

2. 激活层

由前述可知,在 CNN 中,卷积操作只是加权求和的线性操作。若神经网络中只用卷积层,那么无论有多少层,输出都是输入的线性组合,网络的表达能力有限,无法学习到非线性函数。因此,CNN 引入激活函数,激活函数是个非线性函数,常用于卷积层和全连接层输出的每个神经元,给神经元引入非线性因素,使网络的表达能力更强,几乎可以逼近任意函数,这样的神经网络就可应用到众多的非线性模型中。典型的激活函数有 Sigmoid、Tanh、ReLU,详情参考 7.1.2 节。

3. 池化层

在 CNN 中,池化层通常在卷积层或者激活层的后面。池化操作用于减小特征图的空间尺寸,从而减少后续层的参数数量和计算量。它对特征图进行下采样,同时保留重要信息。池化主要有以下三个作用。

(1) 降低卷积层对目标位置的敏感度,即实现局部平移不变性,当输入有一定的平移时,经过池化后输出不会发生改变。CNN 通过引入池化,使得其特征提取不会因为目标位置变化而受到较大的影响。

(2) 降低对空间降采样表示的敏感性。

(3) 能够对其进行降维压缩,以加快运算速度,防止过拟合。

与卷积层类似的是,池化层运算也由一个固定的窗口组成,该窗口也是根据步幅大小在输入的所有区域上滑动,为固定形状的窗口遍历每个位置计算一个输出。最常用的池化操作有两种:最大池化(max pooling)和平均池化(average pooling)。最大池化返回窗口内的最大值,而平均池化返回窗口内的平均值。

以图 8-3 最后一步为例展示最大池化操作,对于尺寸 5×5 的特征图,滑动窗口为尺寸 2×2,步幅为 1,不进行补零操作,最大池化操作输出尺寸 4×4 的张量,每个元素为每个特征图池化窗口中的最大值。

不同于卷积操作中的输入与卷积核之间的互相关计算,池化层不包含参数。池化层的运算符是确定性的,而不是像卷积层那样将各通道的输入在卷积操作后再进行元素级特征融合(element-wise feature fusion),这也意味着池化层的输出通道数和输入通道数目是相同的。池化操作的计算一般形式为:设输入图像尺寸为宽×高×深度($W×H×C$),卷积核的尺寸为 $F×F$,步长为 S,则池化后图像的大小为

$$W = \frac{W-F}{S} + 1$$
$$H = \frac{H-F}{S} + 1 \tag{8-2}$$

4. 全连接层

卷积层、激活层和池化层,这些在全连接层之前的层的作用都是将原始数据映射到隐藏

层特征空间以提取特征,而全连接层的作用就是将学习到的特征表示映射到样本的标记空间。它的主要作用有以下几点。

特征整合：全连接层将卷积层和池化层提取的特征图进行整合。在卷积层和池化层中，网络学习到的特征是局部的，而全连接层能够将这些局部特征组合成全局特征表示。

非线性变换：全连接层通常配合激活函数使用，可以对输入的特征进行非线性变换，增强网络的表达能力。

分类决策：在分类任务中，全连接层起到决策的作用。网络的最后一个全连接层通常输出一个向量，这个向量的维度等于类别的数量。通过 Softmax 激活函数，此向量可以被转换成概率分布，表示输入样本属于各个类别的概率。

降维：在某些网络结构中，全连接层也用于将高维特征映射到低维空间，起到降维的作用。

8.1.3　损失函数和优化算法

CNN 通常用于有监督的学习任务，即训练集有标签。在训练过程中，损失函数和优化算法是两个关键组成部分。常用的损失函数有前面提及的适用于回归问题的均方误差、适用于分类问题的交叉熵损失、铰链损失以及 Softmax 损失。

常用的优化算法包括最基本的梯度下降(GD)算法,它通过计算整个训练集的梯度来更新参数。与梯度下降算法相似的是随机梯度下降(SGD)算法，它在每次更新参数时仅使用一个或一小批样本，从而大幅减少了计算量，加快了速度。

动量算法是梯度下降的一种扩展，它利用历史梯度信息来加速学习过程，并有助于算法跳出局部最小值。Nesterov 加速梯度(Nesterov accelerated gradient，NAG)算法是动量算法的一个改进版本，它在计算梯度时预先考虑了参数的更新位置，这通常能带来更快的收敛速度。

自适应矩估计(Adam)算法结合了动量和自适应学习率，是目前深度学习中非常流行的一种优化方法。它根据参数的历史梯度累积量来调整学习率，特别适用于处理稀疏数据。

自适应梯度(Adagrad)算法通过累积参数的历史梯度平方来调整学习率，这使得它对于稀疏数据非常有效。然而，Adagrad 算法的学习率调整策略可能导致学习率不断减小，从而使得训练过程过早停滞。

为了解决 Adagrad 算法的这一问题，提出根均值平方传播(RMSprop)算法。RMSprop 算法类似于 Adagrad 算法，但它通过引入梯度平方的移动平均来改善学习率的递减问题，从而避免了训练过早停滞的情况。

可以在模型参数优化时配置合适的损失函数和优化器来训练神经网络。

例 8-1：使用 Python 的 Keras 框架实现全连接神经网络

```
1    model.compile(optimizer='adam',
2                  loss='sparse_categorical_crossentropy',
3                  metrics=['accuracy'])
```

这段代码设置了模型的优化器为 Adam，损失函数为稀疏分类交叉熵(适用于标签为整数的情况)，并追踪准确度作为性能指标。这种配置通常能够有效地训练大多数 CNN 模型，并在图像分类任务中达到较高的性能。

8.1.4　应用案例

CNN 在图像识别领域尤其成功，应用包括面部识别、自动驾驶车辆的视觉系统、医学图像分析等。以下是一个简单的使用 TensorFlow 实现的 CNN，用于识别手写数字（MNIST 数据集）。

例 8-2：使用 Python 的 Keras 框架实现卷积神经网络

代码

```
1    import tensorflow as tf
2    # 加载 MNIST 数据集
3    mnist = tf.keras.datasets.mnist
4    (x_train, y_train), (x_test, y_test) = mnist.load_data()
5    x_train, x_test = x_train / 255.0, x_test / 255.0  # 归一化处理
6    # 为图像添加一个通道维度
7    x_train = x_train[..., tf.newaxis]
8    x_test = x_test[..., tf.newaxis]
9    # 构建 CNN 模型
10   model = tf.keras.models.Sequential([
11       tf.keras.layers.Conv2D(32, (3, 3), activation='relu', input_shape=(28, 28, 1)),
12       tf.keras.layers.MaxPooling2D((2, 2)),
13       tf.keras.layers.Conv2D(64, (3, 3), activation='relu'),
14       tf.keras.layers.MaxPooling2D((2, 2)),
15       tf.keras.layers.Flatten(),
16       tf.keras.layers.Dense(64, activation='relu'),
17       tf.keras.layers.Dense(10, activation='softmax')
18   ])
19   # 编译模型
20   model.compile(optimizer='adam',
21                 loss='sparse_categorical_crossentropy',
22                 metrics=['accuracy'])
23   # 训练模型
24   model.fit(x_train, y_train, epochs=10, validation_data=(x_test, y_test))
25   # 评估模型
26   test_loss, test_acc = model.evaluate(x_test, y_test, verbose=2)
27   print(f"Test accuracy: {test_acc}")
28   # 模型摘要
29   model.summary()
```

输出结果：

```
Epoch 1/10
1875/1875 ──────────────────────────────── 41s 19ms/step - accuracy: 0.9046 - loss:
0.3120 - val_accuracy: 0.9828 - val_loss: 0.0539
......
Epoch 10/10
1875/1875 ──────────────────────────────── 30s 16ms/step - accuracy: 0.9982 - loss:
```

0.0049 – val_accuracy: 0.9912 – val_loss: 0.0347

313/313 – 1s – 4ms/step – accuracy: 0.9912 – loss: 0.0347

Test accuracy: 0.9911999702453613

上述代码构建了一个包含两个卷积层和两个池化层的卷积神经网络模型。每个卷积层后都跟随一个最大池化层，用于减少特征维度和增强模型的抽象能力。在两个卷积-池化块之后，使用了一个全连接层来进行分类。最终层是一个具有 10 个输出的全连接层，每个输出对应一个数字类别，并使用 Softmax 激活函数来生成概率分布。

这个模型使用 Adam 优化器和 sparse_categorical_crossentropy 损失函数进行编译。在训练过程中，模型在训练集上进行训练，并在测试集上进行验证，以评估模型在未见过的数据上的表现。

最后，通过打印模型摘要，可以看到模型的各层配置和参数数量。这有助于理解模型的结构和每一层在处理图像数据时的作用。

通过这样的 CNN 模型，可以实现对手写数字的高精度识别，展示了 CNN 在图像处理任务中的强大能力。此外，这种网络架构也可以根据具体的应用需求进行调整和优化，以适应更复杂或不同类型的图像识别任务。

8.2　生成对抗网络

一般而言，深度学习模型可以分为判别式模型与生成式模型。由于反向传播算法的提出，判别式模型得到了迅速发展。而生成式模型建模较为困难，因此发展缓慢，直到最成功的生成模型——生成对抗网络 (GAN) 的发明，这一领域才迅猛发展。

生成任务 (generation task) 在机器学习和人工智能领域指的是那些旨在创建新的数据样本的任务。常见的生成任务类型有文本生成、图像生成、音频生成、视频生成、跨模态生成等。在生成任务的前后内容中，通常会遇到两个主要问题：一是如何生成高质量的数据样本，这些样本在视觉、听觉或功能上与真实数据难以区分；二是如何确保生成模型能够产生多样性的样本，而不是仅仅生成有限的几种模式或者重复相似的样本。

GAN 模型通过框架中的两个模块——生成器 (generator) 和判别器 (discriminator) 的对抗训练来生成高质量的数据。生成器的任务是生成逼真的数据样本，而判别器则负责区分这些样本是真实的还是生成的。通过这种对抗过程，GAN 能够逐步提升生成样本的质量，直到生成器能够欺骗判别器，使其无法准确分辨真假。

在 GAN 出现之前，生成高质量的数据一直是一个难题。传统的方法通常依赖于特定的统计模型或手工设计的特征，这不仅限制了生成模型的表现，还需要大量的专业知识和人工调试。针对生成任务的第一个难题，GAN 的生成器通过从噪声中学习数据的分布生成新样本，而判别器则通过识别真实和生成样本之间的差异来不断提升其判别能力。这个动态博弈的过程使得 GAN 具备了强大的生成能力。这种对抗训练机制有效解决了数据生成质量的问题。对于第二个难题，GAN 通过使用深度学习模型的强大表达能力，通过学习数据分布中的潜在模式，无须显式地定义这些模式，从大量数据中学习复杂的分布，从而提高了生成数据的多样性和真实性。

8.2.1　基本结构

1. 生成器

生成器的目标是创建逼真的数据样本,如图像、音频或文本。生成器接收一个随机噪声向量(潜在空间点)作为输入,通过神经网络将这个噪声向量转换为与真实数据相似的数据样本。具体来说,生成器通过一系列的非线性变换和权重调整,将噪声向量逐步转化为结构化的数据。这些数据样本在外观或特征上尽可能接近真实数据,以便欺骗判别器,使其误以为这些生成的数据是真实的。

举个例子,假设生成器的任务是生成 1024×1024 的图像。生成器首先接收一个随机噪声向量,经过多层神经网络的处理,每一层都对输入数据进行特征提取和变换。最终,生成器输出一个与真实图像尺寸和结构相匹配的图像。这种逐层转换的过程,使得生成器能够学习到如何从简单的噪声中生成复杂而逼真的图像特征。

生成器的设计通常包括多个卷积层和反卷积层,这些层通过学习不同的图像特征,逐步提升生成样本的质量。为了确保生成器输出的数据样本尽可能真实,生成器在训练过程中会不断接收到来自判别器的反馈。这种反馈有助于生成器调整其参数,使其生成的数据样本更难以被判别器区分。

2. 判别器

形象地说,判别器就像一个训练有素的侦探,其任务为辨别输入的数据是来自真实的世界,还是生成器伪造的。在 GAN 中,判别器充当分类模型的角色,它接收每一个样本,并输出一个概率值,这个值表示样本是来自训练集(真实数据)的可能性。判别器的设计类似于多层感知机(MLP)或卷积神经网络(CNN),通过多个层次的特征提取,逐步提升其判别能力。

在具体实现中,判别器接收输入样本,并通过一系列的卷积层和池化层,逐步提取样本的特征。与 CNN 中的感受野类似,每个神经元只关注输入数据的局部区域,提取该区域的特征信息。通过这种方式,判别器能够有效地捕捉样本中的局部模式,提升其识别能力。最终,判别器将这些局部特征整合,生成一个全局特征表示,并通过全连接层输出一个概率值,指示样本的真实性。

举个例子,假设判别器的任务是区分 1024×1024 的图像。判别器首先通过卷积层提取图像的局部特征,每个卷积核只关注图像的一个小窗口,如 10×10 的区域。随着卷积层和池化层的叠加,判别器逐步扩大感受野,整合更多局部特征,形成对整个图像的全局理解。最终,通过全连接层,判别器输出一个概率值,表示该图像为真实数据的可能性。

8.2.2　生成器和判别器的训练

生成对抗网络的训练涉及以下步骤。

1. 对抗训练

在 GAN 的训练过程中,生成器和判别器处于一个持续的对抗状态。生成器的目标是生成越来越逼真的数据,以欺骗判别器,使其误认为这些数据是真实的,而判别器的目标是尽可能准确地区分真实数据和生成数据。这个过程可以比喻为一个猫鼠游戏，生成器试图不断提升其生成数据的质量，使其难以被判别器识破，而判别器则不断提升其鉴别能力，以准确识别出生成数据。

在每个训练步骤中，首先通过固定生成器，训练判别器。判别器接收一批真实数据和生成器生成的假数据，计算其损失并更新权重，以提高其辨别能力。然后，通过固定判别器，训练生成器。生成器生成一批新的数据，通过判别器计算生成数据被误判为真实数据的概率，进而调整自身参数，以生成更逼真的数据。

2. 损失函数

损失函数在 GAN 的训练中起着至关重要的作用，用于衡量生成器和判别器的性能，并指导它们的优化方向。

(1) 生成器损失：生成器的损失通常基于判别器对生成数据的判断结果。常见的生成器损失是对数损失(log loss)，即生成器试图最大化判别器对生成数据判定为真实数据的概率的对数值。具体来说，生成器的目标是最小化以下损失函数：

$$L_G = -\log(D(G(z))) \tag{8-3}$$

其中，D 是判别器；G 是生成器；z 是随机噪声向量。通过最小化这个损失函数，生成器可以逐步生成更逼真的数据，以欺骗判别器。

(2) 判别器损失：判别器的损失由两部分组成，一部分是判别器对真实数据的分类损失，另一部分是对生成数据的分类损失。判别器的目标是最大化其对真实数据判定为真实数据的概率，同时最小化其对生成数据判定为真实数据的概率。具体来说，判别器的损失函数可以表示为

$$L_D = -(\log(D(x)) + \log(1 - D(G(z)))) \tag{8-4}$$

其中，x 是真实数据。通过最小化这个损失，判别器可以提高其对真实数据和生成数据的识别能力。

通过对抗训练和优化损失函数，生成器和判别器在相互博弈中不断提升各自的性能，最终达到一个平衡状态，此时生成器生成的数据样本质量较高，足以欺骗判别器，而判别器也具备较强的辨别能力。这种动态对抗的训练机制，使得 GAN 在生成高质量数据方面表现出色，广泛应用于图像生成、文本生成、音频生成等领域。

8.2.3 模式崩溃

在 GAN 的训练过程中，模式崩溃(mode collapse)是一个常见的问题。当生成器开始生成极少数类型的样本来欺骗判别器时，就会发生模式崩溃。这种情况导致生成样本的多样性大大减小，生成器无法有效覆盖训练数据的整个分布，只能生成有限的几种模式或样本。模式崩溃会显著降低 GAN 的生成质量和实际应用价值。

1. 模式崩溃的原因

模式崩溃通常由以下因素导致。

生成器和判别器之间的竞争失衡：在 GAN 的训练过程中，如果生成器能够找到一

些特定的模式轻易欺骗判别器，那么它可能会过度专注于这些模式，而忽视数据分布中的其他模式。这种不平衡可能导致生成器不断生成相似的样本，即使判别器努力去识别这些模式，生成器也会迅速适应并继续寻找新的欺骗手段，最终导致模型陷入局部最优，出现模式崩溃。

局部最优陷阱：生成器可能会陷入局部最优，这意味着它在训练过程中可能只学会了生成一个或少数几个能有效欺骗判别器的样本模式，而没有充分探索数据分布中的其他潜在模式。这种局部最优状态导致生成器产生的样本缺乏多样性，从而出现模式崩溃，即生成器无法生成训练数据中存在的所有模式。

2. 解决模式崩溃的方法

为了应对模式崩溃，研究人员提出了多种方法，包括引入多样性损失、使用不同的训练架构和使用其他技术。

(1) 引入多样性损失。

引入多样性损失的目的是鼓励生成器生成多样化的样本。例如，为生成器添加一个辅助分类器，用于判断生成样本属于不同的模式，从而鼓励生成器生成多种模式的样本。或者，InfoGAN 在 GAN 的框架中引入了互信息，通过最大化生成样本与潜在变量之间的互信息，确保生成器输出的样本多样化。

(2) 使用不同的训练架构。

尝试使用不同的模型架构，以提高模型的性能。例如，一种改进的 GAN 架构——Wasserstein GAN(WGAN)，通过引入 Wasserstein 距离(也称为地球移动者距离)来衡量生成样本分布与真实数据分布之间的差异。它在损失函数中使用了平滑的 Wasserstein 距离，使得生成器和判别器的训练更加稳定，减小了模式崩溃的发生概率。

还有 WGAN 的一种变体——WGAN-GP(WGAN with gradient penalty)，它在 WGAN 的基础上加入了梯度惩罚项，进一步提升了训练的稳定性。梯度惩罚项通过对判别器的梯度进行约束，防止梯度爆炸或消失，使得生成器和判别器的优化过程更加平滑。

在判别器中运用小批量区分(minibatch discrimination)技术，引入一个额外的分支，专门用于区分来自不同小批量(minibatch)的数据。通过这种方式，判别器被鼓励识别和区分不同的数据模式，从而促使生成器产生更多样化的输出。

(3) 使用其他技术。

多生成器与多判别器(multiple generators and discriminators)架构：通过引入多个生成器和判别器，形成一个更加复杂的对抗系统，能够更好地覆盖训练数据的多种模式，减少模式崩溃的发生。

拉普拉斯金字塔 GAN(Laplacian pyramid GAN)：通过使用分层生成器架构，从粗到细生成图像，逐步提升生成样本的多样性和质量。

实际应用中，不同领域和任务可能需要不同的方法来解决模式崩溃问题。例如，在图像生成领域，使用 WGAN-GP 和小批量区分技术可以显著提升生成样本的多样性和质量；在文本生成领域，引入互信息损失可以有效改善生成文本的多样性；在音频生成领域，多生成器与多判别器架构能够帮助生成多种音频模式。

8.2.4　应用案例

生成对抗网络在图像生成领域表现出色，如生成艺术画作、视频游戏场景或增强现实内容。以下是使用 Keras 实现的简单生成对抗网络模型，用于生成 MNIST 数字图像的示例。

例 8-3：使用 Python 的 Keras 框架实现生成对抗网络

代码

```python
1    from matplotlib import pyplot as plt
2    import numpy as np
3    import tensorflow as tf
4    import os
5    from tensorflow.keras.layers import Input，Dense，Reshape，Flatten，Dropout
6    from tensorflow.keras.models import Sequential
7    from tensorflow.keras.optimizers import Adam
8    from tensorflow.keras.callbacks import EarlyStopping
9    def build_generator():
10       model = Sequential([
11           Dense(256，input_dim=100，activation='relu'),
12           Dense(512，activation='relu'),
13           Dense(1024，activation='relu'),
14           Dense(784，activation='sigmoid'),
15           Reshape((28，28))
16       ])
17       return model
18   def build_discriminator():
19       model = Sequential([
20           Flatten(input_shape=(28，28)),
21           Dense(512，activation='relu'),
22           Dense(256，activation='relu'),
23           Dense(1，activation='sigmoid')
24       ])
25       return model
26   # 设置早停
27   early_stopping = EarlyStopping(monitor='g_loss'，patience=100,
28   restore_best_weights=True)
29   def train(generator，discriminator，epochs，batch_size=128):
30       # 载入数据
31       (X_train，_)，(_，_) = tf.keras.datasets.mnist.load_data()
32       X_train = X_train / 127.5 - 1.0   # 归一化到[-1，1]
33       X_train = np.expand_dims(X_train，axis=3)
34       # 创建 GAN 模型
35       optimizer = Adam(0.0002，0.8)
36       discriminator.compile(loss='binary_crossentropy'，optimizer=optimizer，metrics=['accuracy'])
37       discriminator.trainable = False
38       z = Input(shape=(100,))
39       img = generator(z)
40       validity = discriminator(img)
41       gan = tf.keras.models.Model(z，validity)
```

```
42        gan.compile(loss='binary_crossentropy', optimizer=optimizer)
43        for epoch in range(epochs):
44            # 训练判别器
45            idx = np.random.randint(0, X_train.shape[0], batch_size)
46            imgs = X_train[idx]
47            noise = np.random.normal(0, 1, (batch_size, 100))
48            gen_imgs = generator.predict(noise)
49            # 真实图片标签为 1，生成图片标签为 0
50            valid = np.ones((batch_size, 1))
51            fake = np.zeros((batch_size, 1))
52            # 训练判别器
53            d_loss_real = discriminator.train_on_batch(imgs, valid)
54            d_loss_fake = discriminator.train_on_batch(gen_imgs, fake)
55            d_loss = 0.5 * np.add(d_loss_real, d_loss_fake)
56            # 训练生成器
57            noise = np.random.normal(0, 1, (batch_size, 100))
58            valid_y = np.ones((batch_size, 1))
59            # 训练生成器
60            g_loss = gan.train_on_batch(noise, valid_y)
61            # 打印进度
62            print(f"Epoch: {epoch+1}/{epochs} | D Loss: {d_loss[0]}, D Acc.: {100*d_loss[1]}% | G
Loss: {g_loss}")
63            # 每一定周期保存生成的图片样本
64            if epoch % 100 == 0:
65                save_samples(epoch, generator)
66    def save_samples(epoch, generator, dim=(10, 10), figsize=(10, 10)):
67        images_dir = 'images'
68        if not os.path.exists(images_dir):
69            os.makedirs(images_dir)
70        noise = np.random.normal(0, 1, (dim[0] * dim[1], 100))     # Correct number of images
71        generated_images = generator.predict(noise)
72        generated_images = 0.5 * generated_images + 0.5
73        fig, axs = plt.subplots(dim[0], dim[1], figsize=figsize)
74        idx = 0
75        for i in range(dim[0]):
76            for j in range(dim[1]):
77                axs[i,j].imshow(generated_images[idx], cmap='gray')     # Adjusted indexing
78                axs[i,j].axis('off')
79                idx += 1
80        fig.savefig(f"images/epoch_{epoch}.png")
81        plt.close()
82    if __name__ == "__main__":
83        generator = build_generator()
84        discriminator = build_discriminator()
85        train(generator, discriminator, epochs=1500)
```

输出结果：

Epoch: 1/1000 | D Loss: 0.6943082809448242，D Acc.: 60.15625% | G Loss: [array(0.64472234，dtype=float32)，array(0.64472234，dtype=float32)，array(0.734375，dtype=float32)]

...

Epoch: 1000/1000 | D Loss: 4.245484828948975，D Acc.: 21.049794554710388% | G Loss: [array(4.2465096，dtype=float32)，array(4.2465096，dtype=float32)，array(0.21044531，dtype=float32)]

epoch_0:　　　　　　　　　　　....... epoch_900:

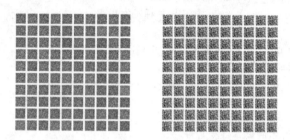

该示例在构建生成器(build_generator 函数)过程中，包含四个 Dense 层，前三个 Dense 层使用 ReLU 激活函数，最后一个 Dense 层使用 Sigmoid 激活函数并将输出形状重塑为 28×28，匹配 MNIST 图像的维度。

输入是一个 100 维的噪声向量，这个向量通过生成器转换成一个 28×28 的图像。

示例在构建判别器(build_discriminator 函数)过程中，包含一个 Flatten 层和三个 Dense 层，其中最后的 Dense 层输出一个概率值(使用 Sigmoid 激活函数)，表示输入图像为真实图像的概率。

训练过程(train 函数)中使用 MNIST 数据集，将数据归一化到−1~1，以匹配生成器的输出。模型使用 Adam 优化器，设置学习率为 0.0002 和 beta1 值为 0.8。此外，使用二进制交叉熵损失，这是训练生成对抗网络时常用的损失函数，适合评估两个概率分布之间的差异。

最后，每 100 个 epoch 保存一次生成的图像，以可视化训练过程中生成器的进步。

运行此代码启动生成对抗网络的训练过程，生成器试图创建越来越逼真的手写数字图像，而判别器则努力区分真实图像和生成图像。训练过程中，可以看到判别器的准确率和两部分的损失变化。随着训练的进行，生成的图像变得越来越清晰，越来越难以与真实的 MNIST 图像区分。

在这个示例中，生成器和判别器交替进行训练。生成器试图生成越来越逼真的图片来欺骗判别器，而判别器则努力区分真实图片和生成图片。这个对抗过程帮助生成器不断改进其生成的图片质量。

8.3　Transformer

Transformer 是一种基于自注意力机制的神经网络模型，它在自然语言处理、机器翻译等领域取得了显著的成果。Transformer 的架构设计摒弃了传统的循环神经网络(RNN)和长短期记忆网络(LSTM)，使用了一种完全基于注意力机制的全新结构。这一创新使得 Transformer 能够并行处理数据，从而大幅度提高训练速度和效率，同时也能够有效地捕捉序列数据中的长距离依赖关系。

　　在 Transformer 出现之前，自然语言处理任务面临着许多挑战。RNN 和 LSTM 虽然在一定程度上解决了序列数据处理的问题，但它们依然存在计算瓶颈和难以捕捉长距离依赖的问题。具体来说，RNN 和 LSTM 的串行计算导致训练时间较长，且在处理长序列时，容易出现梯度消失或梯度爆炸的问题，从而影响模型的性能和稳定性。

　　Transformer 的一些重要组成部分和特点，使其能够很好地解决上述问题。

　　首先，Transformer 通过引入自注意力机制，使得模型能够在全局范围内对序列中的任意两个位置进行建模，从而有效地捕捉长距离依赖关系。自注意力机制通过计算输入序列中每个位置与其他位置的相关性权重，以动态调整每个位置的表示，这种机制不仅提高了模型的表达能力，还解决了 RNN 和 LSTM 中难以捕捉长距离依赖的问题。

　　其次，Transformer 通过并行计算大幅度提高了模型的训练效率。不同于 RNN 和 LSTM 需要逐步处理序列数据，Transformer 可以同时处理输入序列的所有位置，从而大幅度减少训练时间。这种并行计算的能力主要得益于 Transformer 的全连接结构和自注意力机制，使得模型能够在 GPU 等硬件设备上充分利用并行计算资源。

　　此外，Transformer 的多头注意力机制进一步增强了模型的表达能力。多头注意力机制通过将输入序列映射到多个不同的子空间，并在每个子空间中独立计算注意力权重，然后将这些结果拼接起来进行综合处理，从而使得模型能够从不同的角度捕捉序列中的特征信息。这种机制不仅增加了模型的表示能力，还提高了模型对不同特征的敏感度，从而提高了整体的性能。

　　Transformer 的损失函数和优化算法的选择也对模型的性能有着重要影响。常见的损失函数包括交叉熵损失等，而优化算法包括 Adam 等，这些算法在 Transformer 的训练过程中发挥了重要作用，帮助模型更快地收敛并达到更好的效果。

　　总之，Transformer 凭借其自注意力机制、并行计算和多头注意力机制等特性，在自然语言处理和机器翻译等领域取得了巨大的成功。本章将详细介绍 Transformer 的基本原理、结构、自注意力机制和多头注意力机制的作用、损失函数和优化算法的选择，以及 Transformer 在具体领域的应用案例。这将帮助读者更深入地理解 Transformer 模型，并掌握其在实际应用中的操作方法和技巧。

8.3.1　基本架构

　　Transformer 网络结构主要由编码器(encoder)和解码器(decoder)组成，每个部分都包含多个相同的子层(sublayer)。这些子层包括自注意力层(self-attention layer)和前馈神经网络层(feed forward neural network layer)，如图 8-4 所示。

　　1. 输入模块

　　Transformer 模型的输入通常是一个序列数据，如自然语言处理中的句子。输入序列首先通过嵌入层(embedding layer)将每个词或符号转换成一个固定长度的向量表示，即词向量(embedding)，这些向量包含了词的语义信息，可以是任意形式的词向量，如 word2vec、GloVe、one-hot 编码。然后，加入位置编码(positional encoding)，以保持输入序列中元素的顺序信息，因为 Transformer 不使用递归神经网络，所以不具备处理序列顺序的内在能力。Transformer 通过位置编码来解决这个问题，位置编码使用正弦和余弦函数的不同频率来对位置信息进行编码，然后将其加到输入嵌入中。最后，词嵌入向量生成三个新向量 Q、K、V 输入编码器，即查询向量、键向量和值向量(这三个向量是通过词嵌入与三个权重矩阵即 W^Q、W^K、W^V 相乘后创建出来的)。新向量在维度上往往比词嵌入向量更低，如从 512 维降低为 64 维。

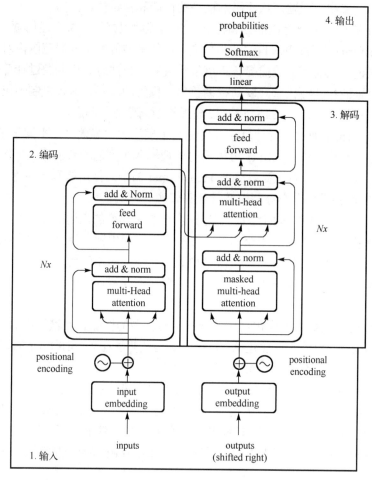

图 8-4　Transformer 网络架构

2. 编码器模块

编码器模块由 Nx 个编码器堆叠而成，图 8-4 中的一个框代表的是一个编码器的内部结构，所有的编码器在结构上是相同的，但是它们之间并没有共享参数。一个编码器由多头自注意力 (multi-head self-attention) 层和前馈全连接网络 (feed forward network) 层构成。每个子层 (自注意力层和前馈网络) 的输出都通过一个归一化层，并加上一个残差连接。这有助于避免在网络深度增加时产生梯度消失问题。

多头自注意力机制允许模型在处理每个单词时考虑到其他所有单词的信息，这有助于捕获词与词之间的关系。多头注意力机制会将这种注意力分割成多个"头"，每个"头"关注输入数据的不同部分。

前馈全连接网络每个位置的输入都通过相同的全连接层，这是在每个编码器层中自注意力层后的第二个子层。

3. 解码器模块

解码器模块和编码器模块一样，也是由 Nx 个解码器堆叠而成的。每个解码器包含两个多头注意力层、一个前馈全连接网络层，每个子层的输出都通过归一化层及残差连接层。第一个掩码多头注意力层(masked multi-head attention)类似于编码器中的多头自注意力，但额外使用了一个掩码(mask)对某些值进行掩盖，使其在参数更新时不产生效果，来防止未来位置的信息在预测阶段被使用。第二个掩码多头注意力层的 K、V 矩阵使用编码器的编码信息矩阵进行计算，而 Q 使用上一个解码器模块的输出计算。这种机制允许解码器关注输入序列的不同部分(即编码器的输出)。前馈全连接网络层和归一化层及残差连接层与编码器内部使用的结构相同。

4. 输出模块

输出模块如图 8-4 中所示，首先经过一次线性变换(线性变换层是一个简单的全连接神经网络，它可以把解码组件产生的向量投射到一个比它大得多的，被称为对数几率的向量中)，然后 Softmax 层会把向量变成概率分布，输出概率最大的对应单词作为预测输出。

8.3.2 算法优化

Transformer 训练时经常采用的一种技术是学习率预热(learning rate warmup)，这意味着学习率会从较低的值逐渐增加到某一固定值，然后再逐渐衰减。这种方法可以帮助模型在训练初期稳定下来，避免早期大幅度的参数更新可能导致的不稳定。学习率预热技术会在预热阶段和衰减阶段遵循以下公式来调整学习率。

在初始的预热(t_{warmup})步骤中，学习率从 0 线性增加到预设的最大学习率 $\lambda_{\max}$。

$$\lambda = \lambda_{\max} \frac{t}{t_{\text{warmup}}} \tag{8-5}$$

其中，t 是当前步骤；t_{warmup} 是预热结束的步骤。

预热阶段之后，学习率根据特定的衰减函数逐渐减小。一个常见的选择是逆平方根衰减，如：

$$\lambda = \lambda_{\max} \frac{1}{\sqrt{t}} \tag{8-6}$$

或者，根据特定任务和模型的需求，可以选择其他衰减策略，例如，指数衰减(exponential decay)策略为

$$\lambda = \lambda_{\max} \exp(-k \cdot t) \tag{8-7}$$

其中，k 是衰减速率的超参数。又如，余弦衰减(cosine decay)策略为

$$\lambda = \frac{\lambda_{\max}}{2}[1 + \cos(\pi t T)] \tag{8-8}$$

其中，T 是一个周期。再如，分段常数衰减(piecewise constant decay)策略在预设的步数间隔内保持学习率不变，达到指定步数后再降低学习率。

总之，选择合适的学习率衰减策略能够有效提高模型的训练效果，避免出现过拟合或欠拟合现象，最终提升模型在测试集上的表现

以下是在 TensorFlow/Keras 中实现自定义的学习率预热和衰减策略的示例代码。

例 8-4：使用 Python 的 Keras 框架实现学习率预热

```
1    import tensorflow as tf
2    Class CustomLearningRateScheduler (tf.keras.optimizers.schedules.LearningRateSchedule) :
3        def __init__ (self, warmup_steps, max_lr, decay_fn=None) :
4            super (CustomLearningRateScheduler, self) . __init__ ()
5            self.warmup_steps = warmup_steps
6            self.max_lr = max_lr
7            self.decay_fn = decay_fn
8        def __call__ (self, step) :
9            warmup_lr = self.max_lr * (step / self.warmup_steps)
10           if step < self.warmup_steps:
11               return warmup_lr
12           else:
13               return self.decay_fn (step, self.max_lr)
14   def decay_fn (step, max_lr) :
15       return max_lr * tf.math.rsqrt (step)
16   # 设置训练参数
17   warmup_steps = 1000
18   max_lr = 0.001
19   # 创建学习率调度器
20   lr_schedule = CustomLearningRateScheduler (warmup_steps=warmup_steps , max_lr=max_lr ,
decay_fn=decay_fn)
21   # 配置优化器
22   optimizer = tf.keras.optimizers.Adam (learning_rate=lr_schedule)
23   # 创建和编译模型
24   model = tf.keras.models.Sequential ([...])
25   model.compile (optimizer=optimizer, loss='sparse_categorical_crossentropy',metrics=['accuracy'])
26   # 训练模型
27   model.fit (x_train, y_train, epochs=10)
```

在上述示例代码中，CustomLearningRateScheduler 类根据是否处于预热阶段来调整学习率，预热期结束后，学习率通过传入的 decay_fn 函数进行调整，这里使用了逆平方根衰减函数。这种方法使得学习率调整更加灵活，可以根据具体的训练需求进行定制。

8.3.3　应用案例

Transformer 的架构使其在处理各种序列转换任务（如文本翻译、文本摘要和问答系统）中都能表现出色，它的变体和相关技术（如 BERT、GPT 系列）已经成为自然语言处理领域的基础模型。以下是使用 Python 和 TensorFlow 的 Transformers 库实现的简单 Transformer 模型，用于机器翻译任务。

例 8-5：使用 Python 的 Keras 框架实现 Transformer

```
1    import tensorflow as tf
```

```
2    import tensorflow as tf
3    from transformers import TFAutoModelForSeq2SeqLM，AutoTokenizer
4    # 加载预训练模型和分词器
5    model_name = "t5-small"
6    tokenizer = AutoTokenizer.from_pretrained(model_name)
7    model = TFAutoModelForSeq2SeqLM.from_pretrained(model_name)
8    # 示例文本
9    text = "Translate English text to French."
10   # 文本预处理
11   inputs = tokenizer.encode("translate English to French: " + text，return_tensors="tf")
12   # 模型预测
13   output_sequences = model.generate(
14       input_ids=inputs,
15       max_length=40,
16       temperature=1.0,
17       do_sample=False
18   )
19   # 结果后处理
20   translated_text = tokenizer.decode(output_sequences[0],skip_special_tokens=True)
21   print(translated_text)
```

输出结果：

Tradaire le texte anglais

上述示例代码使用了预训练的 T5 模型来执行文本翻译任务。T5 是一种基于 Transformer 的模型，经过广泛的预训练，能够处理多种语言处理任务。通过适当的提示(prompting)，可以使模型执行特定的任务，如从英语翻译到法语。这显示了 Transformer 模型在实际应用中的强大灵活性和效率。

第9章 深度学习最新发展

前几章已经深入探讨了机器学习和深度学习的基础知识、常见算法以及应用实例。本章将聚焦于深度学习领域的最新发展，展示近年来在这一领域内取得的重大突破和新兴技术。随着计算能力的提升和大数据的普及，深度学习技术不断演进，催生了许多新的研究方向和应用场景。从图像识别到自然语言处理，深度学习的应用无处不在。然而，随着研究的不断深入，传统的深度学习方法也面临着新的挑战和机遇。本章将重点介绍深度学习领域中的几项最新发展，包括迁移学习、强化学习、模型蒸馏以及大语言模型。

9.1 迁 移 学 习

迁移学习(transfer learning)是一种通过将已经在一个任务上训练好的模型知识应用到另一个相关任务上的机器学习方法。在传统的机器学习和深度学习中，模型通常需要从头开始进行训练，这不仅需要大量的标注数据，还需要消耗大量的计算资源。迁移学习通过利用已有的模型知识，可以显著减少训练时间和所需数据量，同时提高模型的性能。迁移学习的核心思想是知识的迁移，即通过在源任务中学习到的知识来提升目标任务的学习效果。

在深度学习领域，迁移学习尤其重要，因为深度学习模型的训练通常需要大规模的数据和计算资源。然而，在一些特定领域，如生物信息学和机器人学，数据采集和标注成本高昂，构建大规模、高质量的标注数据集非常困难。这限制了这些领域的发展，而迁移学习正是解决这一问题的有效工具。通过放宽训练数据和测试数据必须独立同分布的假设，迁移学习可以将知识从源域迁移到目标域，从而显著降低对目标域训练数据和训练时间的需求。

9.1.1 常见迁移学习方法

迁移学习的方法主要分为特征迁移和参数迁移两大类。

1. 特征迁移

特征迁移(feature transfer)是一种通过迁移源任务模型的特征表示来解决目标任务的方法。具体来说，源任务的模型经过训练后，提取出的特征可以被视为对数据的高级表示。这些特征可以直接用于目标任务中，或在其基础上进行微调。特征迁移的常见方法包括以下几种。

(1)冻结特征层：将源任务模型的部分层(通常是前几层)冻结，仅训练后续层。这样可以保持源任务模型中学到的特征表示，同时针对目标任务进行适当的调整。这种方法特别适用于目标任务数据量较少的情况，因为前几层提取的特征往往具有较强的通用性。例如，在计算机视觉任务中，卷积神经网络(CNN)前几层提取的边缘和纹理特征可以用于多种图像识别任务。

(2)特征重用：直接将源任务模型提取的特征用于目标任务，如通过降维技术或特征选择方法进行处理后，再输入到目标任务模型中。这种方法可以避免重新训练模型的大部分工作，尤其在数据资源有限的情况下更为有效。例如，在自然语言处理任务中，预训练的 BERT 模型可以提取出丰富的语言特征，这些特征可以直接用于下游任务，如文本分类或情感分析。

(3)特征表示的迁移学习框架：如特征迁移网络(feature transfer network，FTN)和自适应特征归一化(adaptive feature normalization，AFN)等，这些框架通过设计特定的网络结构或损失函数，以确保在迁移过程中保留有用特征并适应新的任务。

2. 参数迁移

参数迁移(parameter transfer)是一种通过迁移源任务模型的参数来解决目标任务的方法。具体来说，源任务模型训练后，其参数(如神经网络的权重和偏置)包含了大量关于数据分布和特征的知识。通过将这些参数迁移到目标任务模型，可以显著减少训练时间和数据需求。参数迁移的常见方法包括以下几种。

(1)微调(fine-tuning)：将源任务模型的参数作为初始值，然后在目标任务的数据上继续训练，以适应新的任务。微调通常只对模型的部分参数进行调整，而不是从头开始训练整个模型。微调可以在较短时间内适应新任务，同时保留源任务中的知识。例如，在医学影像分析中，使用在自然图像数据集上预训练的 CNN 模型进行微调，可以快速适应医学影像的特定特征。

(2)权重初始化：使用源任务模型的参数作为目标任务模型的初始参数，这样可以加快模型收敛速度，提高最终性能。与微调不同，权重初始化方法通常在新的任务上进行完全训练，但初始权重的选择可以显著影响训练的效率和效果。例如，在语音识别任务中，使用在大型语音数据集上预训练的模型参数作为初始值，可以显著提升在新语音数据上的训练效果。

(3)参数正则化：通过引入正则化项，在迁移过程中约束目标任务模型的参数变化，使其尽量保留源任务中的知识。这种方法通过在损失函数中增加正则化项，控制参数的更新幅度，从而实现知识迁移。典型的正则化方法包括 L2 正则化和弹性网络正则化(elastic net regularization)。

9.1.2　迁移学习的应用

迁移学习已经在许多领域证明了其有效性，特别是在数据不足或计算资源有限的场景中。在医疗影像分析中，标注数据的获取往往成本高昂且耗时长，尤其是需要专业医生进行精确标注。迁移学习可以通过使用预先训练的模型并在目标任务上进行微调来解决这一问题。

实施步骤如下。

选择源任务和模型：选择一个在类似图像数据集(如 ImageNet)上预训练的深度学习模型。由于 ImageNet 涵盖广泛的视觉对象，预训练模型能够提取有效的特征表示。

数据预处理：将医疗图像数据调整到与预训练模型兼容的格式和尺寸。

模型微调：在医疗图像数据集上进行模型微调。通常，这包括冻结预训练模型的部分层，仅训练顶层和全连接层。

下面是一个使用 Python 和 TensorFlow 库实现的迁移学习微调的简单示例。

例 9-1：使用 Python 的 TensorFlow 库实现迁移学习

```
1    import tensorflow as tf
2    from tensorflow.keras.applications import VGG16
3    from tensorflow.keras.layers import GlobalAveragePooling2D，Dense
4    from tensorflow.keras.models import Model
5    # 加载预训练的 VGG16 模型，不包括顶层
6    base_model = VGG16(weights='imagenet'，include_top=False，input_shape=(224，224，3))
7    # 冻结基模型的层
8    for layer in base_model.layers:
9        layer.trainable = False
10   # 添加自定义层
11   x = GlobalAveragePooling2D() (base_model.output)
12   x = Dense(1024，activation='relu') (x)
13   predictions = Dense(1，activation='sigmoid') (x)
14   # 构建并编译整个模型
15   model = Model(inputs=base_model.input，outputs=predictions)
16   model.compile(optimizer='adam'，loss='binary_crossentropy',metrics=['accuracy'])
17   # 模型训练
18   model.fit(train_images，train_labels，epochs=10，validation_data=(val_images，val_labels))
```

代码第 2 行，导入 VGG16 模型，这是一个预训练的深度学习模型，通常用于图像分类任务。

代码第 3 行，导入所需的层类型：GlobalAveragePooling2D 和 Dense，这些将用于构建新的模型层。

代码第 6 行，加载 VGG16 模型作为"基模型"，不包括其顶层（最后的分类层）。weights='imagenet'表示加载在 ImageNet 数据集上预训练的权重。include_top=False 意味着不加载网络的顶部层（即分类层），因为将要为新任务添加自定义的顶层。input_shape=(224, 224, 3)指定了输入图像的尺寸，这是 VGG16 网络要求的标准输入尺寸。

代码第 8、9 行，遍历基模型的所有层，并将它们设置为不可训练（冻结层）。这样做是为了保留预训练的特征，并只在顶层上训练新的特征。

代码第 11~13 行，向模型添加新的层。第 11 行添加了一个全局平均池化层，它将每个特征图的空间维度（高度和宽度）简化为一个单一的平均值，减少参数并减轻过拟合。第 12 行添加了一个具有 1024 个单元和 ReLU 激活函数的全连接层（Dense 层）。第 13 行添加了一个输出层，用于二分类任务，只有一个神经元，并使用 Sigmoid 激活函数输出预测的概率。

代码第 15、16 行，创建一个新的模型，该模型的输入是原始 VGG16 模型的输入，输出是新添加的顶层。然后，使用 Adam 优化器、二元交叉熵损失函数和准确率指标编译模型，这些都是二分类任务常用的设置。

代码第 18 行，用于训练模型。model.fit() 函数运行 10 个训练周期（epochs），并在给定的训练数据和验证数据上进行训练和验证。这里，训练图像和标签用于模型学习，验证数据用于检测模型在未见数据上的表现。

9.1.3 迁移学习未来展望

迁移学习在加速模型训练、提高模型性能以及在数据受限的情况下有效应用模型方面，显示出巨大的潜力。

1. 跨领域迁移学习

随着机器学习应用不断扩展到各种不同的领域，跨领域迁移学习的需求也在增加。这涉及将在一个领域(如图像识别)训练好的模型知识迁移到完全不同领域(如声音处理或自然语言处理)的能力。未来的研究可能会更加关注如何减小源任务和目标任务之间的差异性，提高迁移效率。例如，通过开发更通用的特征表示或设计更加灵活的模型架构，使得迁移学习能够在不同领域之间无缝应用。此外，跨领域迁移学习还需要考虑领域特定的挑战，如数据的多样性和异构性。

2. 无监督和半监督迁移学习

大部分迁移学习研究侧重于监督学习设置，但无监督和半监督迁移学习同样重要，尤其是在标签数据稀缺或获取成本高昂的情况下。研究者们正在探索如何利用未标记数据在保持模型性能的同时减少对标签数据的依赖。例如，通过自监督学习方法，模型可以在没有标签的情况下进行预训练，从而获得有用的特征表示。半监督学习方法则尝试结合少量标签数据和大量未标记数据，提升模型的学习效果。未来的研究可能会开发更高效的无监督和半监督迁移学习算法，以应对实际应用中的数据稀缺问题。

3. 自动化迁移学习

自动化机器学习(AutoML)旨在简化模型的部署和维护过程。将迁移学习与 AutoML 结合，开发系统可以自动决定如何选择源模型、调整模型架构和调优参数，这将大幅降低机器学习的门槛，使非专家用户也能利用先进的机器学习模型。例如，谷歌公司的 AutoML 已经展示了在图像分类和自然语言处理任务中的成功应用。未来的发展可能会包括更加智能和自适应的 AutoML 系统，能够自动识别任务特征并选择最适合的迁移学习策略，从而进一步提升模型性能和应用效率。

4. 多任务迁移学习

多任务学习旨在同时解决多个相关任务，而迁移学习的技术可以用于共享知识，提高所有任务的学习效率和性能。研究如何有效地在多任务设置中共享和转移知识，将是迁移学习领域的一个重要发展方向。例如，通过设计共享的网络结构或多任务损失函数，可以在多个任务之间传递有用的信息，从而提升整体性能。此外，多任务迁移学习还需要解决任务之间可能存在的冲突和干扰问题，确保知识的有效共享和利用。

5. 迁移学习的可解释性和公平性

随着模型应用的增加，模型的可解释性和公平性变得尤为重要。迁移学习的研究将需要解决源任务和目标任务之间可能存在的偏见和不公平问题，确保模型迁移不仅有效，而且公正和透明。例如，通过开发可解释的迁移学习方法，可以帮助用户理解模型的决策过程和迁移策略，从而增加模型的可信度和可用性。此外，研究如何检测和消除迁移过程中的偏见，以及在不同人群和应用场景中确保公平性，也是未来的重要课题。

6. 端到端的迁移学习框架

发展能够从数据预处理到模型部署全流程处理的迁移学习框架，使得迁移学习更易于使用，并能在不同的硬件和软件平台上高效运行。例如，通过集成数据清洗、特征工程、模型选择、训练和评估等步骤，可以大大简化迁移学习的应用流程。此外，端到端框架还需要考虑实际应用中的资源限制，如计算能力和存储空间，确保迁移学习方法在各种环境中都能高效运行。未来的发展可能会包括更加模块化和可扩展的迁移学习框架，以适应不同的应用需求和技术进步。

通过这些方向的研究和应用，迁移学习将能够在更广泛的领域内发挥其潜力，从而推动机器学习技术的进一步发展和普及。在自动驾驶、语音识别、医疗诊断等领域，迁移学习已成为不可或缺的技术手段，未来的进展将进一步扩大其影响力和应用范围。

9.2　强　化　学　习

强化学习(reinforcement learning, RL)是一种通过与环境的交互来学习最佳决策策略的机器学习方法，它涉及智能体(agent)学习如何在环境中采取行动以最大化一定的累积奖励。不同于监督学习，强化学习不依赖于预先标注的数据集，而是通过探索(exploration)和利用(exploitation)来学习最佳策略。近年来，强化学习在游戏 AI、机器人控制和自动驾驶等领域取得了显著成果。

9.2.1　强化学习核心要素

强化学习是一种机器学习的方法，旨在通过与环境的交互来学习如何在不同情境下做出决策，从而最大化累计奖励。与其他三种主要的机器学习方式(监督学习、无监督学习和半监督学习)不同，强化学习需要环境提供反馈和具体的奖励值。

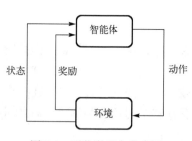

图 9-1　强化学习专业术语

为了明确说明强化学习的原理，先介绍强化学习的几个专业术语(图 9-1)。智能体，负责执行动作和学习策略的主体；环境(environment)，智能体与之交互的外部系统，提供状态和奖励；状态(state)，环境在某一时刻的具体情况，智能体通过状态感知环境；动作(action)，智能体在某一状态下可以采取的操作；奖励(reward)，环境在智能体采取某一动作后提供的反馈，用于评估该动作的好坏。

在强化学习中，学习主体(即智能体)通过在环境中执行动作获得反馈。这个反馈不是简单的分类任务，而是与每个动作的效果直接相关。例如，在 AlphaGo 下围棋的场景中，AlphaGo 作为智能体，每走一步棋都能从环境(棋局)中获得反馈，这个反馈量化了当前棋步的好坏。强化学习的目标是使智能体通过不断尝试和学习，逐渐优化其行为策略，指导智能体选择最佳的行动序列，以在特定任务中实现最优结果或最大化收益。例如，在 AlphaGo 的训练中，目标是让其在围棋比赛中通过策略优化不断赢得比赛。

强化学习系统包含四个基本要素：策略、奖励、价值和环境，其中环境也称为模型。

策略定义了智能体的行为，决定了智能体在特定状态下的动作，是状态到行为的映射。策略可以是具体的映射关系，也可以是基于概率分布的随机选择。

奖励是一个标量反馈信号，反映了智能体在某一步的表现如何，即量化了智能体行为的表现。奖励信号定义了强化学习的目标，即最大化累计奖励。

价值或价值函数预测未来的累计奖励，是对长期收益的衡量，与即时奖励不同，价值函数评估当前状态或行为的长期收益。价值函数在强化学习中非常重要，因为它帮助智能体从长远角度评判行为的收益。

环境或模型是对环境的模拟，通过给定状态和行为，模型可以预测下一个状态和对应的奖励。强化学习方法可以基于模型(model-based)或不基于模型(model-free)。不基于模型的方法主要通过策略和价值函数的学习来进行决策。

9.2.2 强化学习的架构

用这样一幅图来理解强化学习的整体架构，如图 9-2 所示。大脑指代智能体，地球指代环境。从当前的状态 S_t^a 出发，在做出一个动作(决策) A_t 之后，对环境产生了一些影响。环境首先给智能体反馈了一个奖励信号 R_t，接下来智能体可以从中发现一些信息，此处用 O_t 表示，进而进入一个新的状态 S_{t+1}^a，再做出新的行为，形成一个循环。强化学习的基本流程就是遵循这样一个架构。

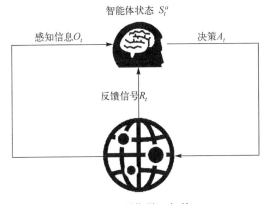

图 9-2 强化学习架构

9.2.3 马尔可夫决策过程

马尔可夫决策过程(Markov decision process，MDP)是强化学习中的一个核心概念。MDP为强化学习提供了一个数学框架，用于描述智能体在连续的环境中做出决策以最大化累积奖励的过程。

1. 马尔可夫假设

20世纪初，俄罗斯数学家安德烈·马尔可夫(Andrey Markov)研究了没有记忆的随机过程，称为马尔可夫链。马尔可夫假设(Markov assumption)是马尔可夫过程理论中的一个基本假设，它指的是一个系统在下一个状态的分布仅依赖于当前状态，而与过去的状态无关。这个假设简化了状态空间模型，使得问题可以通过递归的方式进行求解。

马尔可夫假设的数学表述是：对于一个随机过程 $X = \{X_t\}, t > 0$，如果对于任意正整数 n，任意状态序列 $x_0, x_1, \cdots, x_n$，以及任意的 i, j，都有

$$P(X_{t+1} = x_{i+1} \mid X_t = x_i, X_{t-1} = x_{i-1}, \cdots, X_0 = x_0) = P(X_{t+1} = x_{i+1} \mid X_t = x_i) \tag{9-1}$$

这意味着系统的未来状态只依赖于当前状态，而与之前的状态序列无关。这个假设在很多实际问题中是合理的，如金融市场的股票价格、交通流量等，它们都符合马尔可夫假设。

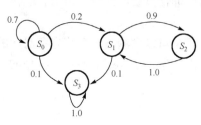

图 9-3　马尔可夫链示例

图 9-3 展示了一个具有四个状态的马尔可夫链的示例。假设该过程从状态 S_0 开始，并且在下一步骤中有 70% 的概率保持在该状态不变。最终，它必然离开此状态，并且永远不会回来，因为没有其他状态回到 S_0。如果它进入状态 S_1，那么它很可能会进入状态 S_2（90%的概率），然后立即回到状态 S_1（100%的概率）。它可以在这两个状态之间交替多次，但最终会落在状态 S_3 并永远留在那里（这是一个终端状态）。

2. 马尔可夫决策过程核心元素

马尔可夫决策过程为强化学习提供了坚实的数学基础。它描述了一个环境框架，其中智能体在给定状态下执行动作，并根据动作导致的状态转移获得奖励。马尔可夫决策过程特别适用于决策结果受当前状态和行动影响的随机情况，其由以下四个核心元素组成。

状态：表示系统可能处于的各种状态的集合。

动作：在给定状态下可执行的动作集合。

奖励函数：$R(s' \mid s, a)$，表示在状态 s 执行动作 a 后转移到状态 s' 时获得的即时奖励。

状态转移概率（state transition probability）：$P(s' \mid s, a)$，表示在状态 s 执行动作 a 后转移到状态 s' 的概率。

马尔可夫决策过程的目标是找到一个策略，该策略对于每个状态 s 指定一个动作 a，以最大化预期的累积奖励。通常，我们希望最大化的是预期折扣回报：

$$G_t = \sum_{k=0}^{\infty} \gamma^k R_{t+k+1} \tag{9-2}$$

其中，γ 是折扣因子，它取值为 0～1，表示未来奖励的当前价值。

9.2.4　常见强化学习算法

强化学习领域包含了多种不同的算法，既有基于模型的方法，也有无模型的方法。下面就两类方法具体介绍。

1. 值迭代

值迭代（value iteration）是动态规划（dynamic programming，DP）中的一种方法，用于解决马尔可夫决策过程中的最优策略问题。值迭代的核心思想是迭代地更新每个状态的价值函数，逼近最优值函数，从而确定每个状态的最佳动作，直到找到一个满足终止条件的策略。值迭代需要知道转移概率和奖励函数，通常用于理论分析和模型已知的情况。更新规则如下：

$$V_{k+1}(s) = \max_a \sum_{s'} P(s'|s,a)[R(s,a,s') + \gamma V_k(s')] \qquad (9\text{-}3)$$

其中，$V_k(s)$ 是在第 k 次迭代时状态 s 的值；$\max\limits_a$ 表示对所有可能的动作 a 求最大值。

迭代过程直到值函数的变化小于某个预设的阈值 ε（如 $\varepsilon = 0.01$），此时认为值函数已经收敛。值迭代最终得到的 $V(s)$ 函数提供了在状态 s 下执行最优策略所能获得的最大预期回报。

一旦值函数收敛，则可以通过以下方式导出最优策略：

$$\pi^*(s) = \arg\max_a \sum_{s'} P(s'|s,a)[R(s,a,s') + \gamma V(s')] \qquad (9\text{-}4)$$

其中，$\pi^*(s)$ 表示在状态 s 下应选择的最优动作，即该动作能够产生最大的 $V(s)$。

值迭代算法是一个强大的工具，它不需要任何关于环境的先验知识，只需要知道状态和动作的奖励及其概率。这使得它在各种决策制定任务中都作用显著，特别是在环境模型未知或难以建模的情况下。下面是一个 Python 示例。

例 9-2：使用 Python 的 NumPy 库实现值迭代

```
1    import numpy as np
2    def value_iteration(states, actions, transition_probabilities, rewards, gamma=0.99,
threshold=0.01):
3        V = np.zeros(len(states))    # 初始化状态值函数为 0
4        while True:
5            delta = 0
6            for s in range(len(states)):
7                v = V[s]
8                V[s] = max([sum([transition_probabilities[s][a][s_prime] * (rewards[s][a][s_prime] +
gamma * V[s_prime])
9                            for s_prime in range(len(states))]) for a in
range(len(actions[s]))])
10               delta = max(delta, abs(v - V[s]))
11           if delta < threshold:
12               Break
13       policy = np.zeros(len(states), dtype=int)
14       for s in range(len(states)):
15           policy[s] = np.argmax([sum([transition_probabilities[s][a][s_prime] * (rewards[s][a][s_prime] +
gamma * V[s_prime])
16                       for s_prime in range(len(states))]) for a in range(len(actions[s]))])
17       return policy, V
```

代码第 2 行，初始化状态值函数 V 为零。这一步为每个状态设置了初始的估计值，这些值在随后的迭代中会被更新。

代码第 4 行，开始一个无限循环，用于反复更新状态值，直到值函数变化非常小（小于设定的阈值 threshold）时停止。

代码第 6～12 行，对每个状态 s 执行以下操作：

代码第 7 行，保存当前状态 s 的值函数到变量 v；

代码第 8、9 行，计算并更新状态 s 的值函数，这通过遍历每个可能的动作 a，计算执行该动作后的所有可能结果的加权总和(即期望奖励)，然后选择使这个总和最大化的动作来完成，这里使用了嵌套列表推导来计算每个动作的期望回报，并取这些回报的最大值来更新状态值 V[s]；

代码第 10 行，计算并更新本轮迭代中所有状态值更新的最大变化量 delta，这是通过计算当前状态值 V[s]和旧值 v 之间的差的绝对值，并与当前的 delta 取较大者实现的；

代码第 11、12 行，检查是否所有状态的值函数变化都小于阈值 threshold，如果是，则跳出循环。

代码第 13～16 行，在值函数稳定后，对每个状态 s，通过再次计算每个动作的期望回报并找出最大值对应的动作，来确定最优策略。这是使用嵌套列表推导和 argmax 函数完成的，它返回产生最大期望回报的动作索引，作为该状态下的最优策略。

代码第 17 行，返回最终的最优策略 policy 和每个状态的最优值函数 V。

2. Q-学习

Q-学习(Q-learning)是一种基于马尔可夫决策过程框架的无模型强化学习算法，它不需要知道环境的转移概率和奖励函数，即可学习最优策略。算法的核心是学习一个动作价值函数(action-value function)，该函数给出了在给定状态下采取特定动作的预期效用。Q-learning 更新规则如下：

$$Q(s,a) \leftarrow Q(s,a) + \alpha[r + \gamma \max_{a'} Q(s',a') - Q(s,a)] \tag{9-5}$$

其中，α 是学习率；r 是执行动作 a 后接受的奖励；γ 是折扣因子，与马尔可夫决策过程中的折扣因子一致；$\max\limits_{a'} Q(s',a')$ 是在下一个状态 s' 选择最佳动作 a' 的最大化 Q 值。

这种更新规则使得 Q 函数逐步逼近最优 Q 函数(Q^*)，该函数提供了在任何状态下执行任何动作的最优预期回报。

下面是一个简单的 Q-learning 算法实现示例。

例 9-3：使用 Python 的 NumPy 库实现 Q-learning

```
1    import numpy as np
2    def q_learning(env, num_episodes, alpha=0.1, gamma=0.99, epsilon=0.1):
3        Q = np.zeros((env.observation_space.n, env.action_space.n))      # 初始化 Q 表
4        for episode in range(num_episodes):
5            state = env.reset()
6            done = False
7            while not done:
8                if np.random.rand() < epsilon:                          # 探索
9                    action = env.action_space.sample()
10               else:                                                    # 利用
11                   action = np.argmax(Q[state])
12               next_state, reward, done, info = env.step(action)        # 执行动作
13               old_value = Q[state, action]
14               next_max = np.max(Q[next_state])                         # 下一个状态的最大 Q 值
```

```
15          Q[state，action] = old_value + alpha * （reward + gamma * next_max - old_value) # Q
值更新
16              state = next_state                                    # 更新状态
17      return Q
```

代码第 2 行，定义 q_learning 函数、接收环境 env、迭代次数 num_episodes、学习率 alpha、折扣因子 gamma 和探索率 epsilon 作为参数。

代码第 3 行，初始化 Q 表，它是一个二维数组，大小为环境的状态空间数量 env.observation_space.n 和动作空间数量 env.action_space.n。Q 表用于存储和更新每个状态-动作对的值。

代码第 4 行，开始遍历每一幕，总共遍历 num_episodes 次。

代码第 5 行，重置环境到初始状态，并获取初始状态。

代码第 6 行，初始化 done 标志，用于跟踪一幕是否结束。

代码第 7～16 行，循环直到一幕结束（done 为 True）：

代码第 8～11 行，选择动作。如果随机数小于 epsilon（探索阶段），则随机选择一个动作；否则（利用阶段），选择当前状态下 Q 值最高的动作。

代码第 12 行，执行选定的动作，环境返回下一个状态 next_state，即时奖励 reward，结束标志 done，以及额外信息 info。

代码第 13 行，保存执行动作前的 Q 值。

代码第 14 行，计算下一个状态的最大 Q 值。

代码第 15 行，根据 Q-learning 公式更新 Q 表。

代码第 16 行，更新当前状态为下一个状态，准备下一次迭代。

代码第 17 行，返回更新后的 Q 表。

上述代码实现了 Q-learning 算法的典型流程，包括状态初始化、探索与利用的决策、环境交互以及 Q 值的迭代更新。这种实现方式在强化学习中非常常见，用于训练智能体在给定环境中做出最优决策。

9.2.5　强化学习未来展望

1. 深度强化学习的算法创新

深度强化学习结合了深度学习和强化学习，能够处理高维度的感知数据。未来的发展可能集中在创建更加高效和稳定的学习算法上，特别是那些能够在更复杂环境中快速收敛的算法。例如，通过改进探索机制，如利用无模型的预测来指导探索（通过预测环境的未来状态来选择最有信息量的行动），或者开发能够自动调整探索和利用平衡的算法。

2. 多智能体强化学习

在多智能体系统中，多个智能体需要同时学习各自的策略，以在竞争或合作的环境中最大化其奖励。未来的研究可能会解决这些系统在实际应用中的同步问题、学习效率问题和策略协调问题，特别是在动态环境中如何有效地进行沟通和协作。

3. 模拟与现实之间的转移

虽然在模拟环境中训练的强化学习模型可以非常高效，但将这些模型直接迁移到真实世界中时经常会遇到性能下降的问题。未来的发展可能会包括改进模型的泛化能力，减小仿真偏差，以及开发新的算法，使得模型能够在面对现实世界的不确定性和复杂性时仍能保持稳定的性能。

4. 结合强化学习与其他学习范式

将强化学习与其他类型的机器学习方法相结合，如监督学习或无监督学习，可以创建出更加强大的混合模型。例如，结合无监督学习的特征学习能力和强化学习的决策制定能力，可能带来更好的环境理解和更快的学习速度。

9.3　模型蒸馏

在现代机器学习应用中，模型的复杂性和计算成本逐渐成为限制因素，特别是在需要部署于资源受限环境(如移动设备、嵌入式系统)或要求高实时性和响应速度的场景下。这些复杂模型不仅在训练和推理过程中需要大量的计算资源和存储空间，还会带来高昂的经济成本和显著的环境影响。为了解决这些问题，模型蒸馏技术应运而生。

模型蒸馏是一种通过将一个大型复杂模型的知识传递给一个小型模型来实现模型压缩的技术。这种方法通过使小型模型在保留原始大型模型性能的同时，显著减少计算和存储需求，从而使得小型模型能够在资源受限的设备上高效运行。

模型蒸馏过程通常包括以下几个步骤：首先在大量标注数据上训练一个性能优越的教师模型，然后利用该教师模型生成软目标(soft target)，最后通过这些软目标和原始标签共同训练一个小型的学生模型。在这一过程中，学生模型不仅学习到了教师模型的知识，还能保留大部分性能优势。此外，学生模型还能够有效减小模型部署的经济成本和环境影响。通过合理应用模型蒸馏技术，可以在不牺牲性能的前提下，优化模型的计算效率和资源利用率，满足各种实际应用场景的需求。

9.3.1　模型蒸馏原理

模型蒸馏的核心思想是通过教师模型指导学生模型学习，保留教师模型的知识和性能优势。教师模型通常是一个已经训练好的复杂模型，它在训练数据上表现良好并能够捕捉丰富的特征和模式。学生模型则是一个相对较小的模型，在知识转移过程中学习教师模型的预测模式和特征表示。通过这种方式，学生模型在保持较低复杂度的情况下，尽可能接近教师模型的性能。模型蒸馏的过程不仅包括简单的知识传递，还涉及精细的优化和调整，以确保学生模型能够有效吸收教师模型的知识。

在模型蒸馏过程中，知识的转移是通过软目标来实现的。软目标是教师模型输出的概率分布，与传统的硬目标(hard target，即实际的类别标签)相比，它包含了更多关于类别间相似度的信息，从而使学生模型能够更好地理解数据的结构。这种概率分布反映了教师模型对不同类别的信心程度，即使在错误分类时也能提供有价值的信息。通过学习这些细腻的概率分布，学生模型能够更深入地理解数据的复杂关系，而不仅仅是简单地记住类别标签。

1. 教师模型的软目标

教师模型对输入数据的预测输出是经过 Softmax 函数后，表示为一个概率分布 $P = [P_1, P_2, \cdots, P_i]$，其中 P_i 是数据点属于第 i 类的概率。教师模型的输出通常还需要通过一个温度参数 T 进行调整。这个温度参数 T 是一个超参数，它的作用是在 Softmax 输出上添加一定的噪声，以增加模型的不确定性。这种做法有助于学生模型学习到教师模型的行为，并提高其对不确定性的适应能力。

$$P_i = \frac{\exp\left(\dfrac{z_i}{T}\right)}{\sum_j \exp\left(\dfrac{z_j}{T}\right)} \tag{9-6}$$

其中，z_i 表示教师模型在类别 i 上的输出分数；j 表示所有可能的索引。

2. 学生模型的软目标

学生模型的输出同样可以表示为一个概率分布 $Q = [Q_1, Q_2, \cdots, Q_i]$，其中 Q_i 是数据点属于第 i 类的概率：

$$Q_i = \frac{\exp\left(\dfrac{s_i}{T}\right)}{\sum_j \exp\left(\dfrac{s_j}{T}\right)} \tag{9-7}$$

其中，s_i 表示学生模型在类别 i 上的输出分数；j 表示所有可能的索引。

温度参数 T 的调整可以采用固定温度、动态温度、自适应温度等几种方式。固定温度是在训练过程中，温度参数 T 保持不变。这种方法可以提高学生模型对不确定性的适应能力。动态温度是在训练过程中，温度参数 T 根据当前的训练进度进行调整。例如，随着训练的进行，温度参数 T 可以逐渐减小，以帮助学生模型更好地学习教师模型的行为。自适应温度是在训练过程中，温度参数 T 根据当前的训练状态进行自适应调整。例如，当学生模型的性能不佳时，可以增加温度参数 T，以提高模型的不确定性，帮助学生模型更好地学习教师模型的行为。

通过适当设置温度参数 T，软目标能够强调类别间的微小差异，使学生模型在训练时能够更好地学习到这些细微的模式。

3. 特征蒸馏

在模型蒸馏过程中，除了通过软目标来实现知识的传递和压缩以外，还有多种其他方法可以用于知识传递和压缩。例如，特征蒸馏通过将教师模型的中间层特征(如激活图)用作学生模型的训练目标，这样可以帮助学生模型学习到更丰富的表示知识。

$$L_{\text{feature}} = \sum_i \| F_i^{\text{teacher}} - F_i^{\text{student}} \|^2 \tag{9-8}$$

其中，F_i 是第 i 层的特征表示。

4. 关系蒸馏

关系蒸馏专注于教师模型内部多个层或单元之间的相互作用和关系，尝试在学生模型中复现这些关系。

$$L_{\text{relationship}} = \sum_{i,j} \| R_{i,j}^{\text{teacher}} - R_{i,j}^{\text{student}} \|^2 \tag{9-9}$$

其中，$R_{i,j}$ 表示第 i 层和第 j 层或单元之间的关系。

9.3.2　蒸馏过程与方法

模型蒸馏通常包括以下几个步骤。

(1) 训练教师模型：首先，在原始数据上训练一个复杂的教师模型，使其能够获得较高的性能。教师模型一般选用复杂且高容量的模型，如深度卷积神经网络或 Transformer。这些模型在大规模数据集上表现出色，能够捕捉到数据的细微特征和复杂模式。训练教师模型时，使用传统的监督学习方法，优化其在训练数据上的性能指标(如准确率或损失函数)。

(2) 计算软目标：使用教师模型对训练数据进行预测，得到软目标概率分布。与硬目标(即实际的类别标签)不同，软目标是教师模型在输出层生成的概率分布，这些概率反映了教师模型对每个类别的信心水平。通过引入温度参数，可以平滑概率分布，增强类别间的相似度信息，从而使学生模型在学习过程中能够更好地理解数据的结构和类别间的微妙差异。

(3) 训练学生模型：使用包含软目标的损失函数训练学生模型，使其能够学习到教师模型的知识。学生模型通常比教师模型简单且量轻，以便在资源受限的环境中高效运行。训练过程中，学生模型的损失函数不仅包括传统的监督损失(基于硬目标)，还包括蒸馏损失(基于软目标)。这两部分损失共同引导学生模型调整其参数，从而学到教师模型的特征表示和预测模式。

(4) 优化与调优：调整学生模型和蒸馏过程的超参数，确保学生模型在性能和效率之间取得良好的平衡。这一步骤涉及选择合适的温度参数、确定损失函数中的权重比例、优化模型架构以及调整学习率等超参数。通过实验验证和交叉验证，找到最优的参数配置，以确保学生模型能够在保留教师模型性能的同时显著减少计算资源和存储需求。

(5) 整合多重知识源：除了传统的软目标方法，现代蒸馏过程还可以整合多种知识源，包括教师模型的中间层特征、注意力权重等。这些额外的知识能够进一步增强学生模型的学习效果。例如，通过对比教师模型和学生模型在中间层的特征表示，可以使学生模型更好地学习到数据的层次结构和复杂特征，从而提升其性能。

(6) 实验与迭代：蒸馏过程通常是迭代的，需要在实际应用中不断进行实验和优化。研究者可以通过一系列实验测试不同的模型架构、损失函数和超参数配置，逐步改进学生模型的性能和效率。在每个实验迭代中，记录和分析结果，以指导下一步的优化策略。

通过上述步骤，模型蒸馏不仅能够在资源受限的环境中高效运行，还能在保证性能的前提下显著降低计算成本和存储需求。蒸馏技术的应用范围广泛，从图像分类、语音识别到自然语言处理等领域，都展现出巨大的潜力和实际价值。

以下是使用 Keras 框架实现基本的模型蒸馏过程。

例 9-4：使用 Python 的 TensorFlow 库实现模型蒸馏

```
1    import tensorflow as tf
2    # 加载并训练教师模型
3    teacher_model = tf.keras.applications.ResNet50(weights='imagenet')
4    teacher_model.compile(optimizer='adam', loss='categorical_crossentropy',metrics=['accuracy'])
5    # 定义学生模型
6    student_model = tf.keras.Sequential([
7        tf.keras.layers.Conv2D(32, (3, 3), activation='relu', input_shape=(224, 224, 3)),
8        tf.keras.layers.MaxPooling2D((2, 2)),
9        tf.keras.layers.Flatten(),
10       tf.keras.layers.Dense(10, activation='softmax')
11   ])
12   student_model.compile(optimizer='adam', loss='categorical_crossentropy', metrics=['accuracy'])
13   # 蒸馏的核心：通过教师模型的输出来训练学生模型
14   teacher_predictions = teacher_model.predict(train_images)
15   student_model.fit(train_images, teacher_predictions, epochs=10)
```

代码第 3 行，加载预训练的 ResNet50 模型，权重来自在 ImageNet 数据集上的训练，这使得模型已经能够识别各种图像分类任务中的模式。

代码第 4 行，编译教师模型，使用 Adam 优化器和分类交叉熵损失函数，这是多类分类任务的标准选择。此外，还设置了准确率作为性能指标。

代码第 6～11 行，使用 tf.keras.Sequential 构建一个简化的卷积神经网络，包括一系列层：

代码第 7 行，卷积层，有 32 个过滤器，每个大小为 3×3，使用 ReLU 激活函数，这是处理图像的标准方式；

代码第 8 行，最大池化层，池化窗口为 2×2，用于减小特征图的空间维度；

代码第 9 行，展平层，将二维特征图转换为一维，以便在全连接层中使用；

代码第 10 行，全连接层，输出 10 个类别，使用 Softmax 激活函数，这适用于多类别分类。

代码第 12 行，编译学生模型，配置与教师模型相同的优化器、损失函数和评价指标。

代码第 14 行，使用教师模型预测训练数据，这些预测结果将用作学生模型的目标输出，代替传统的类标签。

代码第 15 行，训练学生模型，使用教师模型的预测结果作为目标。这样，学生模型学习模仿教师模型的行为。设置训练 10 个周期，以优化学生模型的参数，使其输出尽可能接近教师模型的预测结果。

这种蒸馏方法可以使学生模型在没有直接访问原始标签的情况下，通过学习教师模型的复杂特征表示来提高其性能。

9.3.3　模型蒸馏损失函数

模型蒸馏学习的关键在于设计一个合适的损失函数，使学生模型不仅能够学习到原始任务的知识，还能够从教师模型中学习到更丰富的特征信息。蒸馏损失函数通常包括两个部分：原始任务损失和蒸馏损失。

1. 原始任务损失

原始任务损失用于确保学生模型能够完成原始的分类或回归任务。对于分类任务，常见的损失函数是交叉熵损失；

$$L_{\text{task}} = -\sum_i y_i \log(p_i) \tag{9-10}$$

其中，y_i 是真实标签的 one-hot 编码；p_i 是学生模型在类别 i 上的预测概率。对于回归任务，常用的是均方误差。

$$L_{\text{task}} = \frac{1}{n}\sum_{i=1}^{n}(y_i - \hat{y}_i)^2 \tag{9-11}$$

其中，y_i 是真实值，$\hat{y}_i$ 是学生模型的预测输出。

2. 蒸馏损失

蒸馏损失用于使学生模型的输出接近教师模型的输出。常用的蒸馏损失是 KL 散度（Kullback-Leibler divergence），用于度量两个概率分布之间的差异。KL 散度的公式为

$$L_{\text{KL}} = \sum_i p_i^{\text{teacher}} \log\left(\frac{p_i^{\text{teacher}}}{p_i^{\text{student}}}\right) \tag{9-12}$$

其中，p_i^{teacher} 和 p_i^{student} 分别是教师和学生模型的输出。

例 9-5：使用 Python 的 TensorFlow 库实现蒸馏损失函数定义

```
1    import torch.nn.functional as F
2    def kl_divergence_loss(student_logits，teacher_logits，temperature=2.0)：
3        teacher_probs = F.softmax(teacher_logits / temperature，dim=1)
4        student_log_probs = F.log_softmax(student_logits / temperature，dim=1)
5        loss = F.kl_div(student_log_probs，teacher_probs，reduction='batchmean') * (temperature ** 2)
6        return loss
```

最终的损失函数是这两部分的加权和，结合原始任务损失和蒸馏损失，平衡两者的权重，使学生模型既能学习如何对输入数据进行预测，还能学习教师模型的行为和特征表示：

$$L_{\text{total}} = \alpha \cdot L_{\text{task}} + \beta \cdot L_{\text{KL}} \tag{9-13}$$

其中，L_{task} 是学生模型与实际标签之间的原始任务损失；L_{KL} 是学生模型与教师模型软目标之间的蒸馏损失。

下面使用 Python 展示模型蒸馏的损失函数设计。

例 9-6：使用 Python 的 TensorFlow 库实现模型蒸馏损失函数定义

```
1    import tensorflow as tf
2    # 创建模拟的教师模型和学生模型
3    def create_teacher_model()：
4        model = tf.keras.Sequential([
```

```
 5              tf.keras.layers.Dense(100, activation='relu', input_shape=(50,)),
 6              tf.keras.layers.Dense(10, activation='softmax')
 7         ])
 8         return model
 9    def create_student_model():
10         model = tf.keras.Sequential([
11              tf.keras.layers.Dense(50, activation='relu', input_shape=(50,)),
12              tf.keras.layers.Dense(10, activation='softmax')
13         ])
14         return model
15    teacher_model = create_teacher_model()
16    student_model = create_student_model()
17    # 定义损失函数
18    def distillation_loss(y_true, y_pred, teacher_preds, T=2.0):
19         # 软目标交叉熵
20         soft_log_probs = tf.nn.log_softmax(y_pred/T)
21         soft_targets = tf.nn.softmax(teacher_preds/T)
22         soft_loss = tf.reduce_mean(tf.reduce_sum(-soft_targets * soft_log_probs,axis=1))
23         # 硬目标交叉熵(可选,用于实际标签训练)
24         hard_loss = tf.keras.losses.categorical_crossentropy(y_true, y_pred)
25         return soft_loss + hard_loss                                      # 可根据需要调整权重
26    # 模拟一些数据
27    x = tf.random.normal([10, 50])                                        # 输入特征
28    y_true = tf.random.uniform([10, 10], maxval=2, dtype=tf.int32)        # 真实标签
29    y_true = tf.one_hot(y_true, depth=10)
30    teacher_preds = teacher_model(x)                                      # 教师模型预测
31    # 学生模型训练设置
32    student_model.compile(optimizer='adam', loss=lambda y_true, y_pred: distillation_loss(y_true,
y_pred, teacher_preds))
33    # 模拟训练过程
34    student_model.fit(x, y_true, epochs=3)
```

这些损失函数有助于学生模型更好地模仿教师模型的行为,不仅在输出层级上,也在内部特征表示上。

9.3.4　模型蒸馏未来展望

随着深度学习模型在各个领域中的应用越来越广泛,模型蒸馏技术也在不断发展和进步。未来,模型蒸馏的研究方向和应用前景主要包括以下几个方面。

1.　提高蒸馏效率

当前模型蒸馏的效率主要依赖于教师模型和学生模型之间的相似度以及蒸馏技术的选择。未来的研究可以探索更高效的知识转移方法,例如,利用元学习来自动选择或优化蒸馏策略,或者开发新的算法来更有效地捕捉教师模型中的关键知识。

2. 自动化模型蒸馏

随着自动化机器学习（AutoML）的兴起，模型蒸馏的过程自动化成为可能。这包括自动选择最适合蒸馏的教师模型、自动配置蒸馏参数（如温度参数、损失函数权重等），以及自动设计学生模型的架构。这种自动化不仅可以降低蒸馏技术的使用门槛，还能提高蒸馏过程的效率和可扩展性。

3. 跨模态和跨任务蒸馏

现有的蒸馏技术大多数是在同一任务和同一模态（如图像到图像）中进行。将来，研究可以扩展到跨模态（如图像到文本）和跨任务（如从图像分类到视频分析）的蒸馏。这种跨模态和跨任务的蒸馏可能会面临更多挑战，例如，如何有效地转换和对齐不同模态间的知识表示。

4. 增强学生模型的独立性能

在传统的模型蒸馏中，学生模型的性能很大程度上依赖于教师模型的质量。未来的研究可能会探索如何提高学生模型在没有教师模型的情况下的独立性能，例如，通过增强学生模型的学习能力或结合其他轻量化技术。

5. 模型蒸馏的可解释性与安全性

随着模型蒸馏技术的应用范围扩大，其可解释性和安全性成为关注的焦点。研究可以探索如何确保蒸馏后的模型在保持性能的同时，也能提供可解释的决策过程，以及如何防止潜在的安全风险（如对抗攻击）。

6. 蒸馏与其他压缩技术的结合

模型蒸馏可以与其他模型压缩技术（如剪枝、量化等）结合使用，以进一步提高模型的效率。探索不同技术组合的最佳实践和权衡，可以在更广泛的应用场景中实现模型的高效部署。

7. 在边缘计算中的应用

随着 IoT 和移动设备的普及，需求推动模型直接在端设备上运行。模型蒸馏在这方面具有巨大潜力，因为它可以生成轻量级的模型，适合在资源受限的环境中运行。研究如何优化蒸馏技术以适应不同类型的硬件将是一个重要的发展方向。

9.4 大语言模型

大语言模型（large language model，LLM），也称为大规模语言模型或大型语言模型，是一种由包含数百亿以上参数的深度神经网络构建的语言模型，使用自监督学习方法通过大量无标注文本进行训练。自 2018 年以来，Google、OpenAI、Meta、百度、华为等公司和研究机构都相继发布了包括 BERT、GPT 等在内多种模型，并在几乎所有自然语言处理任务中都表现出色。2019 年，大模型呈现爆发式的增长，特别是 2022 年 11 月 ChatGPT（chat generative pre-trained transformer）发布后，更是引起了全世界的广泛关注。用户可以使用自然语言与系统交互，从而实现包括问答、分类、摘要、翻译、聊天等从理解到生成的各种任务。大型语言模型展现出了强大的对世界知识掌握和对语言的理解。

接下来将介绍大语言模型的发展历程，探讨它的关键特点、训练方法及应用。

9.4.1　大语言模型发展历程

大语言模型的发展历程虽然只有短短不到五年的时间，但是发展速度相当惊人，国内外有超过几百种大模型相继发布。截至 2023 年底，中国已经发布了大量的大语言模型，其数量达到了显著的水平。根据媒体的报道，仅在 2023 年的 8 个月内，中国就发布了 238 个大模型。而到了 2024 年 5 月，据《每日经济新闻》的统计，中国已经发布了大约 305 个大模型。此外，还有报道指出，截至 2023 年 8 月，中国已发布的大模型数量达到 156 个，其中 10 亿级参数规模以上的大模型超过 80 个。图 9-4 按照时间线给出了 2019 年～2023 年 5 月比较有影响力并且模型参数量超过 100 亿的大规模语言模型。

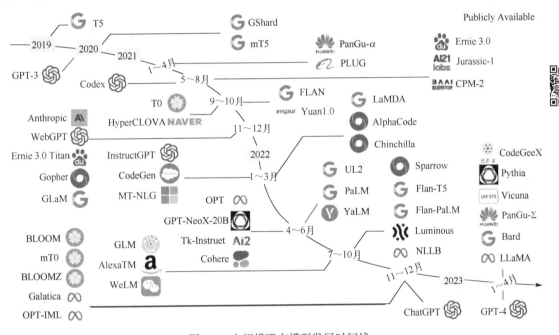

图 9-4　大规模语言模型发展时间线

大语言模型的发展历程可以分为三个阶段：统计机器翻译、深度学习和预训练模型。

在 21 世纪初，统计机器翻译（statistical machine translation，SMT）成为自然语言处理领域的主流方法。SMT 方法基于统计学原理，通过分析大量双语文本数据，学习源语言和目标语言之间的映射关系。然而，SMT 方法在处理长句子和复杂语言结构时存在局限性。

随着深度学习技术的发展，神经网络模型开始应用于自然语言处理领域。2013 年，word2vec 模型的提出标志着词嵌入技术的诞生。词嵌入将词汇映射为低维向量，能够捕捉词汇的语义信息。此后，循环神经网络（RNN）、长短时记忆网络（LSTM）和门控循环单元（GRU）等模型相继应用于自然语言处理任务。

2018 年，Google 和 OpenAI 分别提出了 BERT 和 GPT-1 模型，开启了预训练语言模型时代。BERT 模型采用双向 Transformer 结构，通过预训练学习语言的深层表示。随后，各种基于 Transformer 的预训练模型不断涌现。BERT-Base 版本参数量为 1.1 亿，BERT-Large 的参数量为 3.4 亿，GPT-1 的参数量为 1.17 亿。这在当时相比于其他深度神经网络的参数量，已经有了数量级上的提升。2019 年，OpenAI 又发布了 GPT-2，其参数量达到了 15 亿。此后，Google 也发布了参数规模为 110 亿的 T5 模型。2020 年，OpenAI 进一步将语言模型参数量扩展到 1750 亿，发布了 GPT-3。此后，国内也相继推出了一系列的大规模语言模型，包括清华大学 ERNIE、百度 ERNIE、华为盘古-α 等。

2019 年～2022 年，由于大规模语言模型很难针对特定任务进行微调，研究者们开始探索在不针对单一任务进行微调的情况下如何能够发挥大规模语言模型的能力，提出了指令微调（instruction tuning）方案，将大量各类型任务，统一为生成式自然语言理解框架，并构造训练语料进行微调。大规模语言模型一次性学习数千种任务，并在未知任务上展现出了很好的泛化能力。

2022 年 11 月，ChatGPT 发布，它在开放领域问答、各类自然语言生成式任务以及对话上文理解上所展现出来的能力远超大多数人的想象。2023 年 3 月，GPT-4 发布，相较于 ChatGPT 又有了非常明显的进步，并具备了多模态理解能力。各大公司和研究机构也相继发布了此类系统，包括 Google 推出的 Bard、百度的文心一言、科大讯飞的星火大模型、清华大学的智谱 ChatGLM、复旦大学 MOSS 等。从 2022 年开始大模型呈现爆发式的增长，各大公司和研究机构都在发布各种不同类型的大模型。

9.4.2　大语言模型的特点

预训练（pre-training）和微调（fine-tuning）是大型语言模型开发中常用的两种技术。这两种技术通常一起使用，以提高模型的性能和泛化能力。这种双阶段的方法大大优化了模型在各种自然语言处理任务中的表现。

在预训练阶段，模型在大规模的无标签语料库上学习语言的通用模式和结构。通过这种方式，模型可以捕捉到语言的普遍特征和深层次的语义关系。预训练的数据来源广泛，包括维基百科、新闻文章、书籍、网页内容等，这些多样化的数据有助于模型理解不同领域和风格的语言。预训练通常使用自监督学习方法。以 BERT 为例，它使用掩码语言模型（masked language model，MLM），即随机遮掩输入文本中的部分词汇，让模型预测被遮掩的词汇。GPT 则采用自回归语言模型（autoregressive language model），通过预测序列中的下一个词来生成文本。

在微调阶段，模型通过较少量的任务特定数据进行调整，以适应具体的下游任务。这一阶段的目标是将模型在预训练中学到的通用语言知识应用于特定任务，如文本分类、问答系统、情感分析等。微调所需的数据量相对较少，但这些数据通常是标注过的，针对特定任务进行了精细的标注。微调过程中，使用监督学习方法对模型进行训练，通过计算损失函数（如交叉熵损失），调整模型参数，使其在特定任务上表现最佳。

大语言模型大多基于 Transformer 架构，它依赖于自注意力机制来处理输入数据的每一个部分，允许模型同时处理所有输入数据，从而更有效地学习数据中的复杂依赖关系。相比于传统的循环神经网络和长短期记忆网络，自注意力机制能够并行处理输入序列中的所有元素，大大提高了计算效率。

　　大语言模型通常具有非常大的参数数量，从数十亿到数百亿不等。这使得它们能够捕捉和存储大量的语言信息，但也导致了显著的计算和存储需求，通常需要大量的 GPU 或 TPU 集群，以及长时间的训练周期。

9.4.3　大语言模型的训练方法

　　根据 OpenAI 联合创始人 Andrej Karpathy 在微软 Build 2023 大会上所公开的信息，OpenAI 所使用的大规模语言模型构建流程如图 9-5 所示，主要包含四个阶段：预训练、有监督微调、奖励建模、强化学习。这四个阶段都需要不同规模数据集合、不同类型的算法，产出不同类型的模型，所需要的资源也有非常大的差别。

　　预训练阶段需要利用海量的训练数据，包括互联网网页、维基百科、书籍、GitHub、论文、问答网站等，构建包含数千亿甚至数万亿单词的具有多样性的内容。利用由数千块高性能 GPU 和高速网络组成超级计算机，花费数十天完成深度神经网络参数训练，构建基础语言模型（base model）。基础大模型构建了长文本的建模能力，使得模型具有语言生成能力，根据输入的提示词（prompt），模型可以生成文本补全句子。也有部分研究人员认为，语言模型建模过程中也隐含地构建了包括事实性知识（factual knowledge）和常识知识（commonsense）在内的世界知识（world knowledge）。

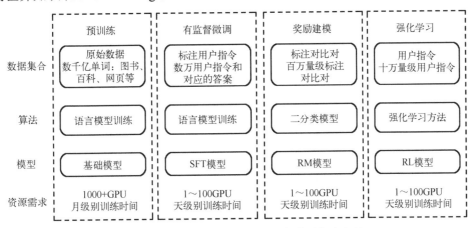

图 9-5　OpenAI 使用的大规模语言模型构建流程

　　有监督微调（supervised finetuning），也称为指令微调（instruction tuning），利用少量高质量数据集合，包含用户输入的提示词和对应的理想输出结果。利用这些有监督数据，使用与预训练阶段相同的语言模型训练算法，在基础语言模型的基础上再进行训练，从而得到有监督微调（supervised fine-tuning，SFT）模型。经过训练的 SFT 模型具备了初步的指令理解能力和上下文理解能力，能够完成开放领域问题、阅读理解、翻译、生成代码等能力，也具备了一定的对未知任务的泛化能力。由于有监督微调阶段的所需的训练语料数量较少，因此 SFT 模型的训练过程并不需要消耗非常大量的计算。根据模型的大小和训练数据量，通常需要数十块 GPU，花费数天时间完成训练。SFT 模型具备了初步的任务完成能力，可以开放给用户使用，模型效果也非常好，甚至在一些评测中达到了 ChatGPT 的 90%的效果。

　　奖励建模（reward modeling，RM）阶段的目标是构建一个文本质量对比模型，对于同一个提示词，将 SFT 模型给出的多个不同输出结果的质量进行排序。RM 模型可以通过二分类模型，对输入的两个结果之间的优劣进行判断。与基础语言模型和 SFT 模型不同，RM 模型本身并不能单独提供给用户使用。奖励模型的训练通常和 SFT 模型一样，使用数十块 GPU，通过几天时间完成训练。由于 RM 模型的准确率对强化学习阶段的效果有着至关重要的影响，因此对于该模型的训练通常需要大规模的训练数据。

强化学习(reinforcement learning)阶段根据数十万用户给出的提示词，利用在前一阶段训练的 RM 模型，给出 SFT 模型对用户提示词补全结果的质量评估，并与语言模型建模目标综合得到更好的效果。该阶段所使用的提示词数量与有监督微调阶段类似，数量为十万量级，并且不需要人工提前给出该提示词所对应的理想回复。使用强化学习，在 SFT 模型的基础上调整参数，使得最终生成的文本可以获得更高的奖励。该阶段所需要的计算量相较于预训练阶段也少很多，通常同样仅需要数十块 GPU，经过数天时间即可完成训练。

9.4.4　大语言模型未来展望

大语言模型研究进展之快、研究之火爆程度令人咋舌，自然语言处理领域重要国际会议 EMNLP 在 2022 年的语言模型相关论文投稿占比只有不到 5%。然而，2023 年语言模型相关投稿超过了 EMNLP 整体投稿的 20%。可见该领域研究发展之快速，我们不妨大胆展望其未来可能的发展。

1. 更大、更复杂的模型

随着硬件技术的进步和算法优化，我们可以预见到未来的语言模型将会变得更大、更复杂。这意味着它们能够处理更大的词汇量和更复杂的句子结构，并能更好地理解和生成人类语言，但这也带来了计算资源消耗和环境影响的问题，迫使研究人员寻找更高效的训练方法。

2. 效率和可扩展性

为了使大语言模型更实用，减少训练和部署成本，研究将集中在提高模型的计算效率和可扩展性上。这可能涉及模型剪枝、量化和蒸馏等技术，以生成更小、更快的模型，同时保持类似的性能水平。

3. 多模态能力

未来的语言模型不仅仅会在文本处理上表现出色，还将拓展到理解和生成图像、视频和音频等多种数据类型。例如，通过整合视觉和语言模型，可以创建更为强大的多模态模型，能够同时理解图像内容和相关描述。

4. 提高模型的解释性和透明度

大语言模型通常被视为"黑箱"，其决策过程难以理解。未来的发展可能集中在提高模型的解释性和透明度，开发新的技术来解释模型的行为，使非专家用户也能理解模型的决策基础。

5. 持续学习和适应能力

未来的语言模型可能会具备持续学习的能力，即在不断变化的环境中更新其知识库，而无须从头开始重新训练。这种适应性将使模型能够更好地应对新出现的话题和语言使用变化。

6. 低资源语言的支持

当前的大多数大语言模型主要集中在资源丰富的语言上，如英语。未来的发展方向之一是提高对低资源语言的支持，这不仅有助于技术的普及，也能促进全球信息的可达性和多样性。

参 考 文 献

李航, 2019. 统计学习方法[M]. 2 版. 北京：清华大学出版社.

周志华, 2016. 机器学习[M]. 北京：清华大学出版社.

BROWN T B, MANN B, RYDER N, et al., 2020. Language models are few-shot learners[J]. In proceedings of the 34th international conference on neural information processing systems（NIPS '20）. Curran associates Inc., Red Hook, Article 159, 1877-1901.

CHANG C C, LIN C J, 2011. LIBSVM: A library for support vector machines[J]. ACM transactions on intelligent systems and technology, 2（3）: 1-27.

DEMPSTER A P, LAIRD N M, RUBIN D B, 1977. Maximum likelihood from incomplete data via the EM algorithm[J]. Proceedings of the royal statistical society, 39（1）: 1-22.

DEVLIN J, CHANG M W, LEE K, et al., 2018. BERT: Pre-training of deep bidirectional transformers for language understanding[J]. North American chapter of the association for computational linguistics（2019）.In proceedings of the 2019 conference of the north American chapter of the association for computational linguistics: human language technologies, Volume 1（Long and Short Papers）, 4171-4186.

GOODFELLOW I J, POUGET-ABADIE J, MIRZA M, et al., 2014. Generative adversarial networks[J]. Commun. ACM 63, 11（November 2020）, 139-144.

HARDT M, RECHT B, SINGER Y, 2015. Train faster, generalize better: Stability of stochastic gradient descent[J]. In proceedings of the 33rd international conference on international conference on machine learning-Volume 48（ICML'16）. JMLR.org, 1225-1234.

HINTON G, VINYALS O, DEAN J, 2015. Distilling the knowledge in a neural network[J]. Computer Science, 14（7）: 38-39.

MENG Q, 2017. LightGBM: A highly efficient gradient boosting decision tree[C]. In proceedings of the 31st international conference on neural Information processing systems（NIPS'17）. CURRAN associates Inc., Red Hook, 3149-3157.

KRIZHEVSKY A, SUTSKEVER I, HINTON G, 2012. ImageNet classification with deep convolutional neural networks[J]. Advances in neural information processing systems, 60（6）: 84-90.

RADFORD A, METZ L, CHINTALA S, 2015. Unsupervised representation learning with deep convolutional generative adversarial networks[J]. 2018 9th conference on artificial intelligence and robotics and 2nd Asia-pacific international symposium, Kish Island, 2018, pp. 31-38.

RASMUS A, VALPOLA H, HONKALA M, et al., 2015. Semi-supervised learning with ladder networks[J]. In proceedings of the 29th international conference on neural information processing systems-Volume 2（NIPS'15）, Vol. 2. MIT Press, Cambridge, 3546－3554.

SHLENS J, 2014. A tutorial on principal component analysis[J]. International journal of remote sensing, 51（2）: 1-12.

SIMONYAN K, ZISSERMAN A, 2014. Very deep convolutional networks for large-scale image recognition[J].

2015 3rd IAPR Asian Conference on Pattern Recognition (ACPR), Kuala Lumpur, 2015, 730-734.

STATISTICS L B, BREIMAN L, 2001. Random forests[J]. Machine learning, 45: 5-32.

VAPNIK V N, 1999. An overview of statistical learning theory[J]. IEEE transactions on neural networks, 10(5): 988-999.

VASWANI A, SHAZEER N, PARMAR N, et al., 2017. Attention is all you need[J]. In proceedings of the 31st international conference on neural information processing systems (NIPS'17). Curran Associates Inc., Red Hook, 6000-6010.

ZHANG S, YAO L, SUN A, et al., 2017. Deep learning based recommender system: A survey and new perspectives[J]. ACM computing surveys, 52(1): 1-38.